T0324957

Otto Sterns Veröffentlichungen – Band 5

Horst Schmidt-Böcking · Karin Reich ·
Alan Templeton · Wolfgang Trageser ·
Volkmar Vill
Herausgeber

Otto Sterns Veröffentlichungen – Band 5

Veröffentlichungen Mitarbeiter von 1929 bis 1935

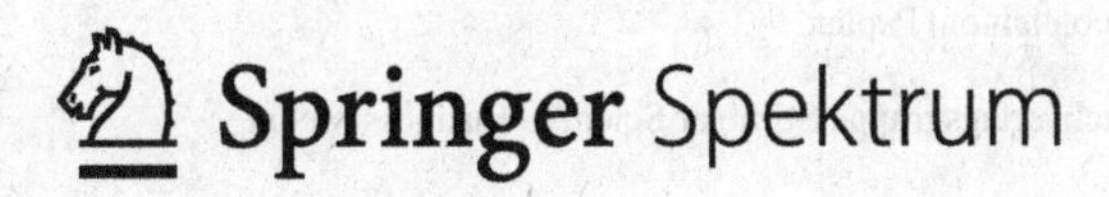

Herausgeber

Horst Schmidt-Böcking
Institut für Kernphysik
Universität Frankfurt
Frankfurt, Deutschland

Karin Reich
FB Mathematik – Statistik
Universität Hamburg
Hamburg, Deutschland

Alan Templeton
Oakland, USA

Wolfgang Trageser
Institut für Kernphysik
Universität Frankfurt
Frankfurt, Deutschland

Volkmar Vill
Inst. Organische Chemie und Biochemie
Universität Hamburg
Hamburg, Deutschland

ISBN 978-3-662-46957-6
ISBN 978-3-662-46958-3 (eBook)
DOI 10.1007/978-3-662-46958-3

Die Deutsche Nationalbibliothek verzeichnet diese Publikation in der Deutschen Nationalbibliografie; detaillierte bibliografische Daten sind im Internet über http://dnb.d-nb.de abrufbar.

Springer Spektrum

Gedruckt auf säurefreiem und chlorfrei gebleichtem Papier.

Springer Berlin Heidelberg ist Teil der Fachverlagsgruppe Springer Science+Business Media (www.springer.com)

Grußwort zu den Gesammelten Werken von Otto Stern (Präsident Kreuzer)

Als Präsident der Akademie der Wissenschaften in Hamburg freue ich mich sehr, dass es gelungen ist, die Werke Otto Sterns einschließlich seiner Dissertation und der von ihm betreuten Werke seiner Mitarbeiter mit dieser Publikation nunmehr einer breiten Öffentlichkeit zugänglich zu machen. Otto Sterns Arbeiten bilden die Grundlagen für bahnbrechende Entwicklungen in der Physik in den letzten Jahrzehnten wie zum Beispiel die Kernspintomographie, die Atomuhr oder den Laser. Sie haben ihm 1943 den Nobelpreis für Physik eingebracht. Viele seiner Werke sind in seiner Hamburger Zeit von 1923 bis 1933 entstanden. Ein Grund mehr für die Akademie der Wissenschaften in Hamburg, dieses Projekt als Schirmherrin zu unterstützen.

Wie lebendig und präsent die Erinnerung an Otto Stern und sein Wirken in Hamburg noch sind, zeigte auch das „Otto Stern Symposium", welches unsere Akademie in Kooperation mit der Universität Hamburg, dem Sonderforschungsbereich „Nanomagnetismus" und der ERC-Forschungsgruppe „FURORE" im Mai 2013 veranstaltete. Veranstaltungsort war die Jungiusstraße 9, Otto Sterns Hamburger Wirkungsstätte, Anlass die Verleihung des Nobelpreises an ihn. Gleich sieben Nobelpreisträger waren es denn auch, die auf diesem Symposium Vorträge über Arbeiten hielten, die auf den Grundlagenforschungen Sterns beruhen. Mehr als 800 interessierte Zuhörer zog es an den Veranstaltungsort. Der Andrang war so groß, dass die Vorträge des Festsymposiums live in zwei weitere Hörsäle übertragen werden mussten. Auch Mitglieder der Familie Otto Sterns, darunter sein Neffe Alan Templeton waren extra aus den USA zum Symposium angereist. Es ist sehr erfreulich, dass nun seine Publikationen aus den Archiven wieder an das Licht der Öffentlichkeit geholt wurden.

Möglich wurde dies alles durch das unermüdliche Engagement und die intensive Arbeit von Horst Schmidt-Böcking, emeritierter Professor für Kernphysik an der Goethe-Universität Frankfurt am Main und ausgewiesener Kenner Otto Sterns, dem ich dafür an dieser Stelle meine Anerkennung und meinen Dank ausspreche. Mein Dank gilt auch unserem Akademiemitglied Karin Reich, Sprecherin unserer Arbeitsgruppe Wissenschaftsgeschichte, die den Kontakt zwischen Herrn Schmidt-Böcking mit der Akademie der Wissenschaften in Hamburg hergestellt hat.

Möglich wurde dies aber auch durch das Engagement des Springer-Verlags in Heidelberg, der die Publikation entgegenkommend unterstützt hat, wofür wir dem Verlag sehr danken.

Ich wünsche dem Band eine breite Rezeption und hoffe, dass er die Forschungen zu Otto Stern weiter befruchten wird.

Hamburg, im Dezember 2014

Prof. Dr.-Ing. habil.
Prof. E.h. Edwin J. Kreuzer
Präsident der Akademie der Wissenschaften in Hamburg

Grußwort Festschriftausgabe Gesammelte Werke von Otto Stern

Otto Stern ist eine herausragende Persönlichkeit der Experimentellen Physik. Seine zwischen 1914 und 1923 an der Goethe-Universität durchgeführten quantenphysikalischen Arbeiten haben Epoche gemacht. In Frankfurt entwickelte er die Grundlagen der Molekularstrahlmethode, dem wohl bedeutendsten Messverfahren der modernen Quantenphysik und Quantenchemie. Zusammen mit Walther Gerlach konnte er mit dieser Methode erstmals die von Debye und Sommerfeld vorausgesagte Richtungsquantelung von Atomen im Magnetfeld nachweisen. 1944 wurde ihm für das Jahr 1943 der Nobelpreis für Physik verliehen.

Doch die Wirkung seiner Arbeiten auf die Physik ist noch weitaus größer: Mehr als 20 Nobelpreise bauen auf seiner Forschung auf. Wichtige Erfindungen wie Kernspintomograhie, Maser und Laser sowie die Atomuhr wären ohne seine Vorarbeit nicht denkbar gewesen. Seine außerordentliche Stellung innerhalb der Scientific Community wird auch daran deutlich, dass er von seinen Kollegen, unter ihnen Max Planck, Albert Einstein und Max von Laue, 81 Mal für den Nobelpreis vorgeschlagen wurde – öfter als jeder andere Physiker. Seit 2014 trägt daher die ehemalige Wirkungsstätte Sterns in der Frankfurter Robert-Mayer-Str. 2 den Titel „Historic Site" (Weltkulturerbe der Wissenschaft), verliehen von der Europäischen und Deutschen Physikalischen Gesellschaft. Auch die Goethe-Universität ehrte Otto Stern: Das neue Hörsaalzentrum auf dem naturwissenschaftlichen Campus Riedberg trägt seit 2012 den Namen des Wissenschaftspioniers.

Otto Sterns Arbeiten sind Meilensteine in der Geschichte der Physik. Mit der vorliegenden Festschrift sollen alle seine wissenschaftlichen Werke wieder veröffentlicht und damit der heutigen Physikergeneration zugänglich gemacht werden. Zusammen mit der Universität Hamburg, an der Otto Stern von 1923 bis 1933 lehrte und forschte, übernimmt die Goethe-Universität Frankfurt die Schirmherrschaft für die Festschrift. Ich hoffe, dass diese einmaligen Dokumente eine Inspiration sind – für heutige und künftiger Physikerinnen und Physiker.

Frankfurt a. M., im März 2015

Prof. Dr. Birgitta Wolff
Präsidentin Goethe-Universität Frankfurt

Grußwort Alan Templeton

Otto Stern, my dear great uncle, was a remarkable man, though you might not have known it from his low-key manner. He never flaunted his accomplishments, scientific or otherwise. His attitude was quite simply this: the work can speak for itself, there is no need to brag. Many members of our family are of a similar mind. Very much a cultured gentleman with good manners and a wide knowledge of the world, he was nonetheless somewhat unconventional. He was the only adult I knew as a child who honestly did not care what his neighbors thought of him. Uncle Otto had no interest in gardening, therefore the backyard of his Berkeley home was allowed to grow wild, allowing me at times the pleasure of exploring it while the adults talked of less exciting things.

He also had a housekeeper who always addressed him as: "Dr. Stern" which seemed right out of a period movie. She was competent and able, but she was not allowed to truly clean up – let alone organize – the most important room in the house: Otto's study. This was clearly the most interesting place to be, and whenever I think of Otto, I see him in my mind's eye either enjoying a fine meal or thinking in his study while seated at the wonderful and massive desk designed expressly for him by his beloved and creative younger sister, Elise Stern. This wonderful hardwood desk, now visible and still in use at the Chemistry Library of U.C. Berkeley, was always covered with piles of papers, providing a profusion of ideas and equations, words and symbols. The whole room was filled with books, papers, correspondence, and notes whose order was unclear, perhaps even to Otto himself. Amid this colorful mess is where Otto did much of his insightful work and elegant writing.

But Otto was more than just a scientist with a clever mind who enjoyed proving conventional wisdom wrong. He was also a very kind, principled and caring human being who helped many people throughout his life in large and small ways. He had a fine sense of humor as well and loved a good conversation, often with a glass of wine in one hand and his trademark cigar in the other.

Oakland, California, 1 December 2014 Alan Templeton

Vorwort der Herausgeber

Otto Stern war einer der großen Pioniere der modernen Quantenwissenschaften. Es ist fast 100 Jahre her, dass er 1919 in Frankfurt die Grundlagen der Molekularstrahlmethode entwickelte, einem der bedeutendsten Messverfahren der modernen Quantenphysik und Quantenchemie. 1916 postulierten Pieter Debye und Arnold Sommerfeld die Hypothese der Richtungsquantelung, eine der fundamentalsten Eigenschaften der Quantenwelt schlechthin. 1922 gelang es Otto Stern zusammen mit Walther Gerlach diese vorausgesagte Richtungsquantelung und damit die Quantisierung des Drehimpulses erstmals direkt nachzuweisen. Stern und Gerlach hatten 1922 damit indirekt schon den Elektronenspin entdeckt sowie die dem gesunden Menschenverstand widersprechende „Verschränktheit" zwischen Quantenobjekt und der makroskopischen Apparatur bewiesen.

Ab 1923 als Ordinarius an der Universität Hamburg verbesserte Stern zusammen mit seinen Mitarbeitern (Immanuel Estermann (1900–1973), Isidor Rabi (1898–1988), Emilio Segrè (1905–1989), Robert Otto Frisch (1904–1979), u. a.) die Molekularstrahlmethode so weit, dass er sogar die innere Struktur von Elementarteilchen (Proton) und Kernen (Deuteron) vermessen konnte und damit zum Pionier der Kern- und Elementarteilchenstrukturphysik wurde. Außerdem gelang es ihm zusammen mit Mitarbeitern, die Richtigkeit der de Broglie-Impuls-Wellenlängenhypothese im Experiment mit 1 % Genauigkeit sowie den von Einstein vorausgesagten Recoil-Rückstoss bei der Photonabsorption von Atomen nachzuweisen. 1933 musste Stern wegen seiner mosaischen Abstammung aus Deutschland in die USA emigrieren. 1944 wurde er mit dem Physiknobelpreis 1943 ausgezeichnet. Er war bis 1950 vor Arnold Sommerfeld und Max Planck (1858–1947) der am häufigsten für den Nobelpreis nominierte Physiker. Kernspintomographie, Maser und damit Laser, sowie die Atomuhr basieren auf Verfahren, die Otto Stern entwickelt hat. Ziel dieser gesammelten Veröffentlichungen ist es, an diese bedeutende Frühzeit der Quantenphysik zu erinnern und vor allem der jetzigen Generation von Physikern Sterns geniale Experimentierverfahren wieder bekannt zu machen.

Wir möchten an dieser Stelle Frau Pia Seyler-Dielmann und Frau Viorica Zimmer für die große Hilfe bei der Besorgung und bei der Aufbereitung der alten Veröffentlichungen danken. Außerdem möchten wir den Verlagen: American Physical Society, American Association for the Advancement of Science, Birkhäuser Verlag, Deutsche Bunsen Gesellschaft, Hirzel Verlag, Nature Publishing Group, Nobel Archives, Preussische Akademie der Wissenschaften, Schweizerische Chemische Gesellschaft, Società Italiana di Fisica, Springer Verlag, Walter de Gruyter Verlag, und Wiley-Verlag unseren großen Dank aussprechen, dass wir die Original-Publikationen verwenden dürfen.

Frankfurt, den 31.3.2015 Horst Schmidt-Böcking, Alan Templeton, Wolfgang Trageser, Volkmar Vill und Karin Reich

Inhaltsverzeichnis

Band 1

Band 2

Band 3

Band 4

Band 5

Lebenslauf und wissenschaftliches Werk von Otto Stern

Abb. 1.1 Otto Stern. Geb. 17.2.1888 in Sohrau/Oberschlesien, gest. 17.8.1969 in Berkeley/CA. Nobelpreis für Physik 1943 (Bild Nachlass Otto Stern, Familie Alan Templeton)

H. Schmidt-Böcking, K. Reich, A. Templeton, W. Trageser, V. Vill (Hrsg.), *Otto Sterns Veröffentlichungen – Band 5*, DOI 10.1007/978-3-662-46958-3_1

Mit der erfolgreichen Durchführung des sogenannten „STERN-GERLACH-Experimentes“ 1922 in Frankfurt haben sich Otto Stern und Walther Gerlach weltweit unter den Physikern einen hohen Bekanntheitsgrad erworben [1]. In diesem Experiment konnten sie die von Arnold Sommerfeld und Pieter Debye vorausgesagte „RICHTUNGSQUANTELUNG“ der Atome im Magnetfeld erstmals nachweisen [2]. Zu diesem Experiment hatte Otto Stern die Ideen des Experimentkonzeptes geliefert und Walther Gerlach gelang die erfolgreiche Durchführung. Dieses Experiment gilt als eines der wichtigsten Grundlagenexperimente der modernen Quantenphysik.

Die Entstehung der Quantenphysik wird jedoch meist mit Namen wie Planck, Einstein, Bohr, Sommerfeld, Heisenberg, Schrödinger, Dirac, Born, etc. in Verbindung gebracht. Welcher Nichtphysiker kennt schon Otto Stern und weiß, welche Beiträge er über das Stern-Gerlach-Experiment hinaus für die Entwicklung der Quantenphysik geleistet hat. Um seine große Bedeutung für den Fortschritt der Naturwissenschaften zu belegen und um ihn unter den „Giganten“ der Physik richtig einordnen zu können, kann man die Archive der Nobelstiftung bemühen und nachschauen, welche Physiker von ihren Physikerkollegen am häufigsten für den Nobelpreis vorgeschlagen wurden. Es ist von 1901 bis 1950 Otto Stern, der 82 Nominierungen erhielt, 7 mehr als Max Planck und 22 mehr als Einstein [3].

Otto Stern waren wegen des 1. Weltkrieges und der 1933 durch die Nationalsozialisten erzwungenen Emigration in die USA nur 14 Jahre Zeit in Deutschland gegeben, um seine bahnbrechenden Experimente durchzuführen [4]. Zwei Jahre nach seiner Dissertation 1914 begann der 1. Weltkrieg und Otto Stern meldete sich freiwillig zum Militärdienst. Erst nach dem Ende des ersten Weltkrieges konnte er 1919 in Frankfurt mit seiner richtigen Forschungsarbeit beginnen. 1933 musste er wegen der Diktatur der Nationalsozialisten seine Forschung in Deutschland beenden und Deutschland verlassen. In diesen 14 Jahren publizierte er 47 von seinen insgesamt 71 Publikationen (mit Originaldoktorarbeit (S1), ohne die Doppelpublikation seines Nobelpreisvortrages S72), 8 vor 1919 und 17 nach 1933[1]. Darunter sind 8 Konferenzbeiträge, die als einseitige kurze Mitteilungen anzusehen sind. Hinzu kommen noch 22 Publikationen (M1 bis M22) seiner Mitarbeiter in Hamburg und eine Publikation von Walther Gerlach (M0) in Frankfurt, an denen er beteiligt war, aber wo er auf eine Mit-Autorenschaft verzichtete. Seine wichtigsten Arbeiten betreffen Experimente mit der von ihm entwickelten <u>M</u>olekular<u>s</u>trahl<u>m</u>ethode MSM. In ca. 50 seiner Veröffentlichungen war die MSM Grundlage der Forschung. Die Publikationen seiner Mitarbeiter basierten alle auf der MSM. Stern hat zahlreiche bahnbrechende Pionierarbeiten durchgeführt, wie z. B. die 1913 mit Einstein publizierte Arbeit über die Nullpunktsenergie (S5), die Messung der mittleren Maxwell-Geschwindigkeit von Gasstrahlen in Abhängigkeit der Temperatur des Verdampfers (sein Urexperiment zur Entwicklung der MSM) (S14+S16+S17), zusammen mit Walther Gerlach der Nachweis, dass Atome ein magnetisches Moment haben (S19), der Nachweis der Richtungsquantelung (Stern-Gerlach-Experiment) (S20),

[1] In der kurzen Sternbiographie von Emilio Segrè [5] und in der Sonderausgabe von Zeit. F. Phys. D [6] zu Sterns 100. Geburtstag 1988 werden jeweils nur 60 Publikationen Sterns aufgeführt.

die erstmalige Bestimmung des Bohrschen magnetischen Momentes des Silberatoms (S21), der Nachweis, dass Atomstrahlen interferieren und die direkte Messung der de Broglie-Beziehung für Atomstrahlen (S37+S39+S40+S42), die Messung der magnetischen Momente des Protons und Deuterons (S47+S52+S54+S55) und der Nachweis von Einsteins Voraussage, dass Photonen einen Impuls haben und Rückstöße bei Atomen (M17) bewirken können. Die von Otto Stern entwickelte MSM wurde der Ausgangspunkt für viele nachfolgende Schlüsselentdeckungen der Quantenphysik, wie Maser und Laser, Kernspinresonanzmethode oder Atomuhr. 20 spätere Nobelpreisleistungen in Physik und Chemie wären ohne Otto Sterns MSM nicht möglich geworden.

Otto Stern begann seine beindruckende Experimentserie 1918 bei Nernst in Berlin (Zusammenarbeit von wenigen Monaten mit Max Volmer) [4] und dann ab Februar 1919 in Frankfurt. Dort in Frankfurt entwickelte er die Grundlagen der MSM (S14+S16+S17), eine Messmethode, mit der man erstmals die Quanteneigenschaften eines einzelnen Atoms untersuchen und messen konnte. Mit dieser MSM gelang ihm 1922 in Frankfurt zusammen mit Walther Gerlach das sogenannte Stern-Gerlach-Experiment (S20), das der eigentliche experimentelle Einstieg in die bis heute so schwer verständliche Verschränkheit von Quantenobjekten darstellt. Im Oktober 1921 nahm er eine a. o. Professor für theoretische Physik in Rostock an und wechselte am 1.1.1923 zur 1919 neu gegründeten Universität Hamburg. Hier in Hamburg gelangen ihm bis zu seiner Emigration am 1.10.1933 viele weitere bahnbrechende Entdeckungen zur neuen Quantenphysik. Zusammen mit seinen Mitarbeitern Otto Robert Frisch und Immanuel Estermann konnte er in Hamburg erstmals die magnetischen Momente des Protons und Deuterons bestimmen und damit wichtige Grundsteine für die Kern- und Elementarteilchenstrukturphysik legen.

Otto Stern wurde am 17. Februar 1888 als ältestes Kind der Eheleute Oskar Stern (1850–1919) und Eugenie geb. Rosenthal (1863–1907) in Sohrau/Oberschlesien geboren. Sein Vater war ein reicher Mühlenbesitzer. Otto Stern hatte vier Geschwister, den Bruder Kurt (1892–1938) und die drei Schwestern Berta (1889–1963), Lotte Hanna (1897–1912) und Elise (1899–1945) [4].

Nach dem Abitur 1906 am Johannes Gymnasium in Breslau studierte Otto Stern zwölf Semester physikalische Chemie, zuerst je ein Semester in Freiburg im Breisgau und München. Am 6. März 1908 bestand er in Breslau sein Verbandsexamen und am 6. März 1912 absolvierte er das Rigorosum und wurde am Sonnabend, dem 13. April 1912 um 16 Uhr mit einem Vortrag über „Neuere Anschauungen über die Affinität" zum Doktor promoviert. Vorlesungen hörte Otto Stern u. a. bei Richard Abegg (Breslau, Abegg führte die Elektronenaffinität und die Valenzregel ein), Adolph von Baeyer (München, Nobelpreis in Chemie 1905), Leo Graetz (München, Physik), Walter Herz (Breslau, Chemie), Richard Hönigswald (Breslau, Physik, Schwarzer Strahler), Jacob Rosanes (Breslau, Mathematik), Clemens Schaefer (Breslau, Theoretische Physik), Conrad Willgerodt (Freiburg, Chemie) und Otto Sackur (Breslau, Chemie) (siehe Dissertation, (S1)). In einigen Biographien über Otto Stern wird Arnold Sommerfeld als einer seiner Lehrer genannt. Im Interview mit Thomas S. Kuhn 1962 erwähnt Otto Stern jedoch, dass er während seines Münchener Semesters wohl einige Male in Sommerfelds Vorlesungen gegangen sei, jedoch nichts verstanden habe [7].

Für Otto Stern stand fest, dass er seine Doktorarbeit in physikalischer Chemie durchführen würde. Dieses Fach wurde damals in Breslau u. a. von Otto Sackur vertreten, der auf dem Grenzgebiet von Thermodynamik und Molekulartheorie arbeitete. Der eigentliche „Institutschef" in Breslau war Eduard Buchner, der 1907 den Nobelpreis für Chemie (Erklärung des Hefeprozesses) erhielt. Da Buchner 1911 nach Würzburg ging, hat Otto Stern die Promotion unter Heinrich Biltz als Referenten der Arbeit abgeschlossen. Die Dissertation hat er seinen Eltern gewidmet.

In seiner Dissertation (S1) über den osmotischen Druck des Kohlendioxyds in konzentrierten Lösungen konnte Otto Stern sowohl seine theoretischen als auch seine experimentellen Fähigkeiten unter Beweis stellen, ein Zeichen bereits für seine späteren Arbeiten, in denen er Experiment und Theorie in exzellenter Weise miteinander verband.

Sterns Doktorarbeit (S1) wurde in Zeit. Phys. Chem. 1912 (S2) als seine erste Zeitschriftenpublikation veröffentlicht. Diese Arbeit enthält sowohl einen theoretischen als auch einen längeren experimentellen Teil. Im theoretischen Teil hat Stern mit Hilfe der van der Waalschen Gleichungen den osmotischen Druck an der Grenzfläche einer Flüssigkeit (semipermeable Wand) berechnet. Die Arbeit enthält die vollständige theoretische Ableitung in hochkonzentrierter Lösung. Im experimentellen Teil beschreibt er im Detail seine sehr sorgfältigen Messungen. In dieser Arbeit hat er seine ersten Apparaturen entworfen und gebaut. Der junge a. o. Professor Otto Sackur betreute seine Dissertation. Sackur war zusammen mit Tetrode der erste, dem es gelang, die Entropie eines einatomigen idealen Gases auf der Basis der neuen Quantenphysik zu berechnen, in dem er zeigte, dass die minimale Phasenraumzelle pro Zustand und Freiheitsgrad der Bewegung genau gleich der Planckschen Konstante ist. Dem Einfluss Sackurs ist es zuzuschreiben, dass das Problem „Entropie" Otto Stern zeitlebens nicht mehr los lies. Die Größe der Entropie ist ein Maß für Ordnung oder Unordnung in physikalischen oder chemischen Systemen. Ihr Ursprung und Zusammenhang mit der Quantenphysik hat Stern stets beschäftigt. Otto Sackur hat damit Sterns Denken und Forschen tief geprägt.

Prag 1912

Nach der Promotion wechselte Otto Stern im Mai 1912 durch Vermittlung Fritz Habers zu Albert Einstein nach Prag. Sackur hatte ihm zugeredet, zu Einstein zu gehen, obwohl Stern selbst es als eine „*große Frechheit*" betrachtete, als Chemiker bei Einstein anzufangen. Im Züricher Interview schildert Otto Stern seine erste Begegnung so [8]: *Ich erwartete einen sehr gelehrten Herrn mit großem Bart zu treffen, fand jedoch niemand, der so aussah. Am Schreibtisch saß ein Mann ohne Krawatte, der aussah wie ein italienischer Straßenarbeiter. Das war Einstein, er war furchtbar nett. Am Nachmittag hatte er einen Anzug angezogen und war rasiert. Ich habe ihn kaum wiedererkannt.*

Abb. 1.2 Otto Stern und Albert Einstein (ca. 1925, Bild Nachlass Otto Stern, Familie Alan Templeton)

Stern betrachtete es als einen großen Glücksfall, dass er Diskussionspartner von Einstein werden konnte, denn Einstein war nach Aussage Sterns völlig vereinsamt, da er an der deutschen Karls Universität in Prag niemanden sonst hatte, mit dem er diskutieren konnte. Wie Stern sagte [8]: "*Nolens volens nur mit mir, die Zeit mit Einstein war für mich entscheidend, um in die richtigen Probleme eingeführt zu werden*".

Die Diskussion zwischen Einstein und Stern ging meist über prinzipielle Probleme der Physik. Stern war wegen seiner Interessen an der physikalischen Chemie und speziell dem Phänomen der Entropie sehr an der Quantentheorie interessiert. Die Klärung der Ursachen der Entropie ist für Stern zeitlebens von großer Bedeutung gewesen. Die statistische Molekulartheorie Boltzmanns spielte folglich für Stern eine große Rolle. Bei den Arbeiten über Entropie, wie Stern in seinem Züricher Interview berichtet, konnte Einstein jedoch Stern wenig helfen.

Zürich 1912 -1914

Als Albert Einstein im Oktober 1912 an die Universität Zürich ging, folgte Otto Stern ihm. Einstein stellte ihn als wissenschaftlichen Mitarbeiter an. Drei Semester blieben Einstein und Stern in Zürich. Aus dieser Zeit entstand eine mit Einstein gemeinsame Veröffentlichung über die Nullpunktsenergie mit dem Titel: *Einige Argumente für die Annahme einer molekularen Agitation beim absoluten Nullpunkt.* Diese Arbeit wurde 1913 in den Annalen der Physik (S5) publiziert. In dieser Arbeit wird die spezifische Wärme in Abhängigkeit der absoluten Temperatur berechnet. Als Ausgangspunkt für die Energie und Besetzungswahrscheinlichkeit eines einzelnen Resonators wird die Plancksche Strahlungsformel benutzt, einmal ohne und zum andern mit Annahme einer Nullpunktsenergie. Wenn die Temperatur gegen Null geht, unterscheiden sich beide Kurven deutlich. Durch Vergleich mit Messdaten für Wasserstoff konnten Einstein und Stern zeigen, dass die Kurve mit Berücksichtigung einer Nullpunktsenergie sehr gut, ohne Nullpunkts-Energieterm jedoch sehr schlecht mit den Daten übereinstimmt. Kennzeichnend für Einstein und Stern ist noch eine Fußnote, die sie in der Publikation hinzugefügt haben; um die Art ihrer „querdenkenden" Arbeitsweise zu charakterisieren: *Es braucht kaum betont zu werden, dass diese Art des Vorgehens sich nur durch unsere Unkenntnis der tatsächlichen Resonatorgesetze rechtfertigen lässt.*

Am 26. Juni 1913 stellte Otto Stern einen Antrag auf Habilitation im Fach Physikalische Chemie und auf „Venia Legendi" mit dem Titel Privatdozent [8, 9]. Seine nur 8-seitige (Din A5) Habilitationsschrift hat den Titel (S4): *Zur kinetischen Theorie des Dampfdruckes einatomiger fester Stoffe und über die Entropiekonstante einatomiger Gase.* Wie Stern ausführt, konnte man damals wohl die relative Temperaturabhängigkeit des Dampfdruckes mit Hilfe der klassischen Thermodynamik berechnen, jedoch nicht dessen Absolutwert speziell bei niedrigen Temperaturen. Erst die neue Quantentheorie gestattet, die absoluten Entropiekonstanten und damit das Verdampfungs- und Absorbtionsgleichgewicht zwischen Gasen und Festkörpern zu berechnen. Stern beschreibt in seiner Habilitationsschrift noch einen zweiten Weg, um die absoluten Werte des Dampfdruckes zu erhalten, in dem man für hohe Temperaturen die klassische Molekularkinetik nach Boltzmann anwendet. Gutachter seiner Arbeit waren die Professoren Einstein, Weiss und Baur. Am 22. Juli 1913 stimmt der „Schulrat" dem Habilitationsantrag zu und beauftragt Stern, seine Antrittsvorlesung zu halten. Im WS 1913/14 hält Otto Stern eine 1-stündige Vorlesung über das Thema: *Theorie des chemischen Gleichgewichts unter besonderer Berücksichtigung der Quantentheorie.* Im SS hält er eine 2-stündige Vorlesung über Molekulartheorie.

Hier in Zürich traf Stern Max von Laue. Zwischen Laue und Stern begann eine tiefe, lebenslange Freundschaft, die auch den 2. Weltkrieg überdauerte. Der dritte in diesem Bunde war Albert Einstein, denn Laue und Einstein kannten sich seit 1907, als Laue den noch etwas unbekannten Einstein auf dem Patentamt in Bern besuchte. Seit dieser Zeit hat Laue wichtige Beiträge zur Relativitätstheorie publiziert. Laue war der einzige deutsche Wissenschaftler von Rang, der während der Nazizeit und nach dem Krieg zu Einstein und Stern stets sehr freundschaftliche Bindungen unterhielt.

Die Zeit von Otto Stern in Zürich war, wie er selbst sagt, was seine experimentellen Arbeiten in der Physikalischen Chemie und Physik betrifft, nicht besonders erfolgreich [8]. Auf Einsteins Wunsch hatte er experimentell gearbeitet. Neben der gemeinsamen theoretischen Arbeit mit Einstein über die Nullpunktsenergie sowie seine veröffentlichte Habilitationsschrift hat Stern nur eine weitere Zeitschriftenpublikation in Zürich eingereicht. Zu dieser Arbeit hat ihn Ehrenfest angeregt. Diese theoretische Arbeit mit dem Titel „*Zur Theorie der Gasdissozation*" wurde im Februar 1914 eingereicht und in den Annalen der Physik 1914 publiziert (S4). Darin wird die Reaktion zwischen zwei idealen Gasen betrachtet und die Entropie sowie die Gleichgewichtskonstante der Reaktion mit Hilfe von Thermodynamik und der Quantentheorie berechnet.

Da Stern während des Studiums nur wenig Gelegenheit hatte, theoretische Physik zu lernen, obwohl er sich auf diesem Gebiet habilitiert hatte, hat er in Prag und Zürich die Einsteinschen Vorlesungen besucht. Otto Stern sagt, dass er bei Einstein das ***Querdenken*** gelernt hat. Immanuel Estermann [10], einer seiner späteren, engsten Mitarbeiter schreibt zu Sterns Beziehung zu Albert Einstein: *Stern hat einmal erzählt, daß ihn an Einstein nicht so die spezielle Relativitätstheorie interessierte, sondern vielmehr die Molekulartheorie, und Einstein's Ansätze, die Konzepte der Quantenhypothese auf die Erklärung des zunächst noch unverständlichen Temperaturverhaltens der spezifischen Wärmen in kristallinen Körpern anzuwenden. Eine der ersten Veröffentlichungen Sterns zusammen mit Einstein war der Frage nach der Nullpunktsenergie gewidmet, d. h. der Frage, ob sich die Atome eines Körpers am absoluten Nullpunkt in Ruhe befinden, oder eine Schwingung um eine Gleichgewichtsposition mit einer Mindestenergie ausführen. Der eigentliche Gewinn, den Stern aus der Zusammenarbeit mit Einstein zog, lag in der Einsicht, unterscheiden zu können, welche bedeutenden und weniger bedeutenden physikalischen Probleme gegenwärtig die Physik beschäftigen; welche Fragen zu stellen sind und welche Experimente ausgeführt werden müssen, um zu einer Antwort zu gelangen. So entstand aus einer relativ kurzen wissenschaftlichen Verbindung mit Einstein eine lebenslange Freundschaft.* Als Anfang August 1914 der erste Weltkrieg ausbrach, ließ Otto Stern sich in Zürich zum WS 1914/15 beurlauben, um als Freiwilliger seinen Wehrdienst für Deutschland zu leisten. Einstein war schon am 1. April 1914 als Direktor des Kaiser-Wilhelm-Instituts für Physik in Berlin ernannt worden.

Frankfurt und 1. Weltkrieg

Otto Sterns Freund Max von Laue war am 14. August 1914 von Kaiser Wilhelm II. zum ersten Professor für Theoretische Physik an die 1914 neu gegründete königliche Stiftungsuniversität Frankfurt berufen worden [11]. Stern nahm Laues Angebot an, bei Laue als Privatdozent für theoretische Physik anzufangen. Obwohl er schon am 10.11.1914 seine Umhabilitierung an die Universität Frankfurt beantragt hat [11], ist Otto Stern formal erst Ende 1915 aus dem Dienst der Universität Zürich ausgeschieden.

Die ersten zwei Jahre des Krieges diente Otto Stern als Unteroffizier und wurde meist auf der Kommandatur beschäftigt. Er war in einem Schnellkurs in Berlin als Metereologe ausgebildet worden. Stern hat im Krieg auch Berlin besuchen können, um mit Nernst daran zu arbeiten, wie dünnflüssige Öle dickflüssig gemacht werden könnten. Bei diesen Besuchen hat er sich regelmäßig mit seinen Vater getroffen. Ab Ende 1915 tat Otto Stern Dienst auf der Feldwetterstation in Lomsha in Polen. Da er dort nicht voll ausgelastet war und [8] *„um seinen Verstand aufrechtzuerhalten“*, hat er sich nebenbei mit theoretischen Problemen der Entropie beschäftigt und zwei beachtenswerte, sehr ausführliche Arbeiten über Entropie verfasst. 1. „Die Entropie fester Lösungen“ (eingereicht im Januar 1916 und erschienen in Ann. Phys. 49, 823 (1916)) (S7) und 2. „Über eine Methode zur Berechnung der Entropie von Systemen elastisch gekoppelter Massenpunkte“ (S8) (eingereicht im Juli 1916). In der zweiten dieser Arbeiten ist ein Gleichungssystem für n gekoppelte Massenpunkte zu lösen, das auf eine Determinante n-ten Grades zurückgeführt wird. In Erinnerung an den Entstehungsort dieser Arbeit hat Wolfgang Pauli diese Determinante immer als die Lomsha-Determinante bezeichnet. Zwischen Einstein und Stern wurden in dieser Zeit oft Briefe gewechselt, in denen thermodynamische Probleme diskutiert wurden. Offensichtlich waren beide jedoch oft unterschiedlicher Meinung und Einstein wollte die Diskussion dann später lieber in Berlin fortsetzen. Wie entscheidend Einsteins Beiträge zu den beiden Lomsha-Publikationen waren, ist nicht klar. Da jedoch in beiden Veröffentlichungen Stern seinem Freund Einstein keinen Dank ausspricht, kann Stern Einsteins Beitrag als nicht so wichtig angesehen haben.

Berliner Zeit im Nernstschen Institut 1918–9

Viele Physiker und Physikochemiker waren gegen Ende des ersten Weltkrieges mit militärischen Aufgaben betraut, vorwiegend im Labor von Walther Nernst an der Berliner Universität. In diesem Labor arbeitete Otto Stern mit dem Physiker und späteren Nobelpreisträger James Franck und mit Max Volmer zusammen, die beide ausgezeichnete Experimentalphysiker waren. Dieser Kontakt und die dortige Zusammenarbeit mit Max Volmer haben sicher dazu beigetragen, dass sich Otto Stern ab Beginn 1919 fast völlig experimentellen Problemen zuwandte. Volmers Arbeitsgebiet war die experimentelle Physikalische Chemie. Bei diesen Arbeiten wurden beide durch die promovierte Chemikerin Lotte Pusch (spätere Ehefrau von Max Volmer) unterstützt.

Zusammen mit Max Volmer entstanden in der kurzen Zeit von Ende 1918 bis Mitte 1919 drei Zeitschriftenpublikationen, die mehr experimentelle als theoretische Forschungsziele hatten. Die erste Publikation (S10) (Januar 1919 eingereicht) befasste sich mit der Abklingzeit der Fluoreszenzstrahlung, oder heute würde man sagen: der Lebensdauer von durch Photonen angeregter Zustände in Atomen oder Molekülen. Schnelle elektronische Uhren waren damals noch nicht vorhanden, also brauchte man beobachtbare parallel ablaufende Prozesse als Uhren. Da bot sich die

Molekularbewegung an. Wenn die Moleküle sich mit typisch 500 m/sec (je nach Temperatur kann man die Geschwindigkeit beeinflussen) bewegen und wenn man ihre Leuchtbahnen unter dem Mikroskop mit 1 Mikrometer Auflösung beobachten kann (Moleküle brauchen dann für diese Flugstrecke zwei Milliardestel Sekunde), dann kann man indirekt eine zeitliche Auflösung von nahezu einer Milliardestel Sekunde erreichen, unglaublich gut für die damalige Zeit direkt nach dem 1. Weltkrieg.

Stern und Volmer diskutieren in ihrer Arbeit verschiedene Wege, wie man Atome anregen kann und dann die Fluoreszenzstrahlung der sich schnell bewegenden Atome in Gasen mit unterschiedlichen Drucken und Temperaturen beobachten muss, um unter Berücksichtigung der Molekularbewegung mit sekundären Stößen eine Lebensdauer zu bestimmen. In ihrem Experiment erreichen sie eine Auflösung von ca. 2. Milliardestel Sekunde. Fokussiert durch eine Linse tritt ein scharf kollimierter Lichtstrahl in eine Vakuumapparatur mit veränderbaren Gasdruck und Temperatur ein, der die Gasatome zur Fluoreszenzstrahlung anregt. In dieser Arbeit wurde der sogenannte Stern-Volmer-Plot entwickelt und die danach benannte Stern-Volmer-Gleichung abgeleitet, die die Abhängigkeit der Intensität der Fluoreszenz (Quantenausbeute) eines Farbstoffes gegen die Konzentration von beigemischten Stoffen beschreibt, die die Fluorenzenz zum Löschen bringen. Die Veröffentlichung enthält jedoch noch einen visionären Gedanken, der das Prinzip der modernen „Beam Foil Spectroscopy" schon anwendet, d. h. ein extrem scharf kollimierter Anregungsstrahl (damals Licht, heute oft eine sehr dünne Folie) wird mit einem schnellen Gasstrahl gekreuzt und dann strahlabwärts das Leuchten gemessen. Aus der Geometrie des Leuchtschweifs kann man direkt die Lebensdauer bestimmen.

In der 2. Berliner Veröffentlichung (S11) von Stern und Volmer wurden die Ursachen und Abweichungen der Atomgewichte von der *Ganzzahligkeit* durch mögliche Isotopenbeimischungen und Bindungsenergieeffekte untersucht. Sie argumentieren: Weicht das chemisch ermittelte Atomgewicht von der Ganzzahligkeit ab, so kann das einmal daran liegen, dass die Kerne aus unterschiedlichen Isotopen gebildet werden. Für Stern und Volmer bestand ein Isotop aus einer unterschiedlichen Anzahl von Wasserstoffkernen (hier positive Elektronen genannt), die im Kern von negativen Elektronen (Bohrmodell des Kernes) umkreist werden (Proutsche Hypothese). Zum andern können Kerne abhängig von ihrer inneren Struktur auch unterschiedlich stark gebunden sein und damit nach Einstein (Energie gleich Masse) unterschiedliche Masse haben können.

Stern und Volmer berechnen auf der Basis eines „Bohrmodells" für die Kerne deren mögliche Bindungsenergien. Dabei berücksichtigten sie aber nur die Coulombkraft, aber nicht die damals noch unbekannte „Starke Kernkraft". Die so berechneten Bindunsgsenergie-Effekte waren daher viel zu klein und Stern und Volmer konnten die gemessenen Massenunterschiede damit nicht erklären. Sie schlossen daher Bindungsenergieeffekte als mögliche Ursachen für die unterschiedlichen Atomgewichte aus.

Um den Einfluss der Isotopie zu bestimmen, haben Stern und Volmer dann Diffusionsexperimente durchgeführt, um evtl. einzelne Isotopenmassen anzureichern. Sie kamen dann aber zu dem Schluss, dass Isotopieeffekte die nicht-ganzzahligen

Atomgewichte nicht erklären können. Daraus schlossen sie, dass das verwendete Kernkraftmodell falsch sein muss und Bindungsenergieeffekte vermutlich doch die Ursache sein könnten.

In der 3. gemeinsamen Arbeit (S13) wird der Einfluss der Lichtabsorption auf die Stärke chemischer Reaktionen untersucht. Ausgehend von der Bohr-Einsteinschen Auffassung über den Einfluss der Lichtabsorption auf das photochemische Äquivalenzprinzip wird die Proportionalität von Lichtmenge und chemischer Umsetzung am Beispiel der Zersetzung von Bromhydrid erforscht. Diese Arbeit wurde November 1919 eingereicht und ist 1920 in der Zeitschrift für Wissenschaftliche Photographie erschienen.

Zurück nach Frankfurt (Februar 1919–Oktober 1921)

Ab Frühjahr 1919 musste Stern wieder in Frankfurt sein, da er in einem zusätzlich eingeführten Zwischensemester, beginnend am 3. Februar und endend am 16. April, für Kriegsteilnehmer eine zweistündige Vorlesung „*Einführung in die Thermodynamik*" halten musste. Max von Laue hatte am Ende des Wintersemesters Frankfurt schon verlassen und hatte am Kaiser-Wilhelm-Institut für Physik in Berlin seine Tätigkeit aufgenommen. Max Born als Laues Nachfolger (von Berlin kommend, wo er eine a. o. Professur inne hatte) hat in diesem Zwischensemester schon in Frankfurt Vorlesungen gehalten (Einführung in die theoretische Physik). Sterns erste Forschungsarbeit in Frankfurt, die zu einer Publikation führte, gelang ihm zusammen mit Max Born. Diese Arbeit war theoretischer Art „*Über die Oberflächenenergie der Kristalle und ihren Einfluß auf die Kristallgestalt*". Sie erschien 1919 in den Sitzungsberichten der Preußischen Akademie der Wissenschaften (S9).

In der relativ kurzen Zeit (bis Oktober 1921), die Otto Stern in Frankfurt blieb, hat er dann Physikgeschichte geschrieben. Obwohl zwischen Krieg und Inflation die finanzielle Basis für Forschung extrem schwierig war, gelangen Otto Stern so bedeutende technologische Entwicklungen und bahnbrechende Experimente, dass sie ihm Weltruhm sowie 1943 den Nobelpreis einbrachten. Er war Privatdozent in einem Institut der theoretischen Physik. Max Born war der Institutsdirektor und Stern sein Mitarbeiter. Dieses theoretische Institut hatte noch eine wichtige erwähnenswerte Besonderheit zu bieten, die für Otto Stern, dem nun zur Experimentalphysik wechselnden Forscher, von größter Bedeutung war: zum Institut gehörte eine mechanische Werkstatt mit dem jungen, aber ausgezeichneten Institutsmechaniker Adolf Schmidt.

Max Born berichtet in seinen Lebenserinnerungen [12] über diese Zeit: *Mein Stab bestand aus einem Privatdozenten, einer Assistentin und einem Mechaniker. Ich hatte das Glück, in Otto Stern einen Privatdozenten von höchster Qualität zu finden, einen gutmütigen, fröhlichen Mann, der bald ein guter Freund von uns wurde. Diese Zeit war die einzige in meiner wissenschaftlichen Laufbahn, in der ich eine Werkstatt und einen ausgezeichneten Mechaniker zu meiner Verfügung hatte; Stern und ich machten guten Gebrauch davon.*

Die Arbeit in meiner Abteilung wurde von einer Idee Sterns beherrscht. Er wollte die Eigenschaften von Atomen und Molekülen in Gasen mit Hilfe molekularer Strahlen, die zuerst von Dunoyer [13] *erzeugt worden, waren, nachweisen und messen. Sterns erstes Gerät sollte experimentell das Geschwindigkeitsverteilungsgesetz von Maxwell beweisen und die mittlere Geschwindigkeit messen. Ich war von dieser Idee so fasziniert, dass ich ihm alle Hilfsmittel meines Labors, meiner Werkstatt und die mechanischen Geräte zur Verfügung stellte.*

Wie Born erzählt, Otto Stern entwarf die Apparaturen, aber der Mechanikermeister der Werkstatt, Adolf Schmidt, setzte diese Entwürfe um und baute die Apparaturen. Sterns erste große Leistung war das Ausmessen der Geschwindigkeitsverteilung der Moleküle, die sich in einem Gas bei einer konstanten Temperatur T bewegen. Diese Arbeit wurde die Grundlage zur Entwicklung der sogenannten Atom- oder Molekularstrahlmethode, die zu einer der erfolgreichsten Untersuchungsmethoden in Physik und Chemie überhaupt werden sollte. Der Franzose Louis Dunoyer hatte 1911 gezeigt, dass, wenn man Gas durch ein kleines Loch in ein evakuiertes Gefäß strömen lässt, sich bei hinreichend niedrigem Druck (unter 1/1000 millibar) die Atome oder Moleküle geradlinig im Vakuum bewegen. Der Atomstrahl erzeugt an einem Hindernis wie bei einem Lichtstrahl einen scharfen Schatten auf einer Auffangplatte (Atome oder Moleküle können auf kalter Auffangplatte kondensieren). Der Molekularstrahl besteht aus unendlich vielen, einzelnen und separat fliegenden Atomen oder Molekülen. In diesem Strahl hat man also einzelne, isolierte Atome zur Verfügung, an denen man Messungen durchführen kann. Niemand konnte vor Stern einzelne Atome isolieren und daran Quanteneigenschaften messen.

Um an den einzelnen Atomen des Molekularstrahls quantitative Messungen durchzuführen, musste Stern jedoch wissen, mit welcher Geschwindigkeit und in welche Richtung diese Atome bei einer festen Temperatur fliegen. Maxwell hatte diese Geschwindigkeit schon theoretisch berechnet, aber niemand vor Stern konnte Maxwells Rechnungen überprüfen. Otto Stern baute für diese Messung ein genial einfaches Experiment auf (S14+S16+S17). Als Quelle für seinen Atomstrahl verwendete er einen dünnen Platindraht, der mit Silberpaste bestrichen und dann erhitzt wurde. Bei ausreichend hoher Temperatur verdampfte das Silber und flog radial vom Draht weg nach außen. Der verdampfte, im Vakuum geradlinig fliegende Strahl wurde mit zwei sehr engen Schlitzen (wenige cm Abstand) ausgeblendet und auf einer Auffangplatte (wenige cm hinter dem zweiten Schlitz montiert) kondensiert. Der Fleck des Silberkondensates konnte unter dem Mikroskop beobachtet und in seiner Größe und Verteilung sehr genau vermessen werden. Vom Labor ausgesehen fliegen die Atome im Vakuum immer auf einer exakt geraden Bahn, im rotierenden System gesehen scheinen die Atome sich jedoch auf einer gekrümmten Bahn zu bewegen. Um das Prinzip dieser Geschwindigkeitsmessung verständlicher zu machen, erklärt Stern dies Messverfahren mit nur einem Schlitz. Setzt man nun Schlitz und Auffangplatte in schnelle Rotation mit dem Draht als Drehpunkt, dann dreht sich die Auffangplatte während des Fluges der Atome vom Schlitz zur Auffangplatte um einen kleinen Winkelbereich weiter, so dass der Auftreffort auf der Auffangplatte des geradlinig fliegenden Strahles gegen die Rotationsrichtung leicht versetzt (im Vergleich zur nicht rotierenden Apparatur) ist. Durch zwei Messungen bei stehender und drehender Apparatur erhält man zwei strichartige Verteilungen. Aus dieser gemessenen Verschiebung, aus der Geometrie der Apparatur und der Drehgeschwindigkeit kann man nun die mittlere radiale Geschwindigkeit der Atome oder Moleküle bestimmen.

Stern reichte diese Arbeit mit dem Titel: „*Eine Messung der thermischen Molekulargeschwindigkeit*" im April 1920 bei der Zeitschrift für Physik ein (S16). Stern war mit dem gemessenen Ergebnis dieser Arbeit nicht ganz zufrieden. Die Messung lieferte für eine gemessene Temperatur von 961° eine mittlere Geschwindigkeit von ca. 600 m/sec, wohingegen die Maxwelltheorie nur 534 m/sec voraussagte. Stern versuchte in dieser Arbeit, die Diskrepanz zwischen Messung und Theorie durch kleine Messfehler bei der Temperatur etc. zu erklären. Albert Einstein hatte sofort erkannt, dass diese Diskrepanz ganz andere Gründe hatte. Er machte Stern darauf aufmerksam, dass bei der Strömung von Gasen von einem Raum (hoher Druck) durch ein winziges Loch in einen anderen Raum (Vakuum) die schnelleren Moleküle eine merklich größere Transmissionsrate haben als langsamere (S17). Nach Berücksichtigung dieses Effektes erniedrigte sich die gemessene mittlere Molekulargeschwindigkeit und stimmte auf einmal gut mit der Maxwell-Theorie überein. Noch eine scheinbar nebensächliche Aussage Sterns in dieser Publikation ist von großer visionärer Bedeutung und sie ist der eigentliche Grund, dass diese Arbeit so bedeutsam ist und Stern dafür der Nobelpreis zu Recht verliehen wurde: *Die hier verwendete Versuchsanordnung gestattet es zum ersten Male, Moleküle mit einheitlicher Geschwindigkeit herzustellen.* Für die Physik heißt das: Atome oder Moleküle konnten nun in einem bestimmten Impulszustand hergestellt werden, was quantitative Messungen der Impulsänderung ermöglichte. Dies war ein wichtiger Meilenstein für die Quantenphysik!

Otto Stern hatte damit die Grundlagen geschaffen, um mit Hilfe der Impulsspektroskopie von langsamen Atomen und Molekülen ein nur wenige 10 cm großes Mikroskop zu realisieren, mit dem man in Atome, Moleküle oder sogar Kerne hineinschauen konnte. Dank dessen exzellenten Winkelauflösung gelang es ihm später in Hamburg, sogar die Hyperfeinstruktur in Atomen und den Rückstoßimpuls bei Photonenstreuung nachzuweisen. Dies waren bedeutende Meilensteine auf dem Weg in die moderne Quantenphysik. In zahllosen nachfolgenden Arbeiten bis zur Gegenwart wird Otto Sterns Methode der Strahlpräparierung angewandt. Mehr als 20 spätere Nobelpreisarbeiten in Physik und Chemie verdanken letztlich dieser Pionierarbeit Otto Sterns ihren wissenschaftlichen Erfolg.

Otto Stern war genial im Planen von bahnbrechenden Apparaturen, aber im Experimentieren selbst fehlte ihm das erforderliche Geschick. In Walther Gerlach fand er dann den Experimentalphysiker, der auch schwierigste Experimente erfolgreich durchführen konnte. Gerlach kam am 1.10.1920 als erster Assistent und Privatdozent ins Institut für experimentelle Physik an die Universität Frankfurt. Das Duo Stern-Gerlach experimentierte dann so erfolgreich, dass es in den nur zwei verbleibenden Jahren der gemeinsamen Forschung in Frankfurt ganz große Physikgeschichte geschrieben hat.

Abb. 1.3 1920 in Berlin v. l.: Das sogenannte „Bonzenfreie Treffen" mit Otto Stern, Friedrich Paschen, James Franck, Rudolf Ladenburg, Paul Knipping, Niels Bohr, E. Wagner, Otto von Baeyer, Otto Hahn, Georg von Hevesy, Lise Meitner, Wilhelm Westphal, Hans Geiger, Gustav Hertz und Peter Pringsheim. (Bild im Besitz von Jost Lemmerich)

Obwohl Otto Stern zahlreiche bedeutende Pionierexperimente durchgeführt hat, überragt das sogenannte Stern-Gerlach Experiment zusammen mit Walther Gerlach alle anderen an Bedeutung. Aus diesem Grunde sollen hier die Hintergründe zu diesem Experiment ausführlicher dargestellt werden, auch deshalb, weil bis heute in vielen Lehrbüchern die Physik dieses Experimentes nicht korrekt dargestellt wird. Stern und Gerlach begannen schon Anfang 1921 mit der Planung und Ausführung des Experiments zum Nachweis der Richtungsquantelung magnetischer Momente von Atomen in äußeren Feldern (S18+S20). Richtungsquantelung heißt, die Ausrichtungswinkel von magnetischen Momenten von Atomen im Raum sind nicht isotrop über den Raum verteilt, sondern stellen sich nur unter diskreten Winkeln ein, d. h. sie sind in der Richtung gequantelt. Ausgehend vom Zeeman-Effekt, der 1896 von Pieter Zeeman in Leiden (Nobelpreis für Physik 1902) durch Untersuchung der im Magnetfeld emittierten Spektrallinien entdeckt wurde, hatten zuerst Peter Debye (1916, Nobelpreis für Chemie 1936) und dann Arnold Sommerfeld (1916) gefordert [2], dass sich die inneren magnetischen Momente von Atomen in einem äußeren magnetischen Feld nur unter diskreten Winkeln einstellen können.

Jeder Physiker würde von der Annahme ausgehen, dass die Atome (z. B. in Gasen) und damit auch deren innere magnetischen Momente beliebig im kraftfreien Raum orientiert sein müssen. Es sei denn, es gäbe äußere Kräfte, die solche Atome ausrichten können. Wenn ein makroskopisches äußeres Magnetfeld **B** angelegt wird, dann könnte eine solche ausrichtende Kraft zwischen Magnetfeld und Atomen nur dann auftreten, wenn die Atome entweder eine elektrische Ladung tragen oder aber ein inneres magnetisches Moment haben. Da neutrale Atome perfekt ungeladen sind, könnte daher nur ein inneres magnetisches Moment als Kraftquelle in Frage kommen. Nach den Gesetzen der damals und heute gültigen klassischen Physik sollten die magnetischen Momente der Atome jedoch in einem äußeren Magnetfeld **B** nur eine Lamorpräzession (Kreiselbewegung) um die Richtung **B** ausführen können, d. h. der Winkel zwischen magnetischem Moment und äußerem Feld **B** kann dadurch aber nicht verändert werden. Die isotrope Winkel-Ausrichtung der atomaren magnetischen Momente relativ zu **B** sollte daher unbedingt erhalten bleiben. Da nach der klassischen Physik die magnetischen Momente der Atome im Raum völlig isotrop vorkommen sollten, muss der Winkel α und damit auch die Energieaufspaltung der Spektrallinien im Magnetfeld (Zeeman-Effekt) kontinuierliche Verteilungen (Bänderstruktur) zeigen.

Um aber die in der Spektroskopie beobachtete scharfe Linienstruktur der sogenannten Feinstrukturaufspaltung in Atomen und die scharfen Spektrallinien des Zeeman-Effektes zu erklären, mussten Debye und Sommerfeld daher etwas postulieren, das dem gesunden Menschenverstand völlig widersprach. Das „Absurde" an der Richtungsquantelung ist, dass diese Ausrichtung abhängig von der B-Richtung ist, die der Experimentator durch seine Apparatur zufällig wählt. Woher sollen die Atome „wissen", aus welcher Richtung der Experimentator sie beobachtet? Nach allem, was die Physiker damals wussten, ja selbst was wir bis heute wissen, gibt es keinen uns bekannten physikalisch erklärbaren Prozess, der diese Momente nach dem Beobachter ausrichtet und eine Beobachter-abhängige Richtungsquantelung erzeugt. Selbst Debye sagte zu Gerlach: *Sie glauben doch nicht, dass die Einstellung der Atome etwas physikalisch Reelles ist, das ist eine Rechenvorschrift, das Kursbuch der Elektronen. Es hat keinen Sinn, dass Sie sich abquälen damit.* Max Born bekannte später: *Ich dachte immer, daß die Richtungsquantelung eine Art symbolischer Ausdruck war für etwas, was wir eigentlich nicht verstehen.* Im Interview mit Thomas Kuhn und Paul Ewald [14] erzählte Born: „*Ich habe versucht, Stern zu überzeugen, dass es keinen Sinn macht, ein solches Experiment durchzuführen. Aber er sagte mir, es ist es wert, es zu versuchen.*"

Wie Otto Stern im Züricher Interview erzählt [8], hat er überhaupt nicht an die Existenz einer solchen Richtungsquantelung geglaubt. In einem Seminarvortrag im Bornschen Institut wurde der Fall diskutiert und Otto Stern auf das Problem aufmerksam gemacht. Otto Stern überlegte: Wenn Debye und Sommerfeld recht haben, dann müssten die magnetischen Momente von gasförmigen Atomen in einem äußeren Magnetfeld sich ebenso ausrichten. Dies hat Otto Stern nicht in Ruhe gelassen. Er berichtete später: *Am nächsten Morgen, es war zu kalt aufzustehen, da habe ich mir überlegt, wie man das auf andere Weise experimentell klären könnte.* Mit seiner Atomstrahlmethode konnte er das machen.

Am 26. August 1921 reichte Otto Stern bei der Zeitschrift für Physik als alleiniger Autor eine Publikation (S18) ein, in der der experimentelle Weg zur experimentellen Überprüfung der Richtungsquantelung und die Machbarkeit, d. h. ob man die zu erwartenden kleinen Effekte auf die Bahn der Molekularstrahlen wirklich beobachten könne, diskutiert wurde. In dieser Arbeit bringt Otto Stern weitere Bedenken gegen das Debye-Sommerfeld-Postulat vor und führt aus: *Eine weitere Schwierigkeit für die Quantenauffassung besteht, wie schon von verschiedenen Seiten bemerkt wurde, darin, daß man sich gar nicht vorstellen kann, wie die Atome des Gases, deren Impulsmomente ohne Magnetfeld alle möglichen Richtungen haben, es fertig bringen, wenn sie in ein Magnetfeld gebracht werden, sich in die vorgeschriebenen Richtungen einzustellen. Nach der klassischen Theorie ist auch etwas* *ganz anderes zu erwarten. Die Wirkung des Magnetfeldes besteht nach Larmor nur darin, daß alle Atome eine zusätzliche gleichförmige Rotation um die Richtung der magnetischen Feldstärke als Achse ausführen, so daß der Winkel, den die Richtung des Impulsmomentes mit dem Feld B bildet, für die verschiedenen Atome weiterhin alle möglichen Werte hat. Die Theorie des normalen Zeeman-Effektes ergibt sich auch bei dieser Auffassung aus der Bedingung, daß sich die Komponente des Impulsmomentes in Richtung von B nur um den Betrag $h/2\pi$ oder Null ändern darf.*

Stern hatte sich zu dieser Vorveröffentlichung entschlossen, da Hartmut Kallmann und Fritz Reiche in Berlin ein ähnliches Experiment für die räumliche Ausrichtung von Dipolmolekülen in inhomogenen elektrischen Feldern (Starkeffekt, von Paul Epstein und Karl Schwarzschild theoretisch untersucht) gemacht hatten und kurz vor der Publikation standen. Otto Stern stand mit Kallmann und Reiche in Kontakt. Debye und Sommerfeld hatten für die auf der Bahn umlaufenden Elektronen eine Ausrichtung des magnetischen Momentes in drei Ausrichtungen vorausgesagt (analog der Triplettaufspaltung beim Zeeman-Effekt): parallel, antiparallel und senkrecht zum äußeren Magnetfeld, d. h. eine Triplettaufspaltung, und damit eine dreifach Ablenkung des Atomstrahles (parallel und antiparallel sowie keine Ablenkung zum Magnetfeld). Bohr hingegen erwartete nur eine Zweifachaufspaltung (Duplett) nach oben und unten, aber in der Mitte keine Intensität.

Otto Stern erhielt im Herbst 1921 einen Ruf auf eine a. o. Professur für theoretische Physik an der Universität Rostock. Schon im Wintersemester 1921/22 hielt er in Rostock Vorlesungen über theoretische Physik. Obwohl Otto Stern ab Herbst 1921 nicht mehr in Frankfurt war, gingen die gemeinsamen Arbeiten zur Messung der magnetischen Momente von Atomen mit Walter Gerlach in Frankfurt weiter. Wie Gerlach in seinem Interview mit Thomas Kuhn 1963 [15] berichtet, war die Apparatur erst im Herbst 1921 durch den Mechaniker Adolf Schmidt fertig gestellt worden. Schon bald danach konnte Gerlach in der Nacht vom 4. auf den 5. November 1921 den ersten großen Erfolg verbuchen. Ein Silberstrahl von 0,05 mm Durchmesser wurde in einem Vakuum von einigen 10^{-5} milli bar entlang eines Schneiden-förmigen Polschuhs geleitet und auf einem wenige cm entfernten Glasplättchen aufgefangen. Aus der Form des Fleckes des dort niedergeschlagenen Silbers wurde die Verbreiterung des Strahles bei eingeschaltetem Magnetfeld gemessen. Dies war der Beweis, dass Silberatome ein magnetisches Moment haben. Aus der Verbreiterung konnte eine erste Abschätzung für die Größe des magnetischen Momentes des Silberatoms gewonnen werden. Über eine mögliche Aufspaltung konnte wegen der schlechten Winkelauflösung noch keine verlässliche Aussage gemacht werden.

Gerlach hat in den folgenden Monaten versucht, die Apparatur weiter zu verbessern, ohne jedoch eine Aufspaltung zu sehen. In den ersten Februartagen 1922 (Wochenende 3.–5.2.1922) trafen sich Stern und Gerlach in Göttingen [15]. Nach diesem Treffen wurde eine entscheidende Änderung an der Ausblendung vorgenommen. In der bisher benutzten Apparatur wurde der Strahl durch zwei sehr kleine Rundblenden (wenige Mikrometer Durchmesser) begrenzt. Da der Strahl aus einer kleinen runden Öfchenöffnung emittiert wurde, mussten diese drei Punkte auf eine Linie gebracht werden, was offensichtlich nicht hinreichend präzise gelang.

Wie Gerlach in seinem Interview mit Thomas Kuhn berichtet (er bezieht sich auf den Brief von James Franck vom 15.2.1922) wurde eine der Strahlblenden durch einen Spalt ersetzt. Diese Änderung brachte umgehend den entscheidenden Fortschritt und die Richtungsquantelung wurde in der Nacht vom 7. auf 8.2.1922 in den Räumen des Instituts für theoretische Physik im Gebäude des Physikalischen Vereins Frankfurt zum ersten Male experimentell nachgewiesen. Das Stern-Gerlach-Experiment hatte damit eindeutig bewiesen: Die Richtungsquantelung der inneren magnetischen Momente von Atomen existierte wirklich. Das Postulat der Richtungsquantelung von Peter Debye und Arnold Sommerfeld entsprach einer reellen, physikalisch nachweisbaren Eigenschaft der Quantenwelt, obwohl es dem „gesunden Menschenverstand" völlig widersprach. Es gibt also die Fernwirkung zwischen Apparatur/Beobachter und Quantenobjekt. Egal in welcher Richtung der Experimentator zufällig sein Magnetfeld anlegt, die Atome „kennen" diese Richtung. Der Aufbau der Apparatur wurde später in zwei Publikationen im Detail beschrieben: W. Gerlach und O. Stern Ann. Phys. 74, 673 (1924) (S26) und Walther Gerlach, Über die Richtungsquantelung im Magnetfeld II, Annalen der Phys., 76, 163–197 (1925) (M0).

Viele der Physiker waren überrascht, dass es die Richtungsquantelung wirklich gab. Stern selbst hatte überhaupt nicht an sie geglaubt. Wolfgang Pauli schrieb in einer Postkarte an Gerlach: *Jetzt wird wohl auch der ungläubige Stern von der Richtungsquantelung überzeugt sein.* Arnold Sommerfeld bemerkte dazu: *Durch ihr wohldurchdachtes Experiment haben Stern und Gerlach nicht nur die Richtungsquantelung im Magnetfeld bewiesen, sondern auch die Quantennatur der Elektrizität und ihre Beziehung zur Struktur der Atome.* Albert Einstein schrieb: *Das wirklich interessante Experiment in der Quantenphysik ist das Experiment von Stern und Gerlach. Die Ausrichtung der Atome ohne Stöße durch Strahlung kann nicht durch die bestehenden Theorien erklärt werden. Es sollte mehr als 100 Jahre dauern, die Atome auszurichten.* Doch Stern war auch nach dem Experiment keineswegs von der Richtungsquantelung überzeugt. In seinem Züricher Interview 1961 [8] sagt er über das Frankfurter Stern-Gerlach-Experiment: *Das wirklich Interessante kam ja dann mit dem Experiment, das ich mit Gerlach zusammen gemacht habe, über die Richtungsquantelung. Ich hatte mir immer überlegt, dass das doch nicht richtig sein kann, wie gesagt, ich war immer noch sehr skeptisch über die Quantentheorie. Ich habe mir überlegt, es muss ein Wasserstoffatom oder ein Alkaliatom im Magnetfeld Doppelbrechung zeigen. Man hatte ja damals nur das Elektron in einer Ebene laufend und da kommt es ja darauf an, ob die elektrische Kraft, das Feld in der Ebene oder senkrecht steht. Das war ein völlig sicheres Argument meiner Ansicht nach, da man es auch anwenden konnte auf ganz langsame Änderungen der elektrischen Kraft, ganz adiabatisch. Also das konnte ich absolut nicht verstehen. Damals hab ich mir überlegt, man kann doch das experimentell prüfen. Ich war durch die Messung der Molekulargeschwindigkeit auf Molekularstrahlen eingestellt und so hab ich das Experiment versucht. Da hab ich das mit Gerlach zusammengemacht, denn das war ja doch eine schwierige Sache. Ich wollte doch einen richtigen Experimentalphysiker mit dabei haben. Das ging sehr schön, wir haben das immer so gemacht: Ich habe z. B. zum Ausmessen des magnetischen Feldes eine kleine Drehwaage gebaut, die zwar funktionierte, aber nicht sehr gut war. Dann hat Gerlach eine sehr feine gebaut, die sehr viel besser war. Übrigens eine Sache, die ich bei der Gelegenheit hier betonen möchte, wir haben damals nicht genügend zitiert die Hilfe, die der Madelung uns gegeben hat. Damals war der Born schon weg, und sein Nachfolger war der Madelung. Madelung hat uns im wesentlichen das magnetische Feld mit der Schneide und ja …* (inhomogen) *suggeriert. Aber wie nun das Experiment ausfiel, da hab ich erst recht nichts verstanden, denn wir fanden ja dann die diskreten Strahlen und trotzdem war keine Doppelbrechung da. Wir haben extra noch einmal Versuche gemacht, ob doch noch etwas Doppelbrechung da war. Aber wirklich nicht. Das war absolut nicht zu verstehen. Das ist auch ganz klar, dazu braucht man nicht nur die neue Quantentheorie, sondern gleichzeitig auch das magnetische Elektron. Diese zwei Sachen, die damals noch nicht da waren. Ich war völlig verwirrt und wusste gar nicht, was man damit anfangen sollte. Ich habe jetzt noch Einwände gegen die Schönheit der Quantenmechanik. Sie ist aber richtig.*

Damals glaubten alle, dass die Beobachtung einer Dublettaufspaltung Niels Bohr recht gäbe und Sommerfelds Voraussage falsch sei. In der Tat hatten Gerlach und Stern aber die Richtungsquantelung des damals noch unbekannten Elektronenspins und nicht die eines auf einer Bahn umlaufenden Elektrons beobachtet. Somit hatten weder Bohr noch Sommerfeld recht! Warum es aber noch einige Jahre brauchte, bis Uhlenbeck und Goudsmit den Elektronenspin postulierten, ist aus heutiger Sicht sehr schwer zu verstehen. Einmal hatte Arthur Compton schon 1921 [16] auf die magnetischen Eigenschaften des Elektrons und damit indirekt auf seinen Eigenspin hingewiesen und zum andern hatte Alfred Landé (zu dieser Zeit ebenfalls in Frankfurt tätig) schon defacto die Grundlagen für seine g-Faktorformel auf semiempirischem Wege entwickelt [17]. Mit dieser Formel wird die komplette Drehimpulsdynamik der Elektronen in Atomen und ihre Kopplung zum Gesamtspin korrekt vorausgesagt. Sie enthält außerdem Sommerfelds innere Quantenzahl $k = 1/2$ (d. h. den Elektronenspin) und die richtigen „Spreizfaktoren" g (d. h. den korrekten g-Faktor $g = 2$) für das Elektron. In den Publikationen [18] analysiert dann Landé schon 1923 das Stern-Gerlach-Experiment als Richtungsquantelung einer um sich selbst drehenden Ladung und stellt klar, dass es sich beim Ag-Atom nicht um ein auf einer Bahn umlaufendes Elektron handeln kann.

Landé schreibt [18]: *Dass hier zwei abgelenkte Atomstrahlen im Abstand* $+/-1$ *Magneton, aber kein unabgelenkter Strahl auftritt, deuteten Stern und Gerlach ursprünglich so, es besitze das untersuchte Silberatom (Dublett-s-Termzustand) 1 Magneton als magnetisches Moment und stelle seine Achse parallel* $(m = +1)$ *bzw. antiparallel* $(m = -1)$*, nicht aber quer zum Feld* $(m = 0)$ *ein, entsprechend dem bekannten Querstellungsverbot von Bohr. Die spektroskopischen Erfahrungstatsachen führen aber zu folgender anderer Deutung. Mit seinem* $J = 1$ *stellt sich das Silberatom nicht mit den Projektionen* $m = +/-1$ *unter Ausschluss von* $m = 0$ *ein, sondern nach Gleichung 4*[2] *mit* $m = +/-1/2$*. Das Fehlen des unabge-*

[2] $m = J - 1/2, J - 3/2, \ldots, -J + 1/2$

lenkten Strahles ist also nicht durch ein Ausnahmeverbot ... zu erklären ... Zu $m = +/-1/2$ beim Silberatom würde nun normaler Weise eine Strahlablenkung von $+/-1/2$ Magneton gehören. Wegen des „g-Faktors" ist aber für die magnetischen Eigenschaften nicht m, sondern mg maßgebend, und g ist, wie erwähnt, bei den s-Termen gleich 2, daher $m \cdot g = (+/-1/2) \cdot 2 = +/-1$ im Einklang mit Stern-Gerlach.[3]

Alfred Landé hätte nur ein wenig weiter denken müssen. Es konnte doch nur für das Entstehen des Drehimpulsvektors k das um sich selbst drehende Elektron in Frage kommen. Seinen Spin $k = 1/2$ mit $g = 2$ hat er schon richtig erkannt. Leider wurden seine wichtigen Arbeiten zur Interpretation des Stern-Gerlach-Ergebnisses fast nie zitiert und fast tot geschwiegen. Für den Nobelpreis für Physik wurde er nie vorgeschlagen, was er aus Sicht dieser Buchautoren sicher verdient gehabt hätte.

Wie wird eigentlich diese Verschränkheit zwischen Atom und Apparatur vermittelt? Für jedes durch die Apparatur fliegende, einzelne Atom gilt diese Verschränkheit und es gilt dabei eine strikte Drehimpulserhaltung (Verschränkheit) zu jeder Zeit mit der Stern-Gerlach-Apparatur (entlang des Weges durch die Apparatur). Der Kollaps der Atomwellenfunktion mit Ausrichtung des Drehimpulses auf eine Raumrichtung muss am Eingang zur Apparatur im inhomogenen Magnetfeld mit 100 % Effizienz erfolgen. Dann muss entlang der Bahn (homogenes Feld) diese Richtung strikt erhalten bleiben, sonst gäbe es keine so eindeutigen Atomstrahlbahnen mit klar trennbaren Strahlkondensaten auf der Auffangplatte. Die Drehimpulkskopplung zwischen Atom und Apparatur muss also für das Zustandekommen dieser Verschränkheit eine wesentliche Rolle spielen.

Um die Experimente zu dem magnetischen Moment von Silber in Frankfurt zu einem erfolgreichen Ende zu bringen, kam Otto Stern in den Osterferien 1922 von Rostock nach Frankfurt. Es gelang ihnen, das magnetische Moment des Silberatoms mit guter Genauigkeit zu bestimmen. Am 1. April konnten Walther Gerlach und Otto Stern dazu eine Veröffentlichung bei der Zeitschrift für Physik einreichen (S21). Innerhalb einer Fehlergrenze von 10 % stimmte das gemessene magnetische Moment mit einem Bohrschen Magneton überein.

Otto Sterns kurze Rostocker Episode (Oktober 1921 bis 31.12.1923)

Die Universität Rostock hatte Otto Stern im Oktober 1921 als theoretischen Physiker auf ein Extraordinariat berufen. Diese Stelle war 1920 als erste Theorieprofessur in Rostock geschaffen worden. Wilhelm Lenz (später Hamburg) war für ca. 1 Jahr Sterns Vorgänger. Als theoretischer Physiker verfügte Stern über keine Ausstattung. Stern hatte in Rostock kaum Geld und Apparaturen für Experimente, daher sind Otto Sterns experimentelle Erfolge für die 15 Monate in Rostock (Oktober 1921 bis zum 31.12.1922) schnell erzählt. Denn in dieser Zeit gab es fast nur die schon

[3] Abraham [19] hatte schon 1903 gezeigt, dass um sich selbst rotierende Ladungen (Elektronenspin) je nach Ladungsverteilung (Flächen- oder Volumenverteilung) unterschiedliche elektromagnetische Trägheitsmomente haben.

besprochenen Experimente mit Gerlach und die fanden alle in Frankfurt statt. Während der Rostocker Zeit hat Otto Stern nur eine rein Rostocker Publikation „Über den experimentellen Nachweis der räumlichen Quantelung im elektrischen Feld“ in Phys. Z. 23, 476–481 (1922) veröffentlicht (S22), die eine rein theoretische Arbeit darstellt. In dieser Arbeit wurde das Verhalten der elektrischen atomaren Dipolmomente im inhomogenen Feld (inhomogener Starkeffekt) und seine Analogie zum Zeeman-Effekt untersucht.

Rostock war für Stern nur eine Durchgangsstation. Erwähnenswert ist, dass Stern mit Immanuel Estermann seinen wichtigsten Mitarbeiter fand. Der in Berlin geborene Estermann, der kurz zuvor seine Dissertation bei Max Volmer in Hamburg beendet hatte, kam in Rostock in Sterns Gruppe und arbeitete mit Stern bis zu dessen Emeritierung 1946 in Pittsburgh zusammen. In der Rostocker Zeit untersuchten Estermann und Stern mit einer einfachen Molekularstrahlapparatur Methoden der Sichtbarmachung dünner Silberschichten. Dabei wurden Nassverfahren als auch Verfahren von Metalldampfabscheidung auf den sehr dünnen Schichten angewandt. Es konnten noch Schichtdicken von nur 10 atomaren Lagen sichtbar gemacht werden. Diese Arbeit wurde dann 1923 von Hamburg aus mit Estermann und Stern als Autoren in Z. Phys. Chem. 106, 399 (1923) (S23) publiziert.

Otto Sterns erfolgreiche Hamburger Zeit (1.1.1923 bis 31.10.1933)

Die 1919 neugegründete Hamburger Universität hatte am 31.3.1919 ein Extraordinariat für Physikalische Chemie geschaffen, auf das am 30.6.1920 der 1885 geborene Max Volmer berufen worden war. Volmer nutzte seit 1922 Räume im Physikalischen Staatsinstitut, wo die räumlichen und apparativen sowie personellen Bedingungen als auch die finanziellen Mittel unbefriedigend bis ungenügend waren. Die Geräte waren größtenteils aus dem chemischen Institut ausgeliehen oder wurden selbst hergestellt. Volmer erhielt 1922 einen Ruf auf ein Ordinariat für Physikalische und Elektrochemie an die TU-Berlin. Zum 1.10.1922 verließ er Hamburg und trat seine Stelle in Berlin an.

Auf Bemühen Volmers war aber diese Stelle 1923 in ein Ordinariat umgewandelt worden. Auf Betreiben des Hamburger theoretischen Physikers Lenz wurde Otto Stern dann diese Stelle angeboten. Die Hamburger Berufungsverhandlungen 1922 verschafften Otto Stern keine sehr günstige Startposition [20]. Da er von einem Extraordinariat kam, gab es in Rostock keine Bleibeverhandlungen und Stern war gezwungen, „jedes“ Angebot aus Hamburg anzunehmen.

In Hamburg hat Stern nicht nur an seine Frankfurter Erfolge anknüpfen, sondern diese noch übertreffen können. In Hamburg konnte er bis 1933 zusammen mit seinen Mitarbeitern 40 weitere auf der Molekularstrahltechnik aufbauende Arbeiten publizieren. In den 1926 veröffentlichten Arbeiten a. Zur Methode der Molekularstrahlen I. (S28) und b. Zur Methode der Molekularstrahlen II. (S29) (letztere zusammen mit Friedrich Knauer) wurden die Ziele der kommenden Forschungsarbeiten in Hamburg unter Verwendung der MSM visionär beschrieben. Otto Stern schreibt dazu: *Die Molekularstrahlmethode muss so empfindlich gemacht werden, dass sie in vielen Fällen Effekte zu messen und Probleme angreifen erlaubt, die den bisher bekannten experimentellen Methoden unzugänglich sind.* Die von Stern für realistisch betrachteten Experimente konnte Otto Stern in seiner Hamburger Zeit in der Tat alle mit einer beeindruckenden Erfolgsbilanz durchführen.

Um dies zu erreichen, musste jedoch einmal die Messgeschwindigkeit und zum andern auch die Messgenauigkeit der MSM wesentlich verbessert werden. Stern war sich bewusst, dass er mit der optischen Spektroskopie konkurrieren musste. Dabei konnte seine MSM Eigenschaften eines Zustandes direkt messen, wohingegen die optische Spektroskopie immer nur Energiedifferenzen von zwei Zuständen und niemals den Zustand direkt beobachten konnte.

Um die Messgeschwindigkeit zu verbessern, musste der Molekularstrahl viel intensiver gemacht werden. Das konnte man mit einem sehr dünnen Platindraht als Verdampfer nicht mehr erreichen, da dessen Oberfläche als Quelle einfach zu klein war. Daher musste man Öfchen als Verdampfer entwickeln, die einen hohen Verdampfungsdruck erreichen konnten und deren Tiefe so erhöht werden konnte, dass man in Sekundenschnelle Schichten auf der Auffangplatte auftragen konnte. Die Begrenzung des Druckes im Ofen wurde durch die freie Weglänge der Gasmoleküle gegeben, die nur vergleichbar oder größer als die Ofenspaltbreite sein musste. Das heißt, man konnte die Ofenspaltbreite beliebig klein machen und konnte den dadurch bedingten Intensitätsverlust durch Druckerhöhung im Ofen ausgleichen, ohne dass die Messzeit vergrößert wurde. Die dann in Hamburg durchgeführten experimentellen Untersuchungen und Verbesserungen der Strahlstärke ergaben, dass man schon nach drei bis 4 Sekunden Messzeit den Strahlfleck mit Hilfe von chemischen Entwicklungsmethoden erkennen konnte.

Otto Stern beschreibt dann in (S28 + S29) eine Reihe von Untersuchungen, die für die Quantenphysik (Atome und Kerne) wegweisend wurden. Als erstes ging es um die Frage, hat der Atomkern (z. B. das Proton) ein magnetisches Moment und wie groß ist das. Nach Sterns damaliger Vorstellung des Kernaufbaus (umlaufende Protonen) sollte das magnetische Moment des Protons der 1/1836-te Teil des magnetischen Momentes des Elektrons sein. Wie Stern ausführt, war die Auflösung in der optischen Spektroskopie damals jedoch noch nicht ausreichend, um im Zeeman-Effekt diese Aufspaltung (Hyperfeinaufspaltung) durch das Kernmoment nachzuweisen. Otto Sterns MSM sollte jedoch auch dieses kleine magnetische Moment noch messen können. 1933 konnte dann Otto Stern zusammen mit Otto Robert Frisch in Hamburg die Messung des magnetischen Momentes des Protonkerns zum ersten Male erfolgreich durchführen. Die im Labor durchführbare Wechselwirkung mit den Kernmomenten ist später die Grundlage geworden, um eine Kernspinresonanzmethode zu realisieren und moderne Kernspintomographen zu entwickeln. Neben Dipolmomenten gibt es, wie wir heute wissen, auch höhere Multipolmomente, wie Quadrupolmoment. Otto Stern hat schon 1926 darauf hingewiesen, dass man mit der MSM diese Momente vor allem im Grundzustand messen könne.

Die kleinen Ablenkungen der Molekularstrahlteilchen in äußeren Feldern und durch Stoß mit anderen Molekularstrahlen, die mit der MSM gemessen werden können, ermöglichen auch die Untersuchung der langreichweitigen Molekülkräfte (z. B. van der Waals-Kraft). Auch diese extrem wichtige Anwendung der Molekularstrahltechnik spielt bis auf den heutigen Tag in der Physik und der Chemie eine fundamental wichtige Rolle. Otto Stern hat bereits 1926 visionär diese Möglichkeiten erkannt und beschrieben. Seine Publikation von 1926 schließt mit der Aufzählung von drei wichtigen Anwendungen der MSM: a. Messung des Einsteinschen Strahlungsrückstoßes, das heißt, den direkten Beweis erbringen, dass das Photon einen Impuls besitzt, das diesen durch Streuung an einem Atom auf dieses übertragen kann. Das Atom wird dann entgegen des reflektierten Photons mit einem sehr kleinen aber durch die MSM messbaren Rückstoßimpuls abgelenkt werden. Dieser Strahlungsrückstoß wird heute benutzt, um mit Hilfe der Laserkühlung sehr kalte Gase (Bose-Einstein-Kondensat) zu erzeugen und damit makroskopische Quantensysteme im Labor herzustellen. b. Messung der de Broglie-Wellenlänge von langsamen Atomstrahlen. Stern war vollkommen klar, falls sich das de Broglie-Bild als richtig erweisen sollte, dass dann auch allen bewegten Teilchen (Atome) eine Wellenlänge zugeordnet werden muss. Werden diese Atome an regelmäßigen Strukturen eines Kristalls an der Oberfläche gestreut, dann sollten diese „Streuwellen" analog der Lichtstreuung Beugungs- und Interferenzbilder zeigen. Schon drei Jahre später hat Stern dieses für Quantenphysik so fundamental wichtige Experiment durchführen können. c. Seine Molekularstrahlen können dazu benutzt werden, um die Lebensdauer eines angeregten Zustandes zu messen. Der bewegte Strahl wird an einem sehr eng kollimierten Ort angeregt und dann das Fluoreszenzleuchten strahlabwärts örtlich genau vermessen. Den Ort kann man dann über die Molekulargeschwindigkeit in eine Zeitskala transformieren.

Wenn man die Publikationen Otto Sterns und seiner Mitarbeiter ab 1926 in Hamburg bewertet, dann stellt man fest, dass erst ab 1929 die wirklich großen Meilenstein-Ergebnisse veröffentlicht wurden. Dies hängt sicher auch mit einem Ruf an die Universität-Frankfurt zusammen. Otto Stern hatte im April 1929 einen Ruf auf ein Ordinariat für Physikalische Chemie an die Universität Frankfurt erhalten [4, 20]. Die darauf erfolgten Bleibeverhandlungen in Hamburg gaben Otto Stern die Chance, sein Institut völlig neu einzurichten. Die Universität Hamburg war bereit, alles zu tun, um Otto Stern in Hamburg zu halten.

Otto Sterns Arbeitsgruppe bestand aus seinen Assistenten, ausländischen Wissenschaftlern und seinen Doktoranden. Seine Assistenten waren Immanuel Estermann, der mit Stern aus Rostock zurück nach Hamburg gekommen war, Friedrich Knauer, Robert Schnurmann und ab 1930 Otto Robert Frisch. Mit Immanuel Estermann hat Stern über 20 Jahre eng zusammengearbeitet und zusammen 17 Publikationen veröffentlicht. Außerordentlich erfolgreich war die dreijährige Zusammenarbeit von 1930 bis 1933 mit Otto Robert Frisch, dem Neffen Lise Meitners. In diesen drei Jahren haben beide 9 Arbeiten zusammen publiziert, die fast alle für die Physik von fundamentaler Bedeutung wurden. Der vierte Assistent in Sterns Gruppe war Robert Schnurmann.

Einer der ausländischen Wissenschaftler (Fellows) war Isidor I. Rabi (1927–28). Er war für die Weiterentwicklung der Molekularstrahlmethode und damit für die Physik schlechthin der wichtigste „Schüler" Sterns, obwohl er die Schülerbezeichnung selbst nie benutzte. Aufbauend auf seinen Erfahrungen im Sternschen Labor hat er in den Vereinigten Staaten eine Physikschule aufgebaut, die an Bedeutung weltweit in der Atom- und Kernphysik ihres Gleichen sucht und viele Nobelpreisträger hervorgebracht hat. Rabi erklärt in einem Interview mit John Rigden kurz vor seinem Tode im Jahre 1988, warum Otto Stern und seine Experimente seine weiteren wissenschaftlichen Arbeiten entscheidend prägten. Er sagte zu Rigden [21]: *When I was at Hamburg University, it was one of the leading centers of physics in the world. There was a close collaboration between Stern and Pauli, between experiment and theory. For example, Stern's question were important in Pauli's theory of magnetism of free electrons in metals. Conversely, Pauli's theoretical researches were important influences in Stern's thinking. Further, Stern's and Pauli's presence attracted man illustrious visitors to Hamburg. Bohr and Ehrenfest were frequent visitors.*

From Stern and from Pauli I learned what physics should be. For me it was not a matter of more knowledge.... Rather it was the development of taste and insight; it was the development of standards to guide research, a feeling for what is good and what is not good. Stern had this quality of taste in physics and he had it to the highest degree. As far as I know, Stern never devoted himself to a minor problem.

Rabi hatte sich in Hamburg eine neue Separationsmethode von Molekularstrahlen im Magnetfeld ausgedacht (M7), die für die späteren Anwendungen von Molekularstrahlen von großer Bedeutung werden sollte. Da die Inhomogenität des Magnetfeldes auf kleinstem Raum schwierig zu vermessen war und man außerdem nicht genau wusste, wo der Molekularstrahl im Magnetfeld verlief, musste eine homogene Magnetfeldanordnung zu viel genaueren Messergebnissen führen. Nach Rabis Idee tritt der Molekularstrahl unter einem Winkel ins homogene Magnetfeld ein. Ähnlich wie der Lichtstrahl bei schrägem Einfall an der Wasseroberfläche gebrochen wird, wird auch der Molekularstrahl beim Eintritt ins Magnetfeld „gebrochen", d. h. seine Bahn erfährt einen kleinen „Knick". Wie im inhomogenen Magnetfeld erfährt der Strahl eine Aufspaltung je nach Größe und Richtung des inneren magnetischen Momentes. Die Trennung der verschiedenen Bahnen der Atome in der neuen Rabi-Anordnung kann sogar wesentlich größer sein als im inhomogenen Magnetfeld. Rabi konnte in seinem Hamburger Experiment das magnetische Moment des Kaliums bestimmen und konnte innerhalb 5 % Fehler zeigen, dass es einem Bohrschen Magneton entspricht (M7).

Es waren nicht nur Sterns Mitarbeiter sondern auch seine Professorenkollegen die in Sterns Hamburger Zeit in seinem Leben und wissenschaftlichen Wirken eine Rolle spielten. An erster Stelle ist hier Wolfgang Pauli zu nennen, einer der bedeutendsten Theoretiker der neuen Quantenphysik. Wie vorab schon erwähnt, war er 1923 fast zeitgleich mit Stern nach Hamburg gekommen. Wie Stern im Züricher Interview erzählt, sind sie fast immer zusammen zum Essen gegangen und meist wurde dabei über „Was ist Entropie?", über die Symmetrie im Wasserstoff oder das Problem der Nullpunktsenergie diskutiert.

Stern selbst betrachtet seine Messung der Beugung von Molekularstrahlen an einer Oberfläche (Gitter) als seinen wichtigsten Beitrag zur damaligen Quantenphysik. Stern bemerkt dazu im Züricher Interview [8]: *Dies Experiment lieb ich besonders, es wird aber nicht richtig anerkannt. Es geht um die Bestimmung der De Broglie-Wellenlänge. Alle Experimenteinheiten sind klassisch außer der Gitter-*

konstanten. Alle Teile kommen aus der Werkstatt. Die Atomgeschwindigkeit wurde mittels gepulster Zahnräder bestimmt. Hitler ist schuld, dass dieses Experiment nicht in Hamburg beendet wurde. Es war dort auf dem Programm.

Die ersten Experimente dazu hat Otto Stern ab 1928 mit Friedrich Knauer durchgeführt (S33). Dazu wurde das Reflexionsverhalten von Atomstrahlen (vor allem He-Strahlen) an optischen Gittern und Kristallgitteroberflächen untersucht. Dazu wurden die Atomstrahlen unter sehr kleinen Einfallswinkeln relativ zur Oberfläche gestreut und die Streuverteilung in Abhängigkeit vom Streuwinkel und der Orientierung der Gitterebenen relativ zum Strahl vermessen. Da im Experiment das Vakuum nicht unter 10^{-5} Torr gesenkt werden konnte, ergab sich ein grundlegendes Problem bei diesen Experimenten: Auf den Kristalloberflächen lagerten sich in Sekundenschnelle die Gasatome des Restgases ab, so dass die Streuung an den abgelagerten Atomschichten stattfand. Dabei fand mit diesen ein nicht genau kontrollierter Impulsaustausch statt, der die Winkelverteilung der reflektierten Gasstrahlen stark beeinflusste. Trotzdem konnten Stern und Knauer schon 1928 klar nachweisen, dass die He-Strahlen spiegelnd an der Oberfläche reflektiert wurden. Beugungseffekte konnten noch nicht nachgewiesen werden. Die erste Veröffentlichung darüber war ein Vortrag Sterns im September 1927 auf den Internationalen Physikerkongress in Como.

1929 berichtete Otto Stern in den Naturwissenschaften (S37) erstmals über den erfolgreichen Nachweis von Beugung der Atomstrahlen an Kristalloberflächen. Stern hatte die Apparatur so verbessert, dass er bei Festhaltung des Einfallswinkels des Atomstrahles auf die Kristalloberfläche die Kristallgitterorientierungen verändern konnte. Er beobachtete eine starke Winkelabhängigkeit der reflektierten Atomstrahlen von der Kristallorientierung. Diese Effekte konnten nur durch Beugungseffekte erklärt werden.

Da Knauers wissenschaftliche Interessen in andere Richtungen gingen, musste Otto Stern vorerst alleine an diesen Beugungsexperimenten weiter arbeiten. Otto Stern fand jedoch in Immanuel Estermann sehr schnell einen kompetenten Mitarbeiter. Beide konnten dann in (S40) erste quantitative Ergebnisse zur Beugung von Molekularstrahlen publizieren und durch ihre Daten de Broglies Wellenlängenbeziehung verifizieren.

Zusammen mit Immanuel Estermann und Otto Robert Frisch wurde die Apparatur nochmals verbessert und monoenergetische Heliumstrahlen erzeugt. Der Heliumstrahl wurde durch zwei auf derselben Achse sitzende sich sehr schnell drehende Zahnräder geschickt. In diesem Fall kann nur eine bestimmte Geschwindigkeitskomponente aus der Maxwellverteilung durch das Zahnradsystem hindurchgehen und man hat auf diese Weise einen monoenergetischen oder monochromatischen He-Strahl erzeugt. Estermann, Frisch und Stern konnten dann 1931 in (S43) über eine erfolgreiche Messung der De Broglie-Wellenlänge von Heliumatomstrahlen berichten. Um ganz sicher zu gehen, hatten sie auf zwei Wegen einen monoenergetischen He-Strahl erzeugt: einmal durch Streuung der Gesamt-Maxwellverteilung an einer LiF-Spaltfläche und Auswahl einer bestimmten Richtung des gestreuten Beugungsspektrums und zum andern durch Durchgang des Strahles durch eine rotierendes Zahnradsystem. Dass der unter einem festen Winkel gebeugte Strahl monoenergetisch ist, haben sie durch hintereinander angeordnete Doppelstreuung überprüft. Als die gemessene de Brogliewellenlänge 3 % von der berechneten abwich, war Stern klar, da hatte man im Experiment irgendeinen Fehler gemacht oder etwas übersehen. Stern hatte vorher alle apparativen Zahlen in typisch Sternscher Art bis auf besser als 1 % berechnet. Bei der Auswertung (siehe Seite 213 der Originalpublikation) stellten die Autoren fest: Die Beugungsmaxima zeigen Abweichungen alle nach derselben Seite, vielleicht ist uns noch ein kleiner systematischer Fehler entgangen? In der Tat, da gab es noch einen kleinen systematischen Fehler. Stern berichtet: *Die Abweichung fand ihre Erklärung, als wir nach Abschluß der Versuche den Apparat auseinandernahmen. Die Zahnräder waren auf einer Präzisions-Drehbank (Auerbach-Dresden) geteilt worden, mit Hilfe einer Teilscheibe, die laut Aufschrift den Kreisumfang in 400 Teile teilen sollte. Wir rechneten daher mit einer Zähnezahl von 400. Die leider erst nach Abschluß der Versuche vorgenommene Nachzählung ergab jedoch eine Zähnezahl von 408 (die Teilscheibe war tatsächlich falsch bezeichnet), wodurch die erwähnte Abweichung von 3 % auf 1 % vermindert wurde.*

Diese Beugungsexperimente von Atomstrahlen lieferten nicht nur den eindeutigen Beweis, dass auch Atom- und Molekülstrahlen Welleneigenschaften haben, sondern Stern konnte auch erstmals die de Broglie-Wellenlänge absolut bestimmen und damit das Welle-Teilchen-Konzept der Quantenphysik in brillanter Weise bestätigen.

Eine andere Reihe fundamental wichtiger Experimente Otto Sterns Hamburger Zeit befasste sich mit der Messung von magnetischen Momenten von Kernen, hier vor allem das des Protons und das des Deuterons. Otto Stern hatte schon 1926 in seiner Veröffentlichung, wo er visionär die zukünftigen Anwendungsmöglichkeiten der MSM beschreibt, vorgerechnet, dass man auch die sehr kleinen magnetischen Momente der Kerne mit der MSM messen kann. Damit bot sich mit Hilfe der MSM zum ersten Mal die Möglichkeit, experimentell zu überprüfen, ob die positive Elementarladung im Proton identische magnetische Eigenschaften wie die negative Elementarladung im Elektron hat. Stern ging davon aus, dass das mechanische Drehimpulsmoment des Protons identisch zu dem des Elektrons sein muss. Nach der damals schon allgemein anerkannten Dirac-Theorie musste das magnetische Moment des Protons wegen des Verhältnisses der Massen 1836 mal kleiner als das des Elektrons sein. Die von Dirac berechnete Größe wird ein Kernmagneton genannt. Otto Stern sagt dazu in seinem Züricher Interview [8]: *Während der Messung des magnetischen Momentes des Protons wurde ich stark von theoretischer Seite beschimpft, da man glaubte zu wissen, was rauskam. Obwohl die ersten Versuche einen Fehler von 20 % hatten, betrug die Abweichung vom erwarteten theoretischen Wert mindestens Faktor 2.*

Die Hamburger Apparatur war für die Untersuchung von Wasserstoffmolekülen gut vorbereitet. Der Nachweis von Wasserstoffmolekülen war seit langem optimiert worden und außerdem konnte Wasserstoff gekühlt werden, so dass wegen der langsameren Molekülstrahlen eine größere Ablenkung erreicht wurde. Stern hatte erkannt, dass seine Methode Information über den Grundzustand und über die Hyperfeinwechselwirkung (Kopplung zwischen magnetischen Kernmomenten mit denen der Elektronenhülle) lieferte, was die hochauflösende Spektroskopie damals nicht leisten konnte.

Frisch und Stern konnten 1933 in Hamburg den Strahl noch nicht monochromatisieren und erreichten daher nur eine Auflösung von ca. 10 %. Das inhomogene Magnetfeld betrug ca. $2 \cdot 10^5$ Gauß/cm. Ähnlich wie bei der Apparatur zur Messung der de Broglie-Wellenlänge beschrieben Frisch und Stern auch in dieser Publikation (S47) alle Einzelheiten der Apparatur und die Durchführung der Messung in größtem Detail.

Da in diesem Experiment der Wasserstoffstrahl auf flüssige Lufttemperatur gekühlt war, waren zu 99 % die Moleküle im Rotationsquantenzustand Null. Diese Annahme konnte auch im Experiment bestätigt werden. Beim Orthowasserstoff stehen beide Kernspins parallel, d. h. das Molekül hat de facto 2 Protonenmomente. Für das magnetische Moment des Protons erhielten Frisch und Stern einen Wert von 2–3 Kernmagnetons mit ca. 10 % Fehlerbereich, was in klarem Widerspruch zu den damals gültigen Theorien, vor allem zur Dirac Theorie stand. Fast parallel zur Publikation in Z. Phys. (Mai 1933) wurde im Juni 1993 als Beitrag zur Solvay-Conference 1933 in Nature (S51) von den Autoren Estermann, Frisch und Stern und dann von Estermann und Stern im Juli 1933 in (S52) ein genauerer Wert publiziert mit 2,5 Kermagneton +/ − 10 % Fehler. Estermann und Stern haben wegen der großen Bedeutung dieses Ergebnisses in kürzester Zeit noch einmal alle Parameter des Experimentes sehr sorgfältig überprüft und auch bisher noch unberücksichtigte Einflüsse diskutiert. Auf der Basis dieser sorgfältigen Fehlerabschätzungen kommen sie zu dem eindeutigen Schluss, dass das Proton ein magnetisches Moment von 2,5 Kernmagneton haben muss und die Fehlergrenze 10 % nicht überschreitet. Dieser Wert stimmt innerhalb der Fehlergrenze mit dem heute gültigen Wert von 2,79 Kermagnetonen überein und belegt klar, dass die damals in der Physik anerkannten Theorien über die innere Struktur des Protons falsch waren.

1937 haben Estermann und Stern nach ihrer erzwungenen Emigration in die USA zusammen mit O. C. Simpson am Carnegie Institute of Technology in Pittsburgh diese Messungen mit fast identischer Apparatur wie in Hamburg wiederholt und sehr präzise alle Fehlerquellen ermittelt (S62). Sie erhalten dort einen Wert von 2,46 Kernmagneton mit einer Fehlerangabe von 3 %. Rabi und Mitarbeiter [22] hatten 1934 mit einem monoatomaren H-Strahl das magnetische Moment des Protons zu 3,25 Kernmagneton mit 10 % Fehlerangabe ermittelt.

Obwohl Stern und Estermann im Sommer 1933 schon de-facto aus dem Dienst der Universität Hamburg ausgeschieden waren, haben beide noch ihre kurze verbleibende Zeit in Hamburg genutzt, um auch das magnetische Moment des Deutons (später Deuteron) zu messen. G. N. Lewis/Berkeley hatte Stern 0,1 g Schweres Wasser zur Verfügung gestellt, das zu 82 % aus dem schweren Isotop des Wasserstoffs Deuterium (Deuteron ist der Kern des Deuteriumatoms und setzt sich aus einem Proton und Neutron zusammen) bestand. Da ihnen die Zeit fehlte, in typisch Sternscher Weise alle wichtigen Zahlen im Experiment (z. B. die angegebenen 82 %) sehr sorgfältig zu überprüfen, konnten sie in Ihrer Publikation „Über die magnetische Ablenkung von isotopen Wasserstoff-molekülen und das magnetische Moment des ‚Deutons'" in (S54) nur einen ungefähren Wert angeben. Sie stellten fest, dass der Deuteronkern einen kleineren Wert hat als das Proton. Dies ist nur möglich, wenn das neutrale Neutron ebenfalls ein magnetisches Moment hat, das dem des Protons entgegengerichtet ist. Heute wissen wir, dass das magnetische Moment des Neutrons (−)1,913 Kernmagneton beträgt und damit intern auch eine elektrische Ladungsverteilung haben muss, die sich im größeren Abstand perfekt zu Null addiert.

Nicht unerwähnt bleiben darf hier das in Hamburg von Otto Robert Frisch durchgeführte Experiment zum Nachweis des Einsteinschen Strahlungsrückstoßes. Einstein hatte 1905 vorausgesagt, dass jedes Photon einen Impuls hat und dieser bei der Emission oder Absorption eines Photons durch ein Atom sich als Rückstoß beim Atom bemerkbar macht. Otto Robert Frisch bestrahlte einen Na-MS mit Na-Resonanzlicht (D1 und D2 Linien einer Na-Lampe) und bestimmte die durch den Photonenimpulsübertrag bewirkte Ablenkung der Na-Atome. Der Ablenkungswinkel betrug $3 \cdot 10^{-5}$ rad, d. h. ca. 6 Winkelsekunden. Da die Experimente wegen der unerwarteten Entlassung der jüdischen Mitarbeiter Sterns in Hamburg abrupt abgebrochen werden mussten, konnte Frisch nur den Effekt qualitativ bestätigen. Otto Robert Frisch hat dies als alleiniger Autor (M17) publiziert.

Durch die 1933 erfolgte Machtübernahme der Nationalsozialisten wurde Otto Sterns Arbeitsgruppe ohne Rücksicht auf deren große Erfolge praktisch von einem auf den andern Tag zerschlagen. Wie oben bereits erwähnt, waren alle Assistenten Sterns (außer Knauer) jüdischer Abstammung. Auf Grund des Nazi-Gesetzes zur Wiederherstellung des Berufsbeamtentums vom 7. April 1933 erhielten Estermann, Frisch und Schnurmann am 23. Juni 1933 per Einschreiben von der Landesunterrichtsbehörde der Stadt Hamburg ihr Entlassungsschreiben [20].

Nach seinem Ausscheiden aus dem Dienst der Universität Hamburg stellte Otto Stern den Antrag, einen Teil seiner Apparaturen mitnehmen zu können. Mit der Prüfung des Antrages wurde sein Kollege Professor Peter Paul Koch beauftragt. Der umgehend zu dem Schluss kam, dass diese Apparaturen für Hamburg keinen Verlust bedeuten und nur in den Händen von Otto Stern wertvoll sind. Otto Stern konnte somit einen Teil seiner wertvollen Apparaturen mit in die Emigration nehmen.

Damit war das äußerst erfolgreiche Wirken Otto Sterns und seiner Gruppe in Hamburg zu Ende. Wie in dem Brief Knauers an Otto Stern [23] vom 11. Oktober 1933 zu lesen ist, verfügte Koch (der jetzt in Hamburg das Sagen hatte) unmittelbar nach Sterns Weggang in diktatorischer Weise die Zerschlagung des alten Sternschen Instituts. Selbst der dem Nationalsozialismus nahestehende Knauer beklagte sich darüber.

1933 Emigration in die USA

Es war nicht leicht für die zahlreichen deutschen, von Hitler vertriebenen Wissenschaftler in den USA in der Forschung eine Stelle zu finden, geschweige denn eine gute Stelle. Es hätte nahe gelegen wegen Sterns früherer Besuche in Berkeley, dass er dort eine neue wissenschaftliche Heimat findet. Aber dem war nicht so. Stern hatte dennoch Glück. Ihm wurde eine Forschungsprofessur am Carnegie Institute of Technology in Pittsburgh/Pennsylvania angeboten. Stern nahm dieses Angebot an und zusammen mit seinem langjährigen Mitarbeiter Estermann baute er dort eine neue Arbeitsgruppe auf.

Wie Immanuel Estermann in seiner Kurzbiographie [10] über Otto Stern schreibt: *Die Mittel, die Stern in Pittsburgh während der Depression zur Verfügung standen, waren relativ gering. Den Schwung seines Hamburger Laboratoriums konnte Stern nie wieder beleben, obwohl auch im Carnegie-Institut eine Reihe wichtiger Publikationen entstanden.*

Im neuen Labor in Pittsburgh wurde weiter mit Erfolg an der Verbesserung der Molekularstrahlmethode gearbeitet. Doch gelangen Stern, Estermann und Mitarbeitern auf dem Gebiet der Molekularstrahltechnik keine weiteren Aufsehen erregenden Ergebnisse mehr. Von Pittsburgh aus publizierte Stern zehn weitere Arbeiten zur MSM. Vier davon befassten sich mit der Größe des magnetischen Momentes des Protons und Deuterons. Dabei konnten aber keine wirklichen Verbesserungen in der Messgenauigkeit erreicht werden. Ab 1939 hatte auch hier Rabi die Führung übernommen. Er konnte mit seiner Resonanzmethode den Fehler bei der Messung des Kernmomentes des Protons auf weit unter 1 % senken. Das weltweite Zentrum der Molekularstrahltechnik war von nun an Rabis Labor an der Columbia-University in New York und ab 1940 am MIT in Boston.

Eine Publikation Otto Sterns mit seinen Mitarbeitern J. Halpern, I. Estermann, und O. C. Simpson ist noch erwähnenswert: „The scattering of slow neutrons by liquid ortho- and parahydrogen" publiziert in (S61). Sie konnten zeigen, dass Parawasserstoff eine wesentlich größere Tansmission für langsame Neutronen hat als Orthowasserstoff. Mit dieser Arbeit konnten sie die Multiplettstruktur und das Vorzeichen der Neutron-Proton-Wechselwirkung bestimmen.

Otto Stern und der Nobelpreis

Otto Stern wurde zwischen 1925 und 1945 insgesamt 82mal für den Nobelpreis nominiert. Im Fach Physik war er von 1901 bis 1950 der am häufigsten Nominierte. Max Planck erhielt 74 und Albert Einstein 62 Nominierungen. Nur Arnold Sommerfeld kam Otto Stern an Nominierungen sehr nahe: er wurde 80mal vorgeschlagen, aber nie mit dem Nobelpreis ausgezeichnet [3].

1944 endlich, aber rückwirkend für 1943, wurde Otto Stern der Nobelpreis verliehen. 1943 als auch 1944 erhielt Stern nur jeweils zwei Nominierungen, doch diese waren in Schweden von großem Gewicht: Hannes Alfven hatte ihn 1943 und Manne Siegbahn hatte ihn 1944 nominiert. Manne Siegbahn schlug 1944 außerdem Isidor I. Rabi und Walther Gerlach vor. Siegbahns Nominierung war extrem kurz und ohne jede Begründung und am letzten Tag der Einreichungsfrist geschrieben [3]. Hulthèn war wiederum der Gutachter und er schlug Stern und Rabi vor. Stern erhielt den Nobelpreis für das Jahr 1943 (Bekanntgabe am 9.11.1944). Isidor Rabi bekam den Physikpreis für 1944. Die offizielle Begründung für Sterns Nobelpreis lautet:

„Für seinen Beitrag zur Entwicklung der Molekularstrahlmethode und die Entdeckung des magnetischen Momentes des Protons".

Die Rede im schwedischen Radio, die E. Hulthèn am 10. Dezember 1944 zum Nobelpreis an Otto Stern hielt, würdigte dann überraschend vor allem die Entdeckung der Richtungsquantelung und weniger die in der Nobelauszeichnung angegebenen Leistungen.

Nicht lange nach dem Erhalt des Nobelpreises ließ sich Otto Stern im Alter von 57 Jahren emeritieren. Er hatte sich in Berkeley, wo seine Schwestern wohnten, in der 759 Cragmont Ave. ein Haus gekauft, um dort seinen Lebensabend zu verbringen. Zusammen mit seiner jüngsten unverheirateten Schwester Elise wollte er dort leben. Doch seine jüngste Schwester starb unerwartet im Jahre 1945.

Nachdem Otto Stern sich 1945/6 in Berkeley zur Ruhe gesetzt hatte, hat er sich aus der aktuellen Wissenschaft weitgehend zurückgezogen. Nur zwei wissenschaftliche Publikationen sind in der Berkeleyzeit entstanden, eine 1949 über die Entropie (S70) und die andere 1962 über das Nernstsche Theorem (S71).

Am 17. August 1969 beendete ein Herzinfarkt während eines Kinobesuchs in Berkeley Otto Sterns Leben.

Literatur

1. W. Gerlach und O. Stern, Der experimentelle Nachweis der Richtungsquantelung im Magnetfeld. Z. Physik, 9, 349–352 (1922)
2. P. Debey, Göttinger Nachrichten 1916 und A. Sommerfeld, Physikalische Zeitschrift, Bd. 17, 491–507, (1916)
3. Center for History of Science, The Royal Swedish Academy of Sciences, Box 50005, SE-104 05 Stockholm, Sweden, http://www.center.kva.se/English/Center.htm
4. H. Schmidt-Böcking und K. Reich, Otto Stern-Physiker, Querdenker, Nobelpreisträger, Herausgeber: Goethe-Universität Frankfurt, Reihe: Gründer, Gönner und Gelehrte. Societätsverlag, ISBN 978-3-942921-23-7 (2011)
5. E. Segrè, A Mind Always in Motion, Autobiography of Emilio Segrè, University of California Press, Berkeley, 1993 ISBN 0-520-07627-3
6. Sonderband zu O. Sterns Geburtstag, Z. Phys. D, 10 (1988)
7. Interview with Dr. O. Stern, By T. S. Kuhn at Stern's Berkeley home, May 29&30,1962, Niels Bohr Library & Archives, American Institute of Physics, College park, MD USA, www.aip.org/history/ohilist/LINK
8. ETH-Bibliothek Zürich, Archive, http://www.sr.ethbib.ethz.ch/, O. Stern tape-recording Folder "ST-Misc.", 1961 at E.T.H. Zürich by Res Jost
9. ETH-Bibliothek Zürich, Archive, http://www.sr.ethbib.ethz.ch/, Stern Personalakte
10. I. Estermann, Biographie Otto Stern in Physiker und Astronomen in Frankfurt ed. Von K. Bethge und H. Klein, Neuwied: Metzner 1989 ISBN 3-472-00031-7 Seite 46–52
11. Archiv der Universität Frankfurt, Johann Wolfgang Goethe-Universität Frankfurt am Main, Senckenberganlage 31–33, 60325 Frankfurt, Maaser@em.uni-frankfurt.de
12. M. Born, Mein Leben, Die Erinnerungen des Nobelpreisträgers, Nymphenburgerverlagshandlung GmbH, München 1975, ISBN 3-485-000204-6

13. L. Dunoyer, Le Radium 8, 142
14. 14. Interview with M. Born by P. P. Ewald at Born's home (Bad Pyrmont, West Germany) June, 1960, Niels Bohr Library & Archives, American Institute of Physics, College Park, MD USA, www.aip.org/history/ohilist/LINK
15. Oral Transcript AIP Interview W. Gerlach durch T. S. Kuhn Februar 1963 in Gerlachs Wohnung in Berlin
16. A. H. Compton, The magnetic electron, Journal of the Franklin Institute, Vol. 192, August 1921, No. 2, page 14
17. A. Landé, Zeitschrift für Physik 5, 231–241 (1921) und 7, 398–405 (1921)
18. A. Landé, Schwierigkeiten in der Quantentheorie des Atombaus, besonders magnetischer Art, Phys. Z.24, 441–444 (1923)
19. M. Abraham, Prinzipien der Dynamik des Elektrons, Annalen der Physik. 10, 1903, S. 105–179
20. Senatsarchiv Hamburg, Kattunbleiche 19, 22041 Hamburg; Personalakte Otto Stern, http://www.hamburg.de/staatsarchiv/
21. I.I. Rabi as told to J. S. Rigden, Otto Stern and the discovery of Space quantization, Z. Phys. D, 10, 119–1920 (1988)
22. I.I. Rabi et al. Phys. Rev. 46, 157 (1934)
23. The Bancroft Library, University of California, Berkeley, Berkeley, CA und D. Templeton-Killen, Stanford, A. Templeton, Oakland

Publikationsliste von Otto Stern

Ann. Physik = Annalen der Physik
Phys. Rev. = Physical Review
Physik. Z. = Physikalische Zeitschrift
Z. Electrochem. = Zeitschrift für Elektrochemie
Z. Physik = Zeitschrift für Physik
Z. Physik. Chem. = Zeitschrift für physikalische Chemie

Publikationsliste aller Publikationen von Otto Stern als Autor (S..)

S1. Otto Stern, Zur kinetischen Theorie des osmotischen Druckes konzentrierter Lösungen und über die Gültigkeit des Henryschen Gesetzes für konzentrierte Lösungen von Kohlendioxyd in organischen Lösungsmitteln bei tiefen Temperaturen. Dissertation Universität Breslau (+3) 1–35 (+2) (1912) Verlag: Grass, Barth, Breslau.

S1a. Otto Stern, Zur kinetischen Theorie des osmotischen Druckes konzentrierter Lösungen und über die Gültigkeit des Henry'schen Gesetzes für dieselben AU Stern, Otto SO Jahresbericht der Schlesischen Gesellschaft für vaterländische Cultur VO 90 I (II. Abteilung: Naturwissenschaften. a. Sitzungen der naturwissenschenschaftlichen Sektion) PA 1-36 PY 1913 DT B URL. Die Publikationen S1 und S1a sind vollkommen identisch..

S2. Otto Stern, Zur kinetischen Theorie des osmotischen Druckes konzentrierter Lösungen und über die Gültigkeit des Henryschen Gesetzes für konzentrierte Lösungen von Kohlendioxyd in organischen Lösungsmitteln bei tiefen Temperaturen. Z. Physik. Chem., 81, 441–474 (1913)

S3. Otto Stern, Bemerkungen zu Herrn Dolezaleks Theorie der Gaslöslichkeit, Z. Physik. Chem., 81, 474–476 (1913)

H. Schmidt-Böcking, K. Reich, A. Templeton, W. Trageser, V. Vill (Hrsg.), *Otto Sterns Veröffentlichungen – Band 5*, DOI 10.1007/978-3-662-46958-3_2

S4. Otto Stern, Zur kinetischen Theorie des Dampfdrucks einatomiger fester Stoffe und über die Entropiekonstante einatomiger Gase, Habilitationsschrift Zürich Mai 1913, Druck von J. Leemann, Zürich I, oberer Mühlsteg 2. und Physik. Z., 14, 629–632 (1913)

S5. Albert Einstein und Otto Stern, Einige Argumente für die Annahme einer Molekularen Agitation beim absoluten Nullpunkt. Ann. Physik, 40, 551–560 (1913) 345 statt 40

S6. Otto Stern, Zur Theorie der Gasdissoziation. Ann. Physik, 44, 497–524 (1914) 349 statt 44

S7. Otto Stern, Die Entropie fester Lösungen. Ann. Physik, 49, 823–841 (1916) 354 statt 49

S8. Otto Stern, Über eine Methode zur Berechnung der Entropie von Systemen elastische gekoppelter Massenpunkte. Ann. Physik, 51, 237–260 (1916) 356 statt 51

S9. Max Born und Otto Stern, Über die Oberflächenenergie der Kristalle und ihren Einfluss auf die Kristallgestalt. Sitzungsberichte, Preußische Akademie der Wissenschaften, 48, 901–913 (1919)

S10. Otto Stern und Max Volmer, Über die Abklingungszeit der Fluoreszenz. Physik. Z., 20, 183–188 (1919)

S11. Otto Stern und Max Volmer. Sind die Abweichungen der Atomgewichte von der Ganzzahligkeit durch Isotopie erklärbar. Ann. Physik, 59, 225–238 (1919)

S12. Otto Stern, Zusammenfassender Bericht über die Molekulartheorie des Dampfdrucks fester Stoffe und Berechnung chemischer Konstanten. Z. Elektrochem., 25, 66–80 (1920)

S13. Otto Stern und Max Volmer. Bemerkungen zum photochemischen Äquivalentgesetz vom Standpunkt der Bohr-Einsteinschen Auffassung der Lichtabsorption. Zeitschrift für wissenschaftliche Photographie, Photophysik und Photochemie, 19, 275–287 (1920)

S14. Otto Stern, Eine direkte Messung der thermischen Molekulargeschwindigkeit, Physik. Z., 21, 582–582 (1920)

S15. Otto Stern, Zur Molekulartheorie des Paramagnetismus fester Salze. Z. Physik, 1, 147–153 (1920)

S16. Otto Stern, Eine direkte Messung der thermischen Molekulargeschwindigkeit. Z. Physik, 2, 49–56 (1920)

S17. Otto Stern, Nachtrag zu meiner Arbeit: „Eine direkte Messung der thermischen Molekulargeschwindigkeit", Z. Physik, 3, 417–421 (1920)

S18. Otto Stern, Ein Weg zur experimentellen Prüfung der Richtungsquantelung im Magnetfeld. Z. Physik, 7, 249–253 (1921)

S19. Walther Gerlach und Otto Stern, Der experimentelle Nachweis des magnetischen Moments des Silberatoms. Z. Physik, 8, 110–111 (1921)

S20. Walther Gerlach und Otto Stern, Der experimentelle Nachweis der Richtungsquantelung im Magnetfeld. Z. Physik, 9, 349–352 (1922)

S21. Walther Gerlach und Otto Stern, Das magnetische Moment des Silberatoms. Z. Physik, 9, 353–355 (1922)

S22. Otto Stern, Über den experimentellen Nachweis der räumlichen Quantelung im elektrischen Feld. Physik. Z., 23, 476–481 (1922)

S23. Immanuel Estermann und Otto Stern, Über die Sichtbarmachung dünner Silberschichten auf Glas. Z. Physik. Chem., 106, 399–402 (1923)

S24. Otto Stern, Über das Gleichgewicht zwischen Materie und Strahlung. Z. Elektrochem., 31, 448–449 (1925)

S25. Otto Stern, Zur Theorie der elektrolytischen Doppelschicht. Z. Elektrochem., 30, 508–516 (1924)

S26. Walther Gerlach und Otto Stern, Über die Richtungsquantelung im Magnetfeld. Ann. Physik, 74, 673–699 (1924)

S27. Otto Stern, Transformation of atoms into radiation. Transactions of the Faraday Society, 21, 477–478 (1926)

S28. Otto Stern, Zur Methode der Molekularstrahlen I. Z. Physik, 39, 751–763 (1926)

S29. Friedrich Knauer und Otto Stern, Zur Methode der Molekularstrahlen II. Z. Physik, 39, 764–779 (1926)

S30. Friedrich Knauer und Otto Stern, Der Nachweis kleiner magnetischer Momente von Molekülen. Z. Physik, 39, 780–786 (1926)

S31. Otto Stern, Bemerkungen über die Auswertung der Aufspaltungsbilder bei der magnetischen Ablenkung von Molekularstrahlen. Z. Physik, 41, 563–568 (1927)

S32. Otto Stern, Über die Umwandlung von Atomen in Strahlung. Z. Physik. Chem., 120, 60–62 (1926)

S33. Friedrich Knauer und Otto Stern, Über die Reflexion von Molekularstrahlen. Z. Physik, 53, 779–791 (1929)

S34. Georg von Hevesy und Otto Stern, Fritz Haber's Arbeiten auf dem Gebiet der Physikalischen Chemie und Elektrochemie. Naturwissenschaften, 16, 1062–1068 (1928)

S35 Otto Stern, Erwiderung auf die Bemerkung von D. A. Jackson zu John B. Taylors Arbeit: „Das magnetische Moment des Lithiumatoms", Z. Physik, 54, 158–158 (1929)

S36. Friedrich Knauer und Otto Stern, Intensitätsmessungen an Molekularstrahlen von Gasen. Z. Physik, 53, 766–778 (1929)

S37. Otto Stern, Beugung von Molekularstrahlen am Gitter einer Kristallspaltfläche. Naturwissenschaften, 17, 391–391 (1929)

S38. Friedrich Knauer und Otto Stern, Bemerkung zu der Arbeit von H. Mayer „Über die Gültigkeit des Kosinusgesetzes der Molekularstrahlen." Z. Physik, 60, 414–416 (1930)

S39. Otto Stern, Beugungserscheinungen an Molekularstrahlen. Physik. Z., 31, 953–955 (1930)

S40. Immanuel Estermann und Otto Stern, Beugung von Molekularstrahlen. Z. Physik, 61, 95–125 (1930)

S41 Thomas Erwin Phipps und Otto Stern, Über die Einstellung der Richtungsquantelung, Z. Physik, 73, 185–191 (1932)

S42. Immanuel Estermann, Otto Robert Frisch und Otto Stern, Monochromasierung der de Broglie-Wellen von Molekularstrahlen. Z. Physik, 73, 348–365 (1932)

S43. Immanuel Estermann, Otto Robert Frisch und Otto Stern, Versuche mit monochromatischen de Broglie-Wellen von Molekularstrahlen. Physik. Z., 32, 670–674 (1931)

S44. Otto Robert Frisch, Thomas Erwin Phipps, Emilio Segrè und Otto Stern, Process of space quantisation. Nature, 130, 892–893 (1932)

S45. Otto Robert Frisch und Otto Stern, Die spiegelnde Reflexion von Molekularstrahlen. Naturwissenschaften, 20, 721–721 (1932)

S46. Robert Otto Frisch und Otto Stern, Anomalien bei der spiegelnden Reflektion und Beugung von Molekularstrahlen an Kristallspaltflächen I. Z. Physik, 84, 430–442 (1933)

S47. Otto Robert Frisch und Otto Stern, Über die magnetische Ablenkung von Wasserstoffmolekülen und das magnetische Moment des Protons I. Z. Physik, 85, 4–16 (1933)

S48. Otto Stern, Helv. Phys. Acta 6, 426–427 (1933)

S49. Otto Robert Frisch und Otto Stern, Über die magnetische Ablenkung von Wasserstoffmolekülen und das magnetische Moment des Protons. Leipziger Vorträge 5, p. 36–42 (1933), Verlag: S. Hirzel, Leipzig

S50. Otto Robert Frisch und Otto Stern, Beugung von Materiestrahlen. *Handbuch der Physik* XXII. II. Teil. Berlin, Verlag Julius Springer. 313–354 (1933)

S51. Immanuel Estermann, Otto Robert Frisch und Otto Stern, Magnetic moment of the proton. Nature, 132, 169–169 (1933)

S52. Immanuel Estermann und Otto Stern, Über die magnetische Ablenkung von Wasserstoffmolekülen und das magnetische Moment des Protons II. Z. Physik, 85, 17–24 (1933)

S53. Immanuel Estermann und Otto Stern, Eine neue Methode zur Intensitätsmessung von Molekularstrahlen. Z. Physik, 85, 135–143 (1933)

S54. Immanuel Estermann und Otto Stern,. Über die magnetische Ablenkung von isotopen Wasserstoffmolekülen und das magnetische Moment des „Deutons". Z. Physik, 86, 132–134 (1933)

S55. Immanuel Estermann und Otto Stern,. Magnetic moment of the deuton. Nature, 133, 911–911 (1934)

S56. Otto Stern, Bemerkung zur Arbeit von Herrn Schüler: Über die Darstellung der Kernmomente der Atome durch Vektoren. Z. Physik, 89, 665–665 (1934)

S57. Otto Stern, Remarks on the measurement of the magnetic moment of the proton. Science, 81, 465–465 (1935)

S58. Immanuel Estermann, Oliver C. Simpson und Otto Stern, Magnetic deflection of HD molecules (Minutes of the Chicago Meeting, November 27–28, 1936), Phys. Rev. 51, 64–64 (1937)

S59. Otto Stern, A new method for the measurement of the Bohr magneton. Phys. Rev., 51, 852–854 (1937)

S60. Otto Stern, A molecular-ray method for the separation of isotopes (Minutes of the Washington Meeting, April 29, 30 and May 1, 1937), Phys. Rev. 51, 1028–1028 (1937)

S61. J. Halpern, Immanuel Estermann, Oliver C. Simpson und Otto Stern, The scattering of slow neutrons by liquid ortho- and parahydrogen. Phys. Rev., 52, 142–142 (1937)

S62. Immanuel Estermann, Oliver C. Simpson und Otto Stern, The magnetic moment of the proton. Phys. Rev., 52, 535–545 (1937)

S63. Immanuel Estermann, Oliver C. Simpson und Otto Stern, The free fall of molecules (Minutes of the Washington, D. C. Meeting, April 28–30, 1938), Phys. Rev. 53, 947–948 (1938)

S64. Immanuel Estermann, Oliver C. Simpson und Otto Stern, Deflection of a beam of Cs atoms by gravity (Meeting at Pittsburgh, Pennsylvania, April 28 and 29, 1944), Phys. Rev. 65, 346–346 (1944)

S65. Immanuel Estermann, Oliver C. Simpson und Otto Stern, The free fall of atoms and the measurement of the velocity distribution in a molecular beam of cesium atoms. Phys. Rev., 71, 238–249 (1947)

S66. Otto Stern, Die Methode der Molekularstrahlen, Chimia 1, 91–91 (1947)

S67. Immanuel Estermann, Samuel N.Foner und Otto Stern, The mean free paths of cesium atoms in helium, nitrogen, and cesium vapor. Phys. Rev., 71, 250–257 (1947)

S68. Otto Stern, Nobelvortrag: The method of molecular rays. In: *Les Prix Nobel en 1946,* ed. by M. P. A. L. Hallstrom *et al.*, pp. 123–30. Stockholm, Imprimerie Royale. P. A. Norstedt & Soner. (1948)

S69. Immanuel Estermann, W.J. Leivo und Otto Stern, Change in density of potassium chloride crystals upon irradiation with X-rays. Phys. Rev., 75, 627–633 (1949)

S70. Otto Stern, On the term *k* ln n in the entropy. Rev. of Mod. Phys., 21, 534–535 (1949)

S71. Otto Stern, On a proposal to base wave mechanics on Nernst's theorem. Helv. Phys. Acta, 35, 367–368 (1962)

S72. Otto Stern, The method of molecular rays. Nobel lectures Dec. 12, 1946 / Physics 8–16 (1964), Verlag: World Scientific, Singapore **identisch mit S68**

Publikationsliste der Mitarbeiter ohne Stern als Koautor (M..)

M0. Walther Gerlach, Über die Richtungsquantelung im Magnetfeld II, Annalen der Phys., 76, 163–197 (1925)

M1. Immanuel Estermann, Über die Bildung von Niederschlägen durch Molekularstrahlen, Z. f. Elektrochem. u. angewandte Phys. Chem., 8, 441–447 (1925)

M2. Alfred Leu, Versuche über die Ablenkung von Molekularstrahlen im Magnetfeld, Z. Phys. 41, 551–562 (1927)

M3. Erwin Wrede, Über die magnetische Ablenkung von Wasserstoffatomstrahlen, Z. Phys. 41, 569–575 (1927)

M4. Erwin Wrede, Über die Ablenkung von Molekularstrahlen elektrischer Dipolmoleküle im inhomogenen elektrischen Feld, Z. Phys. 44, 261–268 (1927)

M5. Alfred Leu, Untersuchungen an Wismut nach der magnetischen Molekularstrahlmethode, Z. Phys. 49, 498–506 (1928)

M6. John B. Taylor, Das magnetische Moment des Lithiumatoms, Z. Phys. 52, 846–852 (1929)

M7. Isidor I. Rabi, Zur Methode der Ablenkung von Molekularstrahlen, Z. Phys. 54, 190–197 (1929)

M8. Berthold Lammert, Herstellung von Molekularstrahlen einheitlicher Geschwindigkeit, Z. Phys. 56, 244–253 (1929)

M9. John B. Taylor, Eine Methode zur direkten Messung der Intensitätsverteilung in Molekularstrahlen, Z. Phys. 57, 242–248 (1929)

M10. Lester Clark Lewis, Die Bestimmung des Gleichgewichts zwischen den Atomen und den Molekülen eines Alkalidampfes mit einer Molekularstrahlmethode, Z. Phys. 69, 786–809 (1931)

M11. Max Wohlwill, Messung von elektrischen Dipolmomenten mit einer Molekularstrahlmethode, Z. Phys. 80, 67–79 (1933)

M12. Friedrich Knauer, Über die Streuung von Molekularstrahlen in Gasen I, Z. Phys. 80, 80–99 (1933)

M13. Otto Robert Frisch und Emilio Segrè, Über die Einstellung der Richtungsquantelung. II, Z. Phys. 80, 610–616 (1933)

M14. Bernhard Josephy, Die Reflexion von Quecksilber-Molekularstrahlen an Kristallspaltflächen, Z. Phys. 80, 755–762 (1933)

M15. Robert Otto Frisch, Anomalien bei der Reflexion und Beugung von Molekularstrahlen an Kristallspaltflächen II, Z. Phys. 84, 443–447 (1933)

M16. Robert Schnurmann, Die magnetische Ablenkung von Sauerstoffmolekülen, Z. Phys. 85, 212–230 (1933)

M17. Robert Otto Frisch, Experimenteller Nachweis des Einsteinschen Strahlungsrückstoßes, Z. Phys. 86, 42–48 (1933)

M18. Otto Robert Frisch und Emilio Segrè, Ricerche Sulla Quantizzazione Spaziale (Investigations on spatial quantization), Nuovo Cimento 10, 78–91 (1933)

M19. Friedrich Knauer, Der Nachweis der Wellennatur von Molekularstrahlen bei der Streuung in Quecksilberdampf, Naturwissenschaften 21, 366–367 (1933)

M20. Friedrich Knauer, Über die Streuung von Molekularstrahlen in Gasen. II (The scattering of molecular rays in gases. II), Z. Phys. 90, 559–566 (1934)

M21. Carl Zickermann, Adsorption von Gasen an festen Oberflächen bei niedrigen Drucken, Z. Phys. 88, 43–54 (1934)

M22. Marius Kratzenstein, Untersuchungen über die „Wolke“ bei Molekularstrahlversuchen, Z. Phys. 93, 279–291 (1935)

M7

M7. Isidor I. Rabi, Zur Methode der Ablenkung von Molekularstrahlen, Z. Phys. 54, 190–197 (1929)

(Untersuchungen zur Molekularstrahlmethode aus dem Institut für Physikalische Chemie der Hamburgischen Universität. Nr. 12.)

Zur Methode der Ablenkung von Molekularstrahlen.

Von I. I. Rabi *, zurzeit in Hamburg.

H. Schmidt-Böcking, K. Reich, A. Templeton, W. Trageser, V. Vill (Hrsg.), *Otto Sterns Veröffentlichungen – Band 5*, DOI 10.1007/978-3-662-46958-3_3

190

(Untersuchungen zur Molekularstrahlmethode aus dem Institut für Physikalische Chemie der Hamburgischen Universität. Nr. 12.)

Zur Methode der Ablenkung von Molekularstrahlen.

Von **I. I. Rabi** *, zurzeit in Hamburg.

Mit 7 Abbildungen. (Eingegangen am 29. Dezember 1928.)

Es wird eine neue Ablenkungsmethode für Molekularstrahlen beschrieben, bei der es im wesentlichen nur auf die Energiedifferenz der Moleküle im ablenkenden Felde ankommt und bei der infolgedessen nur Feldstärken an Stelle von Inhomogenitäten zu messen sind. Die Methode ist zur Messung magnetischer und elektrischer Momente nach der Molekularstrahlmethode anwendbar. Sie wurde experimentell an der Messung des magnetischen Moments des Kaliumatoms geprüft.

Bei den bisherigen Experimenten über die Ablenkung von Molekularstrahlen in magnetischen und elektrischen Feldern wurde die Ablenkung durch ein Kraftfeld senkrecht zu der Strahlrichtung erzeugt. Zur genauen Auswertung der Messungen ist also eine genaue Kenntnis des Feldes bzw. seiner Inhomogenität in dem engen Bereich, den der Strahl durchläuft, erforderlich. Bekanntlich sind genaue Feldmessungen dieser Art im magnetischen Falle sehr schwierig. Für elektrische Felder dürfte das in noch erhöhtem Maße zutreffen.

Eine Betrachtung des analogen optischen Falles gibt eine leitende Idee, wie diese Schwierigkeiten zu umgehen sind**. Die Methode der Ablenkung im Stern-Gerlachschen Versuch ist analog der Ablenkung eines Lichtstrahles in einem geschichteten Medium, dessen Brechungsindex in einer Richtung senkrecht zum Strahle variiert; die Änderung des Brechungsindex ist dann analog der ablenkenden Kraft. In den optischen Instrumenten wird jedoch Brechung erzeugt, indem der Strahl von einem homogenen Medium mit dem Brechungsindex n_1 in ein anderes mit dem Brechungsindex n_2 eintritt. Für dünne Übergangsschichten ist die totale Brechung unabhängig davon, wie sich der Brechungsindex in dieser Schicht ändert.

Im folgenden wird das Analogon dieses optischen Verfahrens für Molekularstrahlen betrachtet. In Fig. 1 läuft ein Molekularstrahl XO von einem Bereich A, wo das magnetische Feld Null ist, in einen Bereich B hinein, wo ein homogenes Feld H herrscht, das senkrecht zur Papierebene

---

* Fellow of the International Education Board.

** I. I. Rabi, Nature **123**, 163, 1929.

gerichtet ist. Wir nehmen also ein Feld zwischen den flachen Polschuhen eines Magnets. Wir lassen den Strahl in der Symmetrieebene zwischen den Polschuhen laufen und nehmen der Einfachheit halber an, daß der Strahl aus einatomigen Alkaliatomen im Normalzustand mit der Geschwindigkeit v_A und der kinetischen Energie E besteht. Die Atommomente sind also nur parallel oder antiparallel zum Felde gerichtet. Da die Komponente der Kraft parallel PP' Null ist, wird der Impuls in dieser Richtung nicht geändert und wir haben, wie im optischen Falle (s. Fig. 1 und 2):

$$\sin\Theta\, v_A = \sin(\Theta - \delta)\, v_B, \tag{1}$$

$$\frac{\sin\Theta\cos\delta - \cos\Theta\sin\delta}{\sin\Theta} = \frac{v_A}{v_B} = \frac{\sqrt{\frac{2E}{m}}}{\sqrt{\frac{2}{m}(E + \mu H)}}. \tag{2}$$

Da δ klein ist, ergibt sich

$$\delta = \operatorname{tang}\Theta\left(1 - \frac{1}{\sqrt{1 + \frac{\mu H}{E}}}\right) \tag{3}$$

Wenn das Verhältnis $\mu H/E \ll 1$ ist, so ist

$$\delta = \frac{\mu H}{2E}\cdot\operatorname{tang}\Theta. \tag{4}$$

Wenn der Strahl noch den Weg l nach seinem Eintritt in das Feld durchläuft, so wird die Ablenkung

$$\varDelta = l\delta = \frac{\mu H}{2E}\cdot l\operatorname{tang}\Theta. \tag{5}$$

Es ist für die Experimente wichtig, daß in der Schlußformel nur der Wert der Feldstärke für die Ablenkung maßgebend ist. Es läßt sich

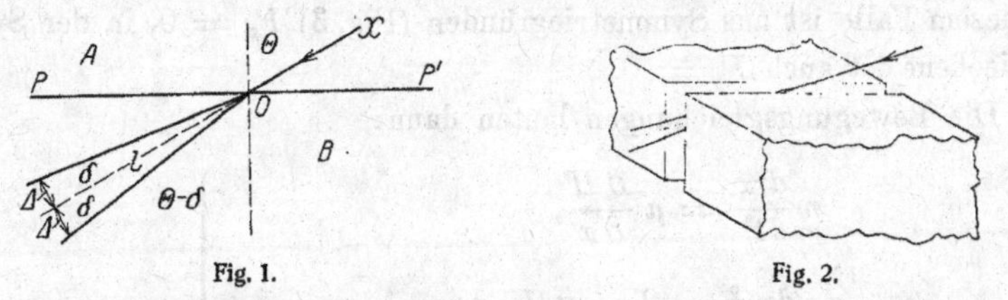

Fig. 1. Fig. 2.

daher ein großer Teil der oben erwähnten technischen Schwierigkeiten vermeiden. Als einfach numerisches Beispiel nehmen wir $H = 10^4$ Gauß, μ ist $0{,}92 \cdot 10^{-20}$ Gauß . cm, $l = 10$ cm, Θ etwa 80^0 und für E die mittlere kinetische Energie bei 0^0 C; dann ist $\varDelta$ ungefähr 0,5 mm, also eine durchaus brauchbare Ablenkung.

Diese Überlegungen können auch auf Ablenkung durch elektrische Felder angewandt werden; ein paralleler Plattenkondensator ersetzt dann die magnetischen Polschuhe. Diese Überlegungen lassen sich auch leicht verallgemeinern und man kann sich Analoga denken für Prismen usw.

Die gewöhnlichen experimentellen Bedingungen zwingen uns dazu, vom idealisierten Falle, wie er oben beschrieben ist, abzuweichen. Weil der Strahl eine endliche Höhe hat, läuft er nicht ganz in der Symmetrieebene zwischen den Polschuhen. Zweitens, wenn die Polschuhe eine endliche Entfernung haben, ist der Feldübergangsbereich nicht mehr klein. Feldmessungen in Übereinstimmung mit der Rechnung zeigen, daß etwas 90 % der Feldänderung in einem Bereich von $3\,d$ (d = Polschuhabstand) stattfindet ($2\,d$ oberhalb der Polschuhkante und $1\,d$ unterhalb). Die Winkeländerung δ wird zwar dieselbe sein wie in den Gleichungen (3) und (4), aber in der Regel wird die Verschiebung des Strahles Δ gemessen, und diese Größe wird vom Feldübergangsbereich mit beeinflußt. Diese verschiedenen Störungen sollen jetzt berechnet werden.

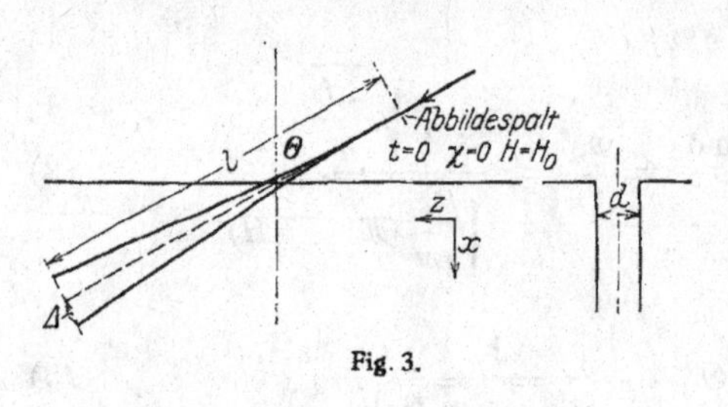

Fig. 3.

Korrektionen. Wir betrachten ein Atom vom Moment μ in Richtung des Feldes ($\mu = m g \mu_0$, m ist die magnetische Quantenzahl und g der Aufspaltungsfaktor). Die kinetische Energie sei E. Die Kraft auf den Dipol ist dann

$$F_x = \mu \frac{\partial H}{\partial x}, \quad F_y = \mu \frac{\partial H}{\partial y}, \quad F_z = \mu \frac{\partial H}{\partial z}. \tag{6}$$

In diesem Falle ist aus Symmetriegründen (Fig. 3) $F_z = 0$, in der Symmetrieebene ist auch $F_y = 0$.

Die Bewegungsgleichungen lauten dann:

$$\left.\begin{aligned} m \frac{d^2 x}{d t^2} &= \mu \frac{\partial H}{\partial x}, \\ \frac{d}{dt}\left(\frac{dx}{dt}\right)^2 &= \frac{2\mu}{m} \cdot \frac{\partial H}{\partial x} \cdot \frac{dx}{dt}, \\ v_x^2 &= \frac{2\mu}{m} \int\limits_{x_0}^{x} \frac{\partial H}{\partial x}\, dx + \frac{2 E_0}{m} \cos^2 \Theta. \end{aligned}\right\} \tag{7}$$

Wenn der Strahl nicht näher als etwa $\frac{1}{6}d$ an der Polschuhkante vorbeiläuft, können wir mit großer Genauigkeit * schreiben:

$$v_x^2 = \frac{2\,\mu}{m}(H - H_0) + \frac{2\,E_0}{m} \cdot \cos^2\Theta\,^{**}. \tag{8}$$

$$v_x = v_0 \cos\Theta \sqrt{1 + \frac{\mu(H - H_0)}{E_0 \cos^2\Theta}}. \tag{9}$$

Die Zeit, während der der Strahl im Felde läuft, ist

$$t = \int_0^x \frac{d\,x}{v_x} = \frac{x}{\bar{v}_x}. \tag{10}$$

Für t setzen wir mit großer Genauigkeit l/v_0, für $\bar{v}_x$ nehmen wir den Mittelwert von v_x über die Strecke x. Die Ablenkung ist dann

$$\varDelta_x = x - v_0 \cos\Theta\, t = l \cos\Theta \left(\sqrt{1 + \frac{\mu(H - H_0)}{E_0 \cos^2\Theta}} - 1\right).$$

In der Richtung senkrecht zum Strahl haben wir

$$\varDelta = l \sin\Theta \cos\Theta \left(\sqrt{1 + \frac{\mu(H - H_0)}{E_0 \cos^2\Theta}} - 1\right) \tag{11}$$

oder entwickelt näherungsweise

$$\varDelta = l \cdot \frac{\operatorname{tang}\Theta}{2\,E} \cdot \mu(H - H_0)\left(1 - \frac{\mu(H - H_0)}{4\,E_0 \cos^2\Theta}\right) \tag{12}$$

---

* In Wirklichkeit ist $\mu(H - H_0) = \int F_x\,dx + F_y\,dy$. Die Größe des zweiten Gliedes läßt sich leicht schätzen. Setzen wir zunächst $v_y = 0$, $\bar{t} = 0$, dann ist $\int F_y\,dy < \frac{(\bar{F}_y\,t)^2}{2\,m}$, wo der Mittelwert von F_y, genommen in einem Abstand von etwa $\frac{1}{6}d$ von der Polschuhkante, ist. Setzen wir auch $\bar{F}_y = p\,\bar{F}_x$, dann ist

$$\frac{(\bar{F}_y\,t)^2}{2\,m} = \frac{p^2 \bar{F}_x^2 x^2}{2\,m v_0^2 \cos^2\Theta} = \frac{p^2 \mu^2 (H - H_0)^2}{2\,m v_0^2 \cos^2\Theta}$$

$$\mu(H - H_0) - \frac{p^2 \mu^2 (H - H_0)^2}{4\,E_0 \cos^2\Theta} = \mu(H - H_0)\left(1 - \frac{p^2 \mu(H - H_0)}{4\,E \cos^2\Theta}\right).$$

Durch eine einfache Rechnung kann man zeigen, daß in einer Entfernung von $\frac{1}{6}d$ p etwa $\frac{1}{6}$ ist und mit größeren Entfernungen sehr rasch kleiner wird. p^2 und $\cos^2\Theta$ sind nahe gleich groß und der Fehler liegt unterhalb $^1/_{10}\,\%$. Wenn der Strahl schräg läuft, muß man auch $\bar{F}_y\,\varDelta y$ addieren. Geometrische Betrachtungen zeigen, daß $\varDelta y$ etwa $\frac{1}{40}\,\varDelta x$ ist. Dann wird $\bar{F}_y\,\varDelta y = \frac{1}{40}\,p\,\bar{F}_x\,\varDelta x$. Dazu ist jedoch zu bemerken, daß p noch kleiner ist als im obigen Falle.

** Hier war angenommen, daß eine Beeinflussung des Strahles zwischen Ofenspalt und Abbildespalt nicht stattfindet. Anderenfalls ist dieser Effekt leicht zu korrigieren.

Hierbei ist angenommen, daß der Auffänger sich noch im homogenen Felde befindet. Wenn der Strahl beim Austritt aus dem Felde einen Winkel von 90° mit der Polschuhkante bildet, so ändert sich seine Richtung nicht. Es sind also die Formeln (12) und (13) unverändert anwendbar. Natürlich ist der Mittelwert so zu bilden, als ob das homogene Feld bis an den Auffänger heranreichte.

In (12) kommt nicht mehr ein Wert des homogenen Feldes vor, sondern der gemittelte Wert des Feldes über die Laufstrecke des Strahles*. Doch ist dieser Mittelwert nicht wesentlich schwieriger und mit derselben Genauigkeit zu messen.

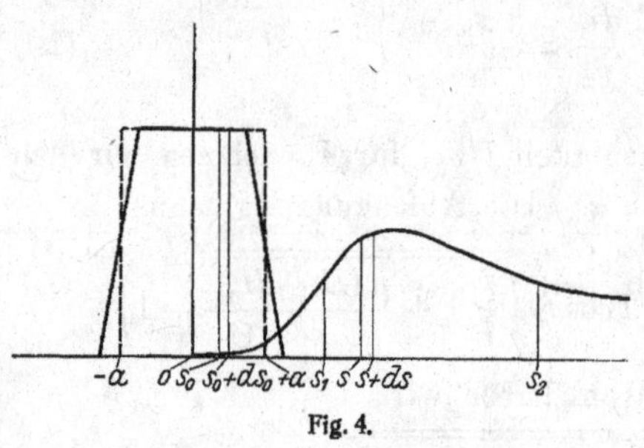

Fig. 4.

Für Messungen von elektrischen Momenten ist es am zweckmäßigsten, einen Kondensator aus parallelen Platten anzuwenden. Die Ablenkungsformeln sind dann dieselben, nur muß der mittlere Wert der Energie im elektrischen Felde an Stelle der magnetischen eingesetzt werden, z. B. $\frac{1}{2}\alpha\,(\overline{E^2 - E_0^2})$ anstatt $\mu\,(\overline{H - H_0})$ für den Fall, daß das elektrische Moment induziert ist (α ist die Polarisierbarkeit des Moleküls für statische Felder). Der Wert von $(\overline{E^2 - E_0^2})$ ist natürlich aus der Theorie des Plattenkondensators zu entnehmen.

---

* Die Mittelung ist über den Weg des unabgelenkten Strahles verstanden. Genau betrachtet, ist die Mittelung über den Weg des abgelenkten Strahles zu nehmen und ist für verschiedene Ablenkungen verschieden. Um die Größe des Fehlers in dieser Näherung zu schätzen, können wir mit (12) rechnen. Sei $\overline{H-H_0}$ der Mittelwert über den Weg des unabgelenkten Strahles, dann wird der Mittelwert über den Weg des abgelenkten Strahles

$$\frac{l\cos\Theta\,(\overline{H-H_0}) + \Delta_x H}{l\cos\Theta + \Delta_x} = \frac{l\cos\Theta\,(\overline{H-H_0}) + \Delta_x H}{l\cos\Theta}\left(1 - \frac{\Delta_x}{l\cos\Theta}\right)$$

$$= (\overline{H-H_0}) + \frac{\Delta_x}{l\cos\Theta}\,[H - (\overline{H-H_0})].$$

Daraus folgt

$$\Delta' = \Delta + \frac{\Delta^2}{l\sin\Theta\cos\Theta}\left(\frac{H}{(\overline{H-H_0})} - 1\right). \qquad (13)$$

Der angezogene Strahl ist etwas mehr abgelenkt als der entsprechende abgestoßene Strahl.

Intensitätsverteilung. Die Intensitätsverteilung im abgelenkten Strahle läßt sich nach der in U. z. M. Nr. 5 * angegebenen Methode ausrechnen.

Betrachten wir zunächst Moleküle, die von dem Element $d s_0$ (Fig. 4) an der Stelle s_0 im unabgelenkten Strahle um eine Distanz s' bis an das Element $d s$ an der Stelle s abgelenkt sind. Die Ablenkung ist eine Funktion von μ und E. Bei einer Sorte Moleküle von gegebenem μ_i mit den a priori Wahrscheinlichkeiten w_i (z. B. Na, $w_i = \frac{1}{2}$) wird diese Zahl

$$d n = w_i J_0 d s_0 e^{-\frac{v_{s'}^2}{\alpha^2}} \frac{2 v_{s'}^3 d v_{s'}}{\alpha^4} = w_i J_0 d s_0 e^{-\frac{E_{s'}}{E_\alpha}} \frac{E_{s'} d E_{s'}}{E_\alpha^2}, \tag{14}$$

wo α die wahrscheinlichste Geschwindigkeit ist. Die Intensität an der Stelle s ($s = s' + s_0$, $d s = d s' = - d s_0$) ist

$$J = \frac{d n}{d s} = w_i J_0 d s_0 e^{-\frac{E_{s'}}{E_\alpha}} \frac{E_{s'}}{E_\alpha^2} \frac{d E_{s'}}{d s} = - w_i J_0 e^{-\frac{E_{s'}}{E_\alpha}} \frac{E_{s'} d E_{s'}}{E_\alpha^2}. \tag{15}$$

Da s' eine Funktion von E ist und umgekehrt $[E = f(s')]$, kann man (15) sofort nach $d s'$ über die Breite des unabgelenkten Strahles integrieren. Für den einfachen Fall, daß J_0 konstant von $-a$ bis $+a$ ist, ergibt sich

$$J = w_i J_0 \left[e^{-y}(y+1)\right]_{\frac{f(s-a)}{f(s_\alpha)}}^{\frac{f(s+a)}{f(s_\alpha)}} \quad s > a, \tag{16}$$

$$J = w_i J_0 \left(\left[e^{-y}(y+1)\right]_{\frac{f(\infty)}{f(s_\alpha)}}^{\frac{f(s-a)}{f(s_\alpha)}} + \left[e^{-y}(y+1)\right]_{\frac{f(\infty)}{f(s_\alpha)}}^{\frac{f(s+a)}{f(s_\alpha)}} \right) s < a. \tag{17}$$

Nach (12) ist, näherungsweise entwickelt:

$$y_{\pm a} = \frac{s_\alpha}{s \pm a} \left(1 + \frac{(s_\alpha - s \mp a)}{2 l \sin \Theta \cos \Theta}\right). \tag{18}$$

Und nach der strengeren Formel (13) sind die Werte s_α, s und a zu ersetzen durch s_α^+, s^+ und a^+, wo

$$s_\alpha^+ = s_\alpha (1 \pm k s_\alpha),$$
$$s^+ = s (1 \pm k s), \quad a^+ = a (1 \pm k a),$$
$$k = \left(\frac{H}{(H - H_0)} - 1\right) \frac{1}{l \sin \Theta \cos \Theta}.$$

Das Vorzeichen ist + für angezogene und — für abgestoßene Moleküle.

---

* O. Stern, ZS. f. Phys. 41, 563, 1927.

Wenn es auf Messungen von nicht größerer Genauigkeit als 2 bis 3 % ankommt, wird in den meisten Fällen Formel (18) ohne den Teil in der Klammer genügen, wo s_α auch aus (12) ohne die Klammer berechnet werden kann.

Weiteres über die Auswertung von Aufspaltungsbildern nach der Niederschlagsmethode siehe U. z. M. Nr. 5.

Experimenteller Teil. Die beschriebene Ablenkungsmethode ist geprüft worden durch Messung des magnetischen Moments von Kalium.

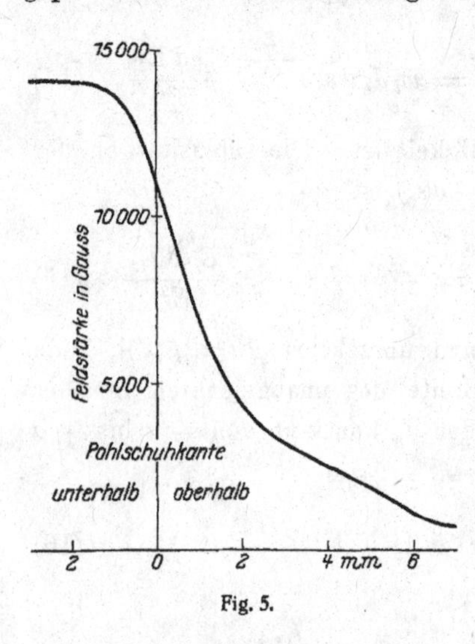

Fig. 5.

Als Magnet diente der kleine Hartmann-Braunsche Magnet. Der Magnet war mit flachen Polschuhen vom Querschnitt 5,4 × 2 cm² versehen. Bei 2,2 mm Zwischenraum und 3,5 Amp. lieferte er ein Feld von 14 000 Gauß. Das Feld wurde mittels eines Wismutdrahts ausgemessen. Die Feldwerte in der Symmetrieebene sind in Fig. 5 eingezeichnet.

Im wesentlichen ist der Apparat (Fig. 6) derselbe wie in den früheren Versuchen mit den Alkalien (U. z. M. Nr. 9)*, so daß sich eine nähere Beschreibung erübrigt. Der einzige Unterschied gegenüber dem Taylorschen Apparat war der, daß Ofenraum und Auffangsraum nicht durch Messingröhrchen, sondern durch ein Messingstück 25 × 2,2 mm² verbunden waren (12, Fig. 6). Das Messingstück war von einem Kanal (1,7 × 3 mm² Querschnitt) durchbohrt, in dem der Strahl lief. Es diente gleichzeitig zum Auseinander halten der Polschuhe.

Nachdem der Apparat im Felde eingestellt war, wurde ein Strich parallel zur Polschuhkante auf das Messingstück gemacht. Die Spalte waren so justiert, daß der Strahl parallel zu der Kante des Messingstücks lief. Der Winkel zwischen der Kante und diesem Strich ergab den Winkel Θ.

Der Verlauf der Versuche war der gleiche wie bei den anderen Versuchen mit Kalium (l. c.). Es muß nun bemerkt werden, daß infolge

* J. B. Taylor, ZS. f. Phys. 52, 846, 1928.

der horizontalen Lage der Spalte dafür gesorgt werden mußte, daß der Auffangeschliff (18) auf konstanter Temperatur blieb, um Verschiebungen des Auffangebleches relativ zum Strahle infolge einer Längenänderung des Schliffes zu vermeiden.

Die Messungen ergaben für das magnetische Moment des Kaliumatoms ein Bohrsches Magneton innerhalb der angestrebten Genauigkeit

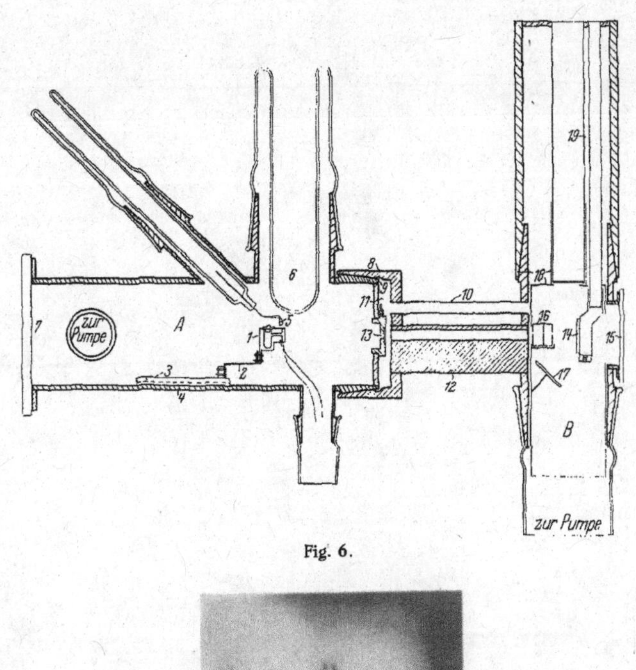

Fig. 6.

Fig. 7.

von etwa 5 %. Fig. 7 ist eine Photographie des Aufspaltungsbildes. Bemerkenswert ist die Geradlinigkeit der Striche, die nach den obigen Überlegungen zu erwarten war.

Herrn Prof. O. Stern möchte ich herzlich danken für die freundliche Aufnahme in seinem Institut und für viele anregende und lehrreiche Unterhaltungen.

M8

M8. Berthold Lammert, Herstellung von Molekularstrahlen einheitlicher Geschwindigkeit, Z. Phys. 56, 244–253 (1929)

(Untersuchungen zur Molekularstrahlmethode aus dem Institut für physikalische Chemie der Hamburgischen Universität, Nr. 13.)

Herstellung von Molekularstrahlen einheitlicher Geschwindigkeit.

Von **Berthold Lammert** in Hamburg*.

H. Schmidt-Böcking, K. Reich, A. Templeton, W. Trageser, V. Vill (Hrsg.), *Otto Sterns Veröffentlichungen – Band 5*, DOI 10.1007/978-3-662-46958-3_4

244

(Untersuchungen zur Molekularstrahlmethode aus dem Institut für physikalische Chemie der Hamburgischen Universität, Nr. 13.)

Herstellung von Molekularstrahlen einheitlicher Geschwindigkeit.

Von **Berthold Lammert** in Hamburg*.

Mit 4 Abbildungen. (Eingegangen am 10. Mai 1929.)

Es wird ein Apparat beschrieben, mit dem Hg-Atomstrahlen einheitlicher Geschwindigkeit erzeugt werden. Mit diesen Strahlen wird ein direkter Beweis des Maxwellschen Geschwindigkeitsverteilungsgesetzes geliefert.

1. Einleitung. Qualitative Versuche mit Molekularstrahlen erbrachten den ersten direkten Beweis für die Grundanschauungen der kinetischen Gastheorie**. Die erste quantitative Bestimmung mit Molekularstrahlen war die direkte Messung der mittleren thermischen Geschwindigkeit durch Stern***. Bei diesem Versuch fand eine Dispersion der Geschwindigkeiten statt, so daß diese Methode geeignet ist zu einem experimentellen Nachweis des Maxwellschen Verteilungssatzes. Hier soll über die direkte Bestätigung dieses Gesetzes berichtet werden, die sich daraus ergab, daß man Molekularstrahlen von nahezu einheitlicher Geschwindigkeit herstellte und deren Intensitäten miteinander verglich. Solche Strahlen sind für viele Anwendungen der Molekularstrahlmethode erforderlich; z. B. zur Bestimmung der magnetischen Momente von solchen Atomen, die in mehr als zwei magnetische Komponenten aufgespalten werden. Bei diesem Versuch tritt wegen der Abhängigkeit der Ablenkung von der Geschwindigkeit eine wesentliche Verbreiterung des abgelenkten Strahles ein — siehe z. B. das Na-Bild bei Leu**** —, die bei dem Auftreten mehrerer Komponenten ein Vermischen, ein „Verschmieren" der Striche bewirkt. Leu† und Taylor†† weisen bei ihren Versuchen am Bi- bzw. am Li-Atom darauf hin, daß erst Versuche mit Molekularstrahlen einheitlicher Geschwindigkeit die Lösung ihrer Aufgaben bringen können.

---

* Hamburger Dissertation. Vorgetragen auf der Tagung des Gauvereins Niedersachsen der Deutschen Physikalischen Gesellschaft in Göttingen am 16. Februar 1929.

** L. Dunoyer, Le Radium **8**, 142, 1911.

*** ZS. f. Phys. **2**, 49, 1920; **3**, 417, 1920.

**** U. z. M., Nr. 4, ebenda **41**, 555, 1927.

† U. z. M., Nr. 8, ebenda **49**, 498, 1928.

†† U. z. M., Nr. 9, ebenda **52**, 846, 1929.

2. Theorie des Versuchs. Ein naheliegendes Prinzip zur Erzeugung von Molekularstrahlen einheitlicher Geschwindigkeit ist die Methode der Fizeauschen Bestimmung der Lichtgeschwindigkeit mit Hilfe eines rotierenden Zahnrades*.

Wir denken uns zunächst zwei rotierende Scheiben auf einer gemeinsamen Achse, von denen die eine am Rande einen radial gerichteten kurzen, feinen Schlitz habe. In geringem Abstand vor dem Rande dieser Scheibe befindet sich ein Spalt in radialer Richtung, der Molekularstrahlen aussendet. In dem Augenblick, in dem der Schlitz sich vor dem Spalte befindet, gelangen Moleküle durch die erste Scheibe. Von diesen Molekülen betrachten wir die, die parallel zur Achse fliegen. Beim Auftreffen auf die zweite Scheibe gelangt kein Molekül an die Stelle, die dem Schlitz der ersten Scheibe gegenüberliegt; denn diese Stelle ist inzwischen weiterrotiert. Ihr zunächst treffen die Moleküle mit der kürzesten Flugzeit auf. In der Reihenfolge ihrer Ankunft lagern sich die Moleküle in immer größerem Abstand von dieser Stelle. Das Photometrieren dieses Geschwindigkeitsspektrums müßte die Maxwellsche Verteilungskurve ergeben. Durch Anbringen eines Schlitzes an passender Stelle können wir jeden gewünschten Geschwindigkeitsbereich ausblenden.

Einen Punkt am Rande der zweiten Scheibe können wir durch den Winkel δ bezeichnen, den sein Radius mit dem Radius der Stelle bildet, die dem Schlitz der ersten Scheibe gegenüberliegt. Zum Zurücklegen des Abstandes l der beiden Scheiben brauchen Moleküle von der Geschwindigkeit v die Zeit l/v. Ist ω die Winkelgeschwindigkeit der Scheiben, so treffen diese Moleküle die Stelle $\delta = \frac{\omega l}{v}$. Liegt an der Stelle δ ein Schlitz, dessen Breite den Winkel 2γ hat, so kommen nur Moleküle durch die zweite Scheibe mit Geschwindigkeiten zwischen

$$v_1 = \frac{\omega l}{\delta - \gamma} \quad \text{und} \quad v_2 = \frac{\omega l}{\delta + \gamma}. \tag{1}$$

Soll das Intervall zwischen den Geschwindigkeiten v_1 und v_2 ausgeblendet werden, so ist die Tourenzahl

$$n = \frac{\gamma}{\pi l} \cdot \frac{v_1 v_2}{v_1 - v_2}$$

und der Versetzungswinkel (2)

$$\delta = \gamma \frac{v_1 + v_2}{v_1 - v_2}.$$

* O. Stern, U. z. M., Nr. 1, ZS. f. Phys. 39, 751, 1926.

Bei der Berechnung der Intensität eines Molekularstrahles ist zu beachten, daß aus dem Dampfraum von den schnellen Molekülen mehr ausströmen als von den langsamen*. Der Bruchteil dn von Molekülen der Geschwindigkeit v im Intervall dv ist

$$dn = \text{const}\, e^{-\frac{v^2}{\alpha^2}}\, v^3\, dv, \qquad \alpha^2 = \frac{2\,RT}{M}.$$

Ist N_0 die Gesamtzahl der Moleküle aller Geschwindigkeiten,

$$N_0 = \text{const} \int\limits_0^\infty e^{-\frac{v^2}{\alpha^2}}\, v^3\, dv = \text{const}\, \frac{\alpha^4}{2},$$

so ist die Zahl N der Moleküle mit Geschwindigkeiten zwischen v_1 und v_2

$$N = N_0 \left[e^{-\frac{v^2}{\alpha^2}} \left(1 + \frac{v^2}{\alpha^2} \right) \right]_{v_1}^{v_2}. \tag{3}$$

3. Versuchsanordnung. Während der Ausführung dieser Arbeit wurden Versuche nach dieser Methode publiziert von Costa, Smyth und Compton** und von Eldridge***. Die erstgenannten Autoren ließen den Molekularstrahl auf ein an einem Quarzfaden hängendes Radiometerblättchen auffallen, dessen Ausschlag als Intensitätsmaß benutzt wurde. Die Absicht, einen experimentellen Nachweis des Maxwellschen Verteilungsgesetzes zu liefern, wurde nicht verwirklicht. Eldridge untersucht das Geschwindigkeitsspektrum von Cd-Dampf bei 400° C ohne Verwendung eines Abbildespaltes. Um trotzdem einen Strahl auszublenden, der nur durch je zwei gegenüberliegende Spalte geht, setzt er zwischen die beiden Scheiben noch drei weitere mit entsprechend angeordneten Spalten. Die Intensitätsverteilung im Spektrum wurde gemessen durch Photometrieren des Niederschlags. Die Unsicherheit der Eldridgeschen Resultate ist aber recht groß. Erstens ist die Intensitätsmessung selbst unsicher, wie man an der Photometerkurve der unverschobenen Linie sieht, zweitens spielen bei der Intensitätsabnahme an den Seiten der Linie Faktoren (Wolke, Rutschen usw.), deren Einfluß schwer abzuschätzen ist, eine Rolle. Eldridge urteilt selbst mit großer Vorsicht über sein Ergebnis: „The results however are such as to encourage the belief, that a really critical test of Maxwells law is possible."

* O. Stern, ZS. f. Phys. **3**, 417, 1920.
** Phys. Rev. **30**, 349, 1927.
*** Ebenda **30**, 931, 1927.

Bei unserer Ausführung des Versuchs sollen die Intensitäten zweier Molekularstrahlen miteinander verglichen werden, die eines Strahles, der Moleküle aller Geschwindigkeiten enthält, mit der eines anderen, in dem nur Moleküle eines ausgeblendeten Geschwindigkeitsbereichs vorkommen. Ein Maß für die Intensität eines Molekularstrahles ist die Erscheinungszeit, d. h. die Zeit, während der sich auf einer in den Strahlengang gestellten Platte so viele Moleküle kondensieren, daß der Niederschlag gerade sichtbar zu werden beginnt. Unter geeigneten* Umständen bezüglich Vakuum, Dampfdruck, Spaltbreiten ist die Erscheinungszeit bei gleichen Zuständen der Auffangplatte der Intensität der Strahlung umgekehrt proportional. Um diese Bedingungen zu realisieren, wurde die Versuchsanordnung so eingerichtet, daß zugleich mit dem ausgeblendeten Strahle ein Teil des Strahles unzerlegt auf dieselbe Auffangplatte gelangte.

Die erste Scheibe läßt nur einen Bruchteil der Gesamtheit der Moleküle hindurch, der gegeben ist durch das Verhältnis der Fläche aller Schlitze zu der ganzen Fläche des Ringes, der vor dem Ofenspalt rotiert. Verdecken wir alle Schlitze bis zur Hälfte und bringen auf der undurchlässigen Hälfte des Ringes einen Sektor an, der ebensoviel durchläßt wie alle Schlitze zusammen, so gehen zwei Molekularstrahlen durch die erste Scheibe hindurch; der eine durch den Sektor, der andere von gleicher Intensität durch die Schlitze (Fig. 1). Der erste gelangt ungestört durch den Sektor der zweiten Scheibe; von dem zweiten gelangt nur der im ausgeblendeten Geschwindigkeitsbereich liegende Teil durch die Schlitze der zweiten Scheibe. So erscheint auf der Auffangplatte der Niederschlag als Strich in zwei Hälften, deren Erscheinungszeiten sich umgekehrt wie die Intensitäten der beiden Strahlen verhalten.

Fig. 1.

Im übrigen waren für die Erzeugung von Molekularstrahlen hoher Intensität die Gesichtspunkte maßgebend, zu denen Stern und Knauer** gelangt waren. Strahlenraum S und Auffangraum A (Fig. 2 und 3) waren vollkommen voneinander getrennt durch eine vertikale Messingplatte P von 0,9 cm Dicke und $20 \times 20\ \mathrm{cm}^2$ Fläche; jeder wurde für sich ausgepumpt.

Der Strahlenraum wurde begrenzt durch eine Glasglocke G von 13 cm innerem Durchmesser und 18 cm Höhe, die vakuumdicht auf der

* F. Knauer und O. Stern, U. z. M., Nr. 2, ZS. f. Phys. **39**, 764, 1926.
** l. c.

abgeschliffenen Messingplatte saß. Strahlenquelle *O* und Blende *B* waren fest montiert auf einem Messingrahmen *M*, der in horizontaler Ebene auf die Messingplatte geschraubt wurde. In den Mitten der Querseiten des Rahmens war eine Achse gelagert, auf der in geringem Abstand von Strahlenquelle und Blende die „Zahnräder" *Z*, zwei Messingscheiben mit in den Rand geschnittenen Schlitzen, so angebracht waren, daß sie mit einem 6 cm langen Eisenrohr als Mantel einen Hohlzylinder *R* bildeten.

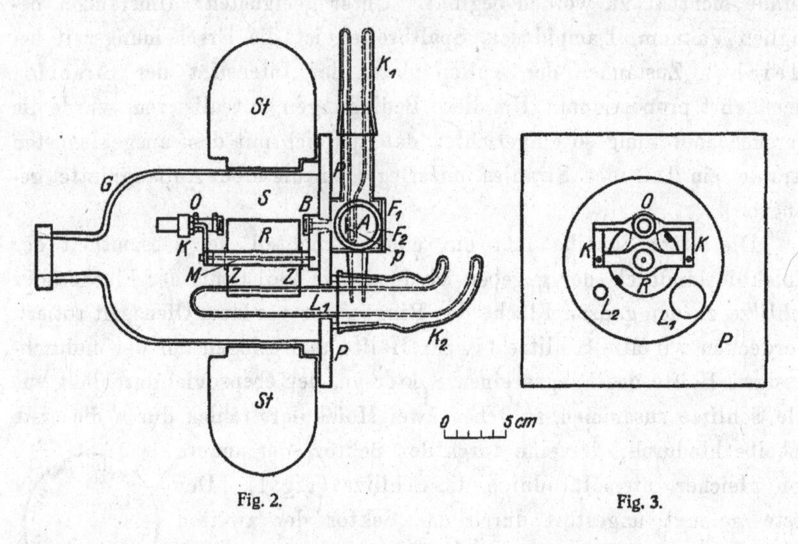

Fig. 2. Fig. 3.

Dieser Hohlzylinder *R* diente als Rotor eines Drehstrommotors, dessen Stator *St* die Glasglocke umschloß.

Der Auffangraum *A* wurde begrenzt durch ein auf der Platte *P* sitzendes Messingrohr von 4 cm Durchmesser und 4 cm Länge, das von einem auf den Rand gekitteten Glasfenster F_1 abgeschlossen wurde. Ein zweites Fenster F_2 saß auf dem Rande eines kurzen seitlichen Ansatzes. Ein oben angebrachter langer vertikaler Ansatz trug ein Kühlrohr K_1 aus Glas, dessen abgeplattetes Ende die silberne Auffangplatte *p* trug. Vor ihr war ein totalreflektierendes Prisma so befestigt, daß sie durch das Fenster F_1 beobachtet werden konnte. Ein unten angebrachter vertikaler Normalschliff aus Messing führte zur Pumpe.

Die Platte *P* hatte zwei Durchbrechungen, L_1 und L_2, die an der Außenseite der Platte jede mit einem Metallkonus umgeben waren. Auf dem weiten Konus um L_1 saß ein Kühlrohr K_2 aus Felsenglas zur Beseitigung der Streustrahlung, das von der Platte aus 11 cm in den Strahlenraum hineinragte mit einer Oberfläche von 80 cm². Der kleine

Konus um L_2 trug einen Normalschliff mit vier Drahtdurchführungen für die Strahlenquelle O.

Einzelheiten. Die Strahlenquelle war der Spalt eines zylindrischen Ofens aus Phosphorbronze, der ein kleines Glasgefäß enthielt, das mit der zu verdampfenden Substanz beschickt wurde. Der Ofen wurde elektrisch mit etwa 4 Watt geheizt durch den Widerstand des Pt-Überzugs eines Röhrchens aus Felsenglas, das unmittelbar hinter dem Spalt den Ofen umschloß. Zur Kontrolle der Ofentemperatur befand sich am Ende des Öfchens ein Kupferkonstantan-Thermoelement. Der Ofen wurde gehalten von einem Bügel K, der zusammen mit der einen Querseite auf die Längsbacken des Rahmens M aufgeschraubt wurde und aus Konstanten bestand, um die Wärmeableitung zu verringern.

Die andere Querseite des Rahmens M, die auf die Platte P aufgeschraubt wurde, und seine Längsbacken waren aus einem Stück. Aus dieser Querseite war ein Hohlkonus herausgedreht, der die Platte P eng anliegend durchsetzte. Auf der Seite des Strahlenraumes wurde in diesen Konus ein Ring mit schwalbenschwanzförmigen Einschnitten gesetzt, in denen zwei Spaltbacken verschoben werden konnten, die die Blende B bildeten. In die Mitten der beiden Querseiten des Rahmens waren die Lager für die Rotorachse eingelassen.

Die Scheiben des Rotors saßen in einem Abstand von 6 cm auf der Achse. Ihr Durchmesser betrug 5,7 cm. Am Rande trug jede innen 50 Schlitze von 3 mm Länge und 0,24 mm Breite; außen saßen zwei Sektoren, die ebensoviel durchließen wie alle Schlitze zusammen. Um zu gewährleisten, daß bei jedem Paar von Schlitzen der Versetzungswinkel genau derselbe war, wurden beim Einschneiden der Schlitze beide Scheiben aufeinandergelegt und mit einer durchgehenden Marke versehen.

Das den Rotor treibende Drehfeld wurde von einem achtpoligen 220 Volt-Gleichstrom-Drehstromumformer erzeugt mit der maximalen Frequenz 330. Der flachgebaute Stator war ebenso lang wie der Rotor und paßte unmittelbar auf die Glasglocke.

Wenn auch für die vorliegenden Versuche nur Tourenzahlen bis 70/sec benötigt wurden, so wurde der Rotor doch bei der Tourenzahl 300/sec ausprobiert. Um die Massenverteilung des Rotors ändern zu können, wurden an jeder Scheibe drei Muttern mit Schrauben in radialer Richtung angebracht. Die Lager wurden durch Federn nach allen Seiten beweglich gehalten. Durch Beobachtung der transversalen Eigenschwingungen der Achse wurde die Lage des Deviationsmoments festgestellt. Wurde der Rotor nun auch frei gelagert, so war es bei der

Verwendung von Kugellagern und Achatlagern (die zersprangen) nicht möglich, ihn ohne Schmiermittel länger als eine Stunde laufen zu lassen, ohne daß die polierte Stahlachse zu fressen begann. Nachdem ein unschädliches Hochvakuumöl gefunden war, wurden bei den vorliegenden Versuchen gewöhnliche Scheibenlager benutzt.

4. Der Versuch. Eine wesentliche Bedingung bei Versuchen mit Molekularstrahlen ist eine genaue Justierung. Daher wurde die gesamte Justierung nur mit Hilfe eines Mikroskops mit Fadenkreuz und Mikrometer vorgenommen. Auf dem sehr präzise gearbeiteten Zylinder waren am vorderen und am hinteren Rande auf der Drehbank zwei in der Achsenrichtung hintereinander sitzende Striche angebracht worden. Zur Gegenüberstellung der Scheiben in erster Näherung wurden die auf diesen befindlichen Marken mit den Strichen auf dem Zylinder zur Koinzidenz gebracht. Der hintere Teil des Ofens wurde abgenommen und die eine Spaltbacke zur Seite geschoben, so daß der Durchblick auf den Rotor frei war. Die andere Spaltbacke wurde an die Stelle geschoben, in der sie auch der Richtung nach mit einer unmittelbar hinter ihr befindlichen Seite eines Schlitzes des Rotors zusammenfiel. Nachdem der Rotor aus dem Rahmen genommen war, wurde der ebenfalls weit geöffnete Blendenspalt zum Ofenspalt parallel gestellt. Bei eingesetztem Rotor wurde nun eine Backe des Blendenspaltes an die Stelle gebracht, an der sie mit einem Radius des Rotors zusammenfiel. Wenn man den Rotor jetzt so festhielt, daß bei senkrechter Aufsicht auf die vordere Scheibe die eine Seite eines Schlitzes mit der Ofenspaltbacke koinzidierte, konnte man prüfen, ob auch Koinzidenz auf der Seite der Blende stattfand und sie nötigenfalls durch Verschieben der Scheibe herstellen. Nachdem der Rotor wieder herausgenommen war, wurden Ofen- und Blendenspaltbacken auf einen Abstand von $20\,\mu$ bzw. $30\,\mu$ zusammengeschoben. Schließlich wurde am Rotor die hintere Scheibe versetzt. Zu diesem Zwecke trug der sie umschließende Zylinderrand eine Gradteilung. Mit Mikrometer wurde der Winkel bis auf $2'$ genau eingestellt.

Die Versuche wurden mit Quecksilberstrahlen von 100^0 C gemacht. Dabei war die häufigste Geschwindigkeit $v = \sqrt{\frac{3}{2}}\,\alpha = 214$ m/sec. Die Ofentemperatur wurde durch ein Thermoelement kontrolliert und war innerhalb von $^1/_{10}{}^0$ konstant. Während des Versuches zeigte das Mc Leod Hangvakuum. Die Tourenzahl des Rotors wurde mit einer stroboskopischen Scheibe gemessen und kontrolliert, auf deren Achse ein Tourenzähler saß; sie war bis auf etwa 3 % konstant. Sobald diese Bedingungen erfüllt waren, wurde die Auffangplatte mit flüssiger Luft gekühlt und in den Strahlengang gedreht. Nachdem ein Strich erschienen war, wurde sie etwas weiter gedreht und von diesem Augenblick an die Erscheinungszeiten der beiden Hälften des nun erscheinenden Striches gemessen.

5. Messungsergebnisse. Der Rotor trug 50 Schlitze von der Breite $2\gamma = \frac{1}{100}$. Die Intensität des Molekularstrahles wurde beim Durchgang durch die erste Scheibe im Verhältnis $2\pi : \frac{50}{100} = 4\pi : 1$, d. h. auf 8 % geschwächt. Fing man bei herausgenommenem Rotor den ungeschwächten Molekularstrahl auf, so erschien der Strich auf der Auffangplatte in etwa 20 sec. Die Erscheinungszeit des durch die Sektoren gehenden Vollstrahles, der alle Geschwindigkeiten enthielt, war das 12,5 fache, also etwa 4 min 10 sec.

Tabelle 1. $\delta = 2{,}00^0$.

Nr.	n	v_1	v_2	t_0	t	t_0/t %	J/J_0 %
	12,1	152	114		im Mittel:	11,05	10,7
1				5 min 20 sec	48 min sec	11,1	
2				5	45 30	11,0	
	20,0	252	189		im Mittel:	28,2	28,8
3				4 20	14 35	30,3	
4				4 30	16 25	27,4	
5				4 45	18 30	27,0	
	28,2	355	266		im Mittel:	24,0	24,6
6				4 17	17	23,5	
7				4 30	18 30	24,3	
8				5	20 50	24,0	
	34,2	431	323		im Mittel:	13,1	12,8
9				5 10	38 35	13,4	
10				5 40	43 30	13,0	
11				5 30	42 30	12,9	
	40,0	504	378		im Mittel:	5,35	5,1
12				4	74	5,4	
13				4 15	80	5,3	

Bei der ersten Versuchsreihe war der Versetzungswinkel konstant, $\delta = 2^0$ und die Tourenzahl wurde variiert. Tabelle 1 enthält die Ergebnisse. n ist die Tourenzahl pro Sekunde, v_1 und v_2 sind die nach (1) berechneten Grenzen des ausgeblendeten Intervalls in m/sec, t_0 und t sind die Erscheinungszeiten des Vollstrahles und des Teilstrahles, J/J_0 ist ihr nach (3) berechnetes Intensitätsverhältnis. Dabei ist darauf zu achten, ob die Zahl der ganz langsamen Moleküle zu vernachlässigen ist, die nicht von dem gegenüberliegenden Schlitz herrühren, sondern

Tabelle 2.

Nr.	v_2 bis v_1	n	δ^0	J/J_0 %	t_0	t	t_0/t %	J/J_0 korr. %
	140 bis 190	14,1	1,89	19,4		im Mittel:	19,1	19,5
1					4 min 30 sec	22 min 10 sec	20,25	
2					4	22	18,2	
3					5	27	18,5	
4					5 15	27	19,45	
	190 bis 240	24,2	2,46	23,2		im Mittel:	23,0	23,5
5					7 30	31 30	23,8	
6					8 40	40	21,65	
7					4 45	20	23,75	
8					6 20	27 40	22,9	
	240 bis 290	37,0	3,04	19,9		im Mittel:	19,8	20,4
9					8 20	40	20,85	
10					9	47	19,15	
11					9 40	49 30	19,5	
	290 bis 340	52,4	3,61	13,1		im Mittel:	13,5	14,3
12					5 20	37 50	14.1	
13					5	38	13,15	
14					6	45	13,3	
	340 bis 390	70,0	4,18	6,8		im Mittel:	9,0	9,8
15					4 30	51 45	8,7	
16					4 45	51	9,3	

von dem Schlitz vorher, der den Versetzungswinkel $(6 + \delta)^0$ hat. Bei der ersten Versuchsreihe spielten sie keine Rolle.

Bei der zweiten Versuchsreihe wurden fünf gleiche Intervalle von 50 m/sec im Bereich von 140 bis 390 m/sec ausgeblendet. Die Ergebnisse zeigt Tabelle 2. n und δ sind aus v_1 und v_2 nach (2) berechnet. In der

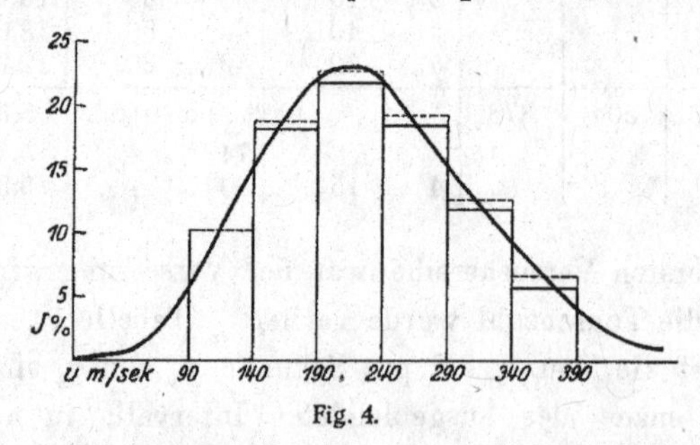

Fig. 4.

Spalte J/J_0 korr. sind die Intensitäten der eben erwähnten ganz langsamen Moleküle zu den J/J_0-Werten hinzugezählt. Die Übereinstimmung von t_0/t und J/J_0 korr. zeigt die Gültigkeit des Maxwellschen Verteilungsgesetzes.

In Fig. 4 ist diese Meßreihe graphisch dargestellt. Die Rechtecksinhalte geben die Intensitäten der Intervalle an. Auf diese bezieht sich der Maßstab der Ordinatenachse. Die ausgezogenen Striche geben die gemessenen Werte an; die gestrichelten die theoretischen. Die kleine systematische Differenz scheint zu zeigen, daß die Sektoren und die Spalte den Strahl nicht in genau demselben Verhältnis geschwächt haben.

Zum Schlusse möchte ich Herrn Prof. Dr. Otto Stern meinen verbindlichsten Dank aussprechen für die Anregung zu dieser Arbeit, für das stets fördernde Interesse, das er an ihrem Fortgang genommen hat und vor allem für weitgehendste Rücksichtnahme auf persönliche Umstände, die den Abschluß der Arbeit verzögert haben.

M9

M9. John B. Taylor, Eine Methode zur direkten Messung der Intensitätsverteilung in Molekularstrahlen, Z. Phys. 57, 242–248 (1929)

(Untersuchungen zur Molekularstrahlmethode aus dem Institut für physikalische Chemie der Hamburgischen Universität Nr. 14.)

Eine Methode zur direkten Messung der Intensitätsverteilung in Molekularstrahlen.

Von **John B. Taylor***, zurzeit in Hamburg.

H. Schmidt-Böcking, K. Reich, A. Templeton, W. Trageser, V. Vill (Hrsg.), *Otto Sterns Veröffentlichungen – Band 5*, DOI 10.1007/978-3-662-46958-3_5

242

(Untersuchungen zur Molekularstrahlmethode aus dem Institut für physikalische Chemie der Hamburgischen Universität Nr. 14.)

Eine Methode zur direkten Messung der Intensitätsverteilung in Molekularstrahlen.

Von **John B. Taylor***, zurzeit in Hamburg.

Mit 5 Abbildungen. (Eingegangen am 29. Juni 1929.)

Nach Langmuir gibt jedes auf einen glühenden Wolframdraht treffende Alkaliatom ein Elektron ab und geht als positives Ion fort. Stellt man einen solchen Draht in den Weg eines Molekularstrahls aus Alkaliatomen, so gibt der vom Draht ausgehende positive Ionenstrom direkt die Zahl der pro Sekunde auf den Draht auftreffenden Alkaliatome. Die experimentelle Verifizierung dieser Methode ergab, daß so Intensitätsmessungen leicht und mit großer Genauigkeit (ein Promille) durchführbar sind. Als Beispiel wurde die magnetische Aufspaltung von Kalium gemessen.

Für die Weiterentwicklung der Molekularstrahlenmethode ist es von größter Wichtigkeit, Methoden zur quantitativen Intensitätsmessung der Strahlen zu entwickeln. Das ist bisher nur bei Strahlen aus Gasen bzw. Dämpfen möglich gewesen, deren Intensität man mißt, indem man den Strahl auf die Öffnung eines sonst allseitig geschlossenen Gefäßes auftreffen läßt und den dadurch in dem Gefäß erzeugten Druck mißt**.

Hier soll über die Ausarbeitung einer weiteren Methode berichtet werden, die auf Untersuchungen von Langmuir und seinen Mitarbeitern beruht***. Diese haben gezeigt, daß jedes Alkaliatom, das auf einen glühenden Wolframdraht ($T > 1600^0$) trifft, ein Elektron an den Draht abgibt und als positives Ion fortgeht. Umgibt man den Draht mit einem negativ geladenen Zylinder, so gibt der zwischen Draht und Zylinder fließende positive Ionenstrom die Zahl der pro Sekunde auf den Draht auftreffenden Atome. Stellt man also einen solchen Draht — mit geeignet durchbohrtem Zylinder — in den Weg eines Molekularstrahls, so mißt man bei bekannten Drahtdimensionen direkt die Intensität des Strahls, d. h. die Zahl der pro Sekunde auf das Quadratzentimeter auftreffenden Atome.

---

* National Research Fellow in Chemistry.

** F. Knauer u. O. Stern, U. z. M. 10, ZS. f. Phys. **53**, 766, 1929 (s. a. Voltakongreß 1927); T. H. Johnson, Phys. Rev. **31**, 103, 1927.

*** I. Langmuir u. K. H. Kingdon, Science **57**, 58, 1923; Proc. Roy. Soc. **21**, 380, 1923; K. H. Kingdon, Phys. Rev. **23**, 778, 1924; T. J. Killian, Phys. Rev. **27**, 579, 1926 (Messung kleiner Dampfdrucke von Rb und Cs); H. E. Ives, Journ. Frankl. Inst. **201**, 47, 1926.

Daß diese Methode für Molekularstrahlen gut meßbare Ströme geben muß, zeigt das folgende Zahlenbeispiel. Aus den zahlreichen Experimenten, bei denen der Strahl auf einer gekühlten Fläche niedergeschlagen wurde, wissen wir, daß unter normalen Bedingungen für den direkten Strahl eine Intensität, bei der etwa $2 . 10^{14}$ Atome pro sec auf das Quadratzentimeter treffen, leicht erreichbar ist (Bildung einer einfach molekularen Schicht in etwa 5 Sekunden, Erscheinungszeit 10 bis 15 Sekunden). Hat der Draht einen Durchmesser von 0,05 mm und das vom Strahl getroffene Stück eine Länge von 4 mm, so treffen auf den Draht pro Sekunde $5 . 10^{-3} . 0{,}4 . 2 . 10^{14} = 4 . 10^{11}$ Atome auf. Geht jedes Atom als Ion weg, so gibt das einen Strom von etwa $6 . 10^{-8}$ Amp.

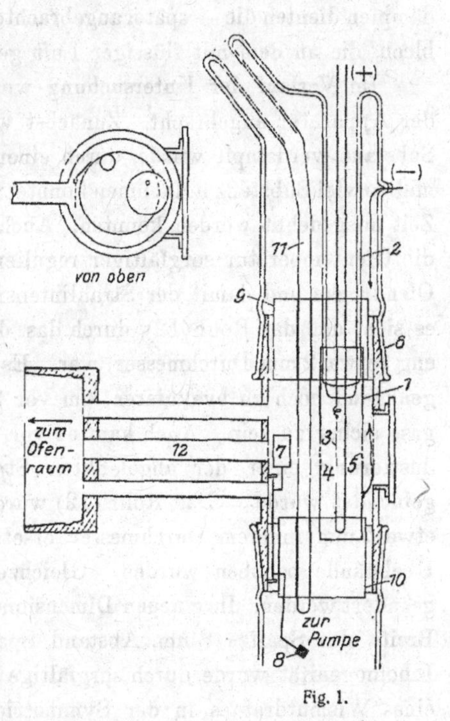

Fig. 1.

Apparatur. Um die neue Methode auszuprobieren, wurde die vom Verfasser zur Untersuchung des magnetischen Moments des Lithiumatoms benutzte Apparatur* auf folgende einfache Weise modifiziert (Fig. 1).

In den Auffangeraum wurde statt des Auffangebleches das neue Auffangesystem, bestehend aus Wolframdraht (3) und umgebendem Zylinder (1), mit Hilfe des Glasschiffes (6) eingesetzt. Der Zylinder (1) aus Nickelblech paßte auf das Glasrohr (2) und wurde so festgehalten. Die Zuleitungen zum Wolframdraht (3) waren in demselben Glasrohr (2) eingeschmolzen. Der Zylinder hatte einen Durchmesser von 2 cm, der Wolframdraht einen Durchmesser von 0,05 mm. Der Zylinder hatte zwei Löcher (4) und (5). Durch (4) lief der Strahl auf den Draht und durch (5) hindurch konnte die Lage des Drahtes mikroskopisch festgestellt werden. Das Rohr (2) saß exzentrisch, so daß durch Drehung des Schiffes (6) der Draht senkrecht zum Strahl verschoben werden und seine Intensität von Punkt zu Punkt ausgemessen werden konnte. Eine zwischen Draht und Zylinder

* J. B. Taylor, ZS. f. Phys. **52**, 486, 1929.

gelegte Potentialdifferenz von 10 Volt genügte, um Sättigungsstrom zu erhalten. Er wurde mit einem Galvanometer hoher Empfindlichkeit ($4 . 10^{-11}$ Amp.) von Hartmann und Braun gemessen. Die Klappe (7), die durch Vermittlung des Eisenstäbchens (8) mit Hilfe eines kleinen Magnets betätigt wurde, erlaubte es, den Strahl abzublenden, um die Nullage des Galvanometers zu kontrollieren. Zum Wegfangen von Fettdämpfen dienten die - später angebrachten — Ringe (9) und (10) aus Kupferblech, die an dem mit flüssiger Luft gekühlten Glasrohr (11) saßen.

Im Verlauf der Untersuchung wurden noch einige Änderungen an der Apparatur angebracht. Zunächst wurde der alte Ofen, aus dem die Substanz verdampft wurde, durch einen größeren ersetzt, der etwa fünfmal so viel Substanz aufnehmen konnte, wodurch die Versuche über längere Zeit ausgedehnt werden konnten. Auch mußte bei den jetzigen Versuchen die Ofentemperatur sorgfältiger reguliert werden, um Schwankungen des Ofendrucks und damit der Strahlintensität zu vermeiden. Ferner zeigte es sich, daß das Rohr (12), durch das der Strahl im Magnetfeld lief, zu eng (etwa 2 mm Durchmesser) war. Es war schwierig, das enge Röhrchen genügend hoch zu evakuieren, um vor Streuung des Strahls durch Restgase sicher zu sein. Auch kam es vor, daß bei nicht ganz symmetrischer Justierung einer der abgelenkten Strahlen durch die Rohrwand abgeblendet wurde. Das Rohr (12) wurde deshalb durch ein weiteres von etwa 7 mm innerem Durchmesser ersetzt, wodurch die eben erwähnten Übelstände behoben wurden. Gleichzeitig mußten auch die Polschuhe geändert werden. Ihre neuen Dimensionen waren: Länge 6 cm (wie früher), Breite des Spaltes 8 mm, Abstand Spaltebene — Schneide 4 mm. Die Inhomogenität wurde durch sorgfältige Messung der Widerstandsänderung eines Wismutdrahtes in der Symmetrieebene zu $1,75 . 10^4$ Gauß/cm bestimmt. Der Strahl lief in dem Bereich konstanter Inhomogenität, der von früheren Messungen her gut bekannt war.

Verlauf der Versuche. Zuerst wurde Kalium untersucht. Es ist schon von Leu* und vom Verfasser** untersucht worden und war deshalb als Probesubstanz besonders geeignet. Die Versuche verliefen — abgesehen davon, daß als Auffänger keine gekühlte Platte, sondern der Wolframdraht verwendet wurde — genau wie früher. Das Kalium wurde bei derselben Ofentemperatur (etwa 600^0 K) verdampft.

Der Auffangedraht wurde zunächst bei hoher Temperatur (über 2000^0 K) ausgeglüht und dann bei etwa 1600^0 K gehalten. Die ersten

* U. z. M. 4, ZS. f. Phys. **41**, 551, 1927.

** J. B. Taylor, Phys. Rev. **28**, 576, 1926.

Versuche ergaben ein negatives Resultat, der Ausschlag des Galvanometers war Null. Offenbar war der Draht irgendwie unrein, wahrscheinlich nicht thoriumfrei. Es wurde daher versucht, mit einer Sauerstoffschicht auf dem Draht zu arbeiten. Zu diesem Zweck wurde bei kaltem Draht Luft in den Apparat gelassen. Dabei sollte sich der Draht mit einer Sauerstoffschicht bedecken. Dann wurde wieder evakuiert und der Draht erhitzt, doch wurde darauf geachtet, daß die Drahttemperatur nie über 1500° K stieg, um Abdissoziieren von Sauerstoff aus der Schicht zu vermeiden. Unter diesen Bedingungen wurden sofort Anschläge erhalten. Am Anfang des Versuches konnte die steigende Temperatur des Ofens leicht durch den steigenden Galvanometerausschlag beobachtet werden. Leider änderte sich die Empfindlichkeit des Drahtes allmählich, wahrscheinlich weil Fettdämpfe die Oberfläche des Drahtes angriffen.

Es wurde dann thorfreier Wolframdraht (von Osram) angewendet. Dieser ergab bereits ohne Sauerstoffschicht Ionenströme von der erwarteten Größe. Doch erwies es sich auch hierbei als notwendig, Fettdämpfe zu beseitigen, da diese (Kohlenwasserstoffgase) den Draht stark karbonisierten und seinen Widerstand erhöhten. Deshalb wurden jetzt die obenerwähnten, gekühlten Kupferringe (9) und (10) eingeführt*. Nun blieb während der Dauer eines Versuches (etwa 6 Stunden) die Empfindlichkeit des Drahtes völlig konstant. Die Schwankungen der Ausschläge waren kleiner als ein Millimeter, also kleiner als ein Promille der maximalen Intensität des unabgelenkten Strahls. Unter diesen Bedingungen wurden die unten wiedergegebenen Kurven erhalten.

Versuchsergebnisse. Fig. 2 und 3 geben die gemessene Intensitätsverteilung für den unabgelenkten und den abgelenkten Kaliumstrahl. Die Ordinaten sind die Galvanometerausschläge in Zentimeter, die Abszissen die Verschiebungen des Drahtes in Zehntelmillimetern. Die gestrichelte Kurve in Fig. 2 ist das geometrisch-optisch berechnete Bild. Die nahe Übereinstimmung zwischen der berechneten und gemessenen Kurve, besonders der lineare Abfall im Halbschatten bei der letzteren, spricht für die Proportionalität zwischen Galvanometerausschlag bzw. Ionenstrom und Intensität, wie nach Langmuir zu erwarten. Vorbehaltlich einer genaueren Prüfung wird man also schon jetzt mit großer Wahrscheinlichkeit annehmen dürfen, daß die Methode eine quantitative Intensitätsmessung darstellt. Kleine Unregelmäßigkeiten im Verlauf der Kurve

* Die eben besprochenen Effekte (Sauerstoffschicht, Fettdämpfe) sind von Langmuir, Kingdon u. a. untersucht und diskutiert worden (l. c.).

dürften von kleinen Schwankungen der Ofentemperatur herrühren. Die schwachen „Schwänze“ zu beiden Seiten des unabgelenkten Strahls sind offenbar noch gestreute Moleküle. Das zeigt die Kurve in Fig. 4, die

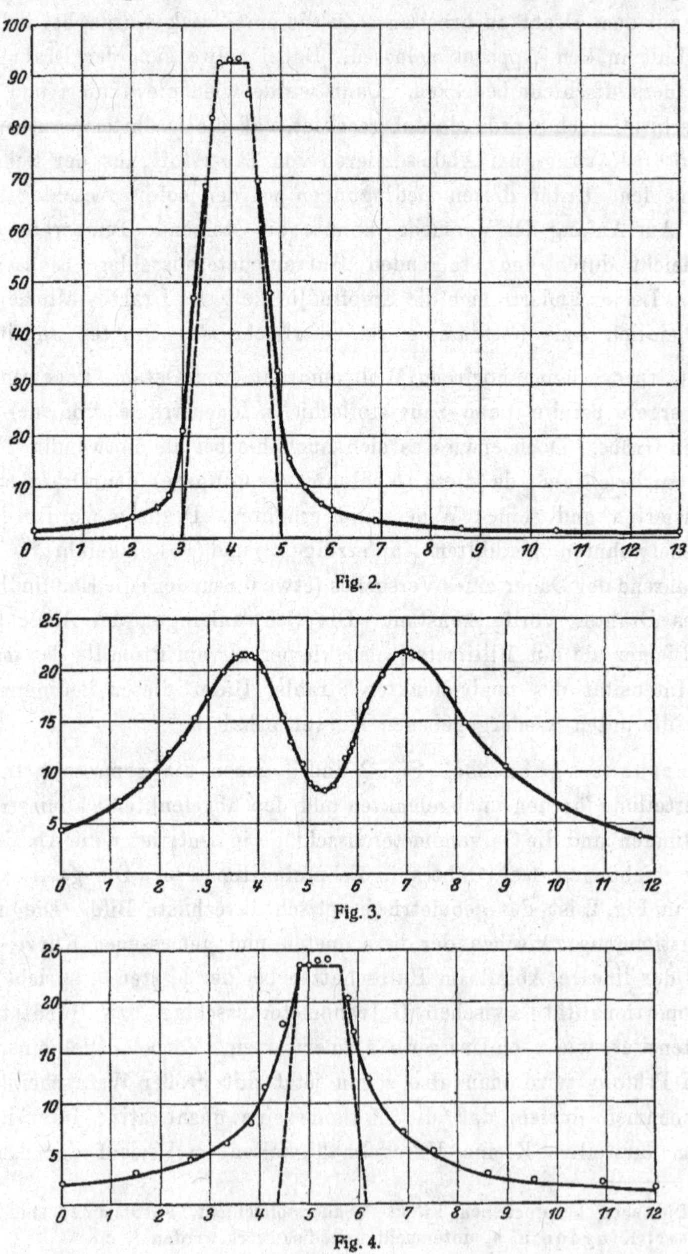

Fig. 2.

Fig. 3.

Fig. 4.

bei schlechtem Vakuum aufgenommen wurde. Hier haben die „Schwänze" den gleichen allgemeinen Verlauf, sind nur sehr viel intensiver.

Die Punkte in Fig. 3 für den abgelenkten Strahl wurden direkt nach denen für den unabgelenkten Strahl gemessen. Es wurde nur das Magnetfeld eingeschaltet und dann wieder der Draht von Punkt zu Punkt verschoben. Der Ionenstrom änderte sich sofort, wenn der Draht in eine neue Lage gebracht wurde.

Fig. 5 zeigt einen unabgelenkten Strahl für Lithium. Hier war es notwendig, den Draht mit einer Sauerstoffschicht zu bedecken, um einen positiven Ionenstrom zu erhalten. Die Werte waren ebenso reproduzierbar wie bei Kalium mit dem reinen Wolframdraht. Messungen am abgelenkten Lithiumstrahl wurden ebenfalls begonnen, konnten aber aus Zeitmangel nicht mehr beendet werden. Bei Lithium ist es wünschenswert, besonders genaue Messungen auszuführen, um die Entscheidung über die Existenz eines Kernmoments (von der Größenordnung eines Bohrschen Magnetons) zu ermöglichen. Die hier aufgenommenen Intensitätskurven ermöglichen eine ganz strenge Auswertung. Aus der gemessenen Intensitätsverteilung des unabgelenkten Strahls berechnet man für irgend ein magnetisches Moment die Intensitätsverteilung des abgelenkten Strahles und findet durch Probieren dasjenige magnetische Moment, für das die berechnete Intensitätsverteilung mit der gemessenen übereinstimmt. Leider ist diese strenge Rechnung ziemlich langwierig und konnte aus Zeitmangel bisher noch nicht durchgeführt werden. Sie soll in einem Nachtrag zum vorliegendem Artikel gegeben werden.

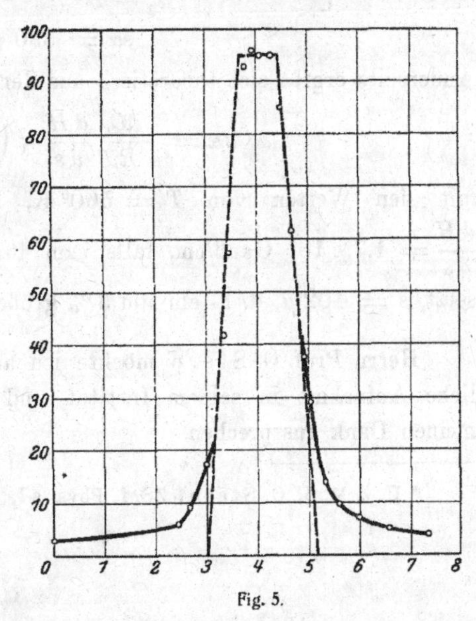

Fig. 5.

Hier soll nur die vereinfachte Rechnung wie früher durchgeführt werden, bei der die Ablenkung der wahrscheinlichsten Geschwindigkeit aus zwei Stellen gleicher Intensität am innern und am äußeren Rande des abgelenkten Strahls berechnet wird. Diese Stellen sind aus der Kurve

Fig. 3 genauer und sicherer zu entnehmen als die Sichtbarkeitsgrenzen beim niedergeschlagenen Strich. Man entnimmt aus der Kurve Fig. 3 z.B., daß für $s_1 = 60\,\mu$ die Stelle gleicher Intensität am äußeren Rande bei $s_2 = 315\,\mu$ liegt, und aus der Kurve Fig. 2, daß die mittlere halbe Strichbreite $a = 100\,\mu$ ist. Daraus folgt nach der Formel*

$$\left[e^{-\frac{s\alpha}{s_1+a}}\left(1+\frac{s\alpha}{s_1+a}\right)+e^{-\frac{s\alpha}{a-s_1}}\left(1+\frac{s\alpha}{a-s_1}\right)\right]$$
$$=\left[e^{-\frac{s\alpha}{s_2+a}}\left(1+\frac{s\alpha}{s_2+a}\right)-e^{-\frac{s\alpha}{s_2-a}}\left(1+\frac{s\alpha}{s_2-a}\right)\right]$$
$$s\alpha = 390\,\eta.$$

Anderseits ergibt sich theoretisch aus der Formel:

$$s\alpha = \frac{M}{4\,RT}\,\frac{d\,H}{d\,s}\,l_1^2\left(1+\frac{2\,l_2}{l_1}\right)$$

mit den Werten von $T = 560^0$ K, $l_1 = 6$ cm, $l_2 = 3{,}4$ cm und $\frac{d\,H}{d\,s} = 1{,}7_5 \,.\, 10^4$ Gauß/cm, falls man für M ein Bohrsches Magneton setzt, $s = 402\,\mu$, d. h. ein um 3 % größerer Wert.

Herrn Prof. O. Stern möchte ich an dieser Stelle für die freundliche Aufnahme in seinem Institut und sein Interesse an der Arbeit meinen Dank aussprechen.

---

* U. z. M. 5, O. Stern, ZS. f. Phys. **41**, 563, 1927.

M10

M10. Lester Clark Lewis, Die Bestimmung des Gleichgewichts zwischen den Atomen und den Molekülen eines Alkalidampfes mit einer Molekularstrahlmethode, Z. Phys. 69, 786–809 (1931)

(Untersuchungen zur Molekularstrahlmethode aus dem Institut für physikalische Chemie der Hamburgischen Universität, Nr. 16.)

Die Bestimmung des Gleichgewichts zwischen den Atomen und den Molekülen eines Alkalidampfes mit einer Molekularstrahlmethode.

Von **Lester C. Lewis***, zurzeit in Hamburg.

H. Schmidt-Böcking, K. Reich, A. Templeton, W. Trageser, V. Vill (Hrsg.), *Otto Sterns Veröffentlichungen – Band 5*, DOI 10.1007/978-3-662-46958-3_6

(Untersuchungen zur Molekularstrahlmethode aus dem Institut für physikalische Chemie der Hamburgischen Universität, Nr. 16.)

Die Bestimmung des Gleichgewichts zwischen den Atomen und den Molekülen eines Alkalidampfes mit einer Molekularstrahlmethode.

Von **Lester C. Lewis***, zurzeit in Hamburg.

Mit 15 Abbildungen. (Eingegangen am 22. März 1931.)

Der aus einem mit Alkalidampf (Na, K, Li) gefüllten Ofen austretende Molekularstrahl wird durch ein inhomogenes Magnetfeld geschickt, das die magnetischen Atome ablenkt, so daß nur die unmagnetischen Moleküle im Strahl verbleiben. Die Intensität des Strahls wird nach der Langmuir-Taylorschen Methode gemessen und so die Gleichgewichtskonstante der Reaktion, $2\,Na \rightleftarrows Na_2$ usw., bestimmt. Messungen bei verschiedenen Ofentemperaturen ergeben die Dissoziationswärme.

Einleitung. Es gibt verschiedene Möglichkeiten, chemische Gleichgewichte in Gasen mit Hilfe einer Molekularstrahlmethode zu bestimmen. Betrachten wir z. B. eine Reaktion, bei der Atome zu einem Doppelmolekül zusammentreten. Falls die Atome magnetisch sind, die Moleküle aber nicht, so hat man die Möglichkeit, durch Aufspaltung eines Molekularstrahles im Magnetfelde die Moleküle von den Atomen zu trennen. Eine derartige Untersuchung wurde an dem Gleichgewicht $2\,Bi \rightleftarrows Bi_2$ im hiesigen Institut von Leu** durchgeführt. Die Hauptfehlerquelle bei diesen Versuchen war die Unmöglichkeit einer genauen Intensitätsbestimmung. Inzwischen ist auf Grund der von Langmuir festgestellten Tatsache, daß jedes Alkaliatom, das mit einem glühenden Wolframdraht zusammenstößt, als positives Ion weggeht, von Taylor*** im hiesigen Institut eine quantitative Meßmethode für Alkalistrahlen ausgearbeitet worden.

Damit ist die Möglichkeit gegeben, den Assoziationsgrad der Alkalidämpfe mit ziemlicher Genauigkeit direkt zu bestimmen. Da ihre Dampfdrucke bekannt sind, kann man auch die Gleichgewichtskonstanten und die Dissoziationswärmen berechnen. Dies Problem ist auch deshalb interessant, weil es mehrfach mit optischen Methoden angegriffen worden ist,

* Charles A. Coffin Fellow 1930. Hamburger Dissertation. Vorgetragen auf der Tagung des Gauvereins Niedersachsen der Deutschen Physikalischen Gesellschaft in Hannover am 15. Februar 1931.

** A. Leu, U. z. M. 8, ZS. f. Phys. **49**, 498, 1928.

*** J. B. Taylor, U. z. M. 14, ZS. f. Phys. **57**, 242, 1929.

so daß unsere Versuche eine Kontrolle nach einer ganz anderen Methode geben.

Aus den optischen Messungen geht hervor, daß bei Natrium und Kalium 1 bis 10% Moleküle bei den in Betracht kommenden Versuchsbedingungen vorhanden sein dürften. Das ist eine Größenordnung, die man nach der oben erwähnten Molekularstrahlmethode gut sollte messen können. Natürlich wird die Messung um so schwieriger und ungenauer,

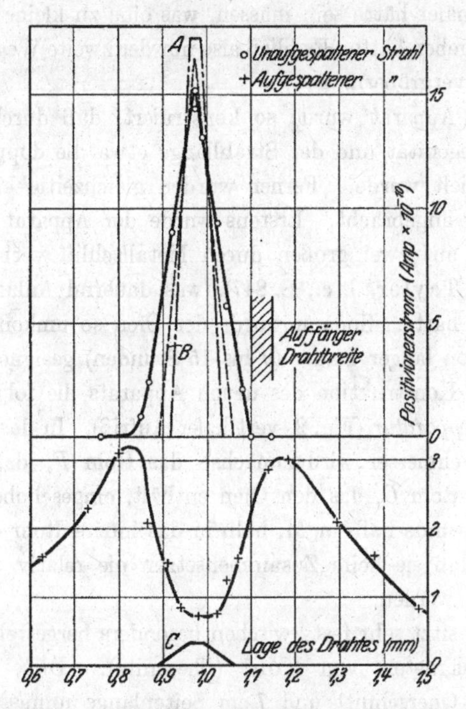

Fig. 1. *K*-Versuch.
A Theoretischer Strahl ohne Berücksichtigung der Auffängerbreite.
B Theoretischer Strahl mit Berücksichtigung der Auffängerbreite.
C Nach Subtraktion der Atome wahrscheinlicher Anteil der Moleküle.

je kleiner der Prozentsatz der Moleküle ist. Denn die Atome müssen so stark abgelenkt werden, daß ihre Intensität an der Stelle des unabgelenkten Strahles wesentlich kleiner ist als die der Moleküle.

Apparatur. Zuerst wurde die von Taylor* benutzte Apparatur verwendet. Nach einigen orientierenden Versuchen mit der Niederschlagsmethode wurden Versuche mit dem Drahtauffänger unternommen, die

---

* J. B. Taylor, U. z. M. 9, ZS. f. Phys. **52**, 846; U. z. M. 14, ebenda **57**, 242, 1928.

gleich die Empfindlichkeit und Reproduzierbarkeit der Methode zeigten. Das Resultat eines solchen Versuches mit Kalium ist in Fig. 1 wiedergegeben (Ofendruck 0,1 mm). Die Kurve zeigt kein Maximum am Orte des abgelenkten Strahles; d. h. die Intensität der Atome im unabgelenkten Teil des Strahles überwiegt stark die der Moleküle. Es mußte also entweder der Strahl viel schmäler oder die Ablenkung der Atome viel größer gemacht werden. Der erste Weg war nicht gangbar, weil dann auch der Auffänger wesentlich schmäler hätte sein müssen, was eine zu kleine Intensität bzw. Stromstärke gegeben hätte. Es blieb also nur der zweite Weg, die Ablenkung der Atome zu vergrößern.

Ein neuer Apparat wurde so konstruiert, daß durch Vergrößerung der Feldinhomogenität und der Strahllänge etwa die doppelte Ablenkung der Atome erzielt wurde. Ferner wurden gleichzeitig einige technische Verbesserungen angebracht. Erstens wurde der Apparat so gebaut, daß er nicht mehr aus zwei großen durch Metallschliff verbundenen Teilen bestand (siehe Taylor, l. c., S. 847), was dauernd Anlaß zu Undichtigkeiten gegeben hatte. Sodann wurde der Ofen so umkonstruiert, daß er für Versuche von langer Dauer (9 bis 15 Stunden) geeignet war. Im einzelnen war die Konstruktion des neuen Apparats die folgende.

Die neue Apparatur (Fig. 2, vertikaler Aufriß). In das Messingrohr M von 10 cm Durchmesser wird zunächst das Rohr F, das die Polschuhe trägt, und das Rohr O, das den Ofen enthält, eingeschoben. Schrauben, deren Muttergewinde halb in M, halb in das innere Rohr eingedreht sind, sorgen dafür, daß sie beim Zusammensetzen nie relativ zueinander oder zu M verdreht werden.

Das Ganze sitzt sehr fest zwischen besonders hergestellten Polschuhen eines Elektromagneten von Kohl (Chemnitz). Diese Polschuhe von quadratischem Querschnitt und 7 cm Seitenlänge umfassen das Rohr M gegenüber den inneren, durch nur 2 mm Messing von ihnen getrennten Polschuhen bei F. Diese inneren Polschuhe sind zur Erzeugung der Feldinhomogenität in der üblichen Weise als Furche (8 mm breit) und Schneide ausgebildet. Sie sind in dem 5 mm dicken Rohr F in einer Entfernung von 1,5 mm voneinander fest eingelötet. Dies hat auch den Vorteil, daß der Raum zwischen den Polschuhen viel besser ausgepumpt werden kann. In demselben Raume steht der Auffänger Af, der 4 cm lange Wolframdraht, stramm gespannt durch eine Wolframfeder, zentrisch in dem Zylinder C. Die Atome, die durch den Schlitz in C (4 mm hoch, Ober- und Unterkante parallel bis auf 0,01 mm) bis zur Drahtoberfläche Af gelangen, werden ionisiert und als Ionen auf C gesammelt. Der Ionenstrom, der bei einigen Volt Spannungsdifferenz zwischen C und dem Heizfaden Af seinen Sättigungswert erreicht, fließt über das Galvanometer. Dieses war ein Instrument von Hartmann & Braun mit hoher Stromempfindlichkeit ($0{,}4 \cdot 10^{-10}$ A/mm bei 1 m Skalenabstand). Der ganze Auffänger ist an einem Drehschliff auf solche Weise montiert, daß Af auf einem Kreis von 6 mm Radius durch den Strahl sich bewegen läßt. Den

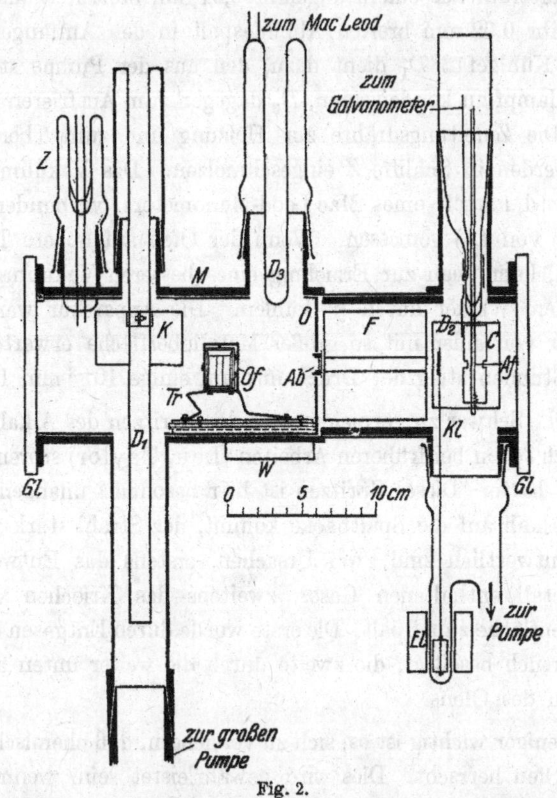

Fig. 2.

M Messinghauptrohr. O Ofenraumzylinder. F Zylindrische Träger der inneren Polschuhe. Of Ofen. Tr Ofenträger. Ab Abbildespalt. Af Auffängerdraht. C Zylindrische Kathode des Auffängers. El Elektromagnet. Kl Klappe. D_1, D_2, D_3 mit flüssiger Luft gekühlte Flächen. K Metallkappe des Kühlgefäßes D_1. Gl Glasfenster. Z Schliffe mit Durchführungsdrähte. W Kühlmantel.

Strahl kann man mit der von dem Elektromagneten El betätigten Klappe Kl absperren. Der Auffängerraum wird, weil normalerweise hier kein Gas abgegeben wird, von einer kleinen Pumpe (etwa $^1/_{10}$ Liter Sauggeschwindigkeit) ausgepumpt. Der Kühlzylinder D_2, von einem nicht gezeichneten Kühlgefäß auf der Temperatur von flüssiger Luft gehalten, sorgt dafür, daß keine Fettdämpfe von der Abdichtung des Glasfensters *Gl* oder der Schliffe den Draht erreichen.

Das Rohr *O* trägt Ofen *Of* und Abbildespalt *Ab*, und wird, durch seine Vorderwand vom Auffängerraum ganz abgetrennt, durch eine Gaede-Leyboldsche Pumpe mit 10 Liter Sauggeschwindigkeit ausgepumpt. Der Ofen wird weiter unten beschrieben. Hier genügt es zu bemerken, daß der Molekularstrahl aus einem ungefähr 0,01 mm breiten Ofenspalt durch einen ungefähr 0,02 mm breiten Abbildespalt in den Auffängerraum eintritt. Das Kühlgefäß D_1 dient dazu, den aus der Pumpe stammenden Quecksilberdampf zu kondensieren, D_3 dagegen zum Ausfrieren des Alkalidampfes. Die Zuleitungsdrähte zur Heizung und zum Thermoelement des Ofens werden in Schliffe *Z* eingeschmolzen. Das Vakuum in diesem Ofenraum wird mittels eines Mac Leod-Manometers (verbunden mit dem oberen Ende von D_3) gemessen. Wenn der Ofen auf höhere Temperatur geheizt wird, kann man zur Erzielung eines besseren Vakuums *M* direkt mit fließendem Wasser durch *W* kühlen. Die Apparatur war so dicht, wie man nur von einer mit so großer Metalloberfläche erwarten konnte, d. h. in 15 Stunden stieg der Druck nur um einige 10^{-3} mm Hg.

Der Ofen. Schwer zu vermeiden war das Spritzen des Alkalis aus dem Ofen, das sich schon bei früheren Arbeiten (Leu, Taylor) störend bemerkbar gemacht hatte. Dieses Spritzen ist hier besonders unangenehm, weil, falls etwas Alkali auf die Spaltbacke kommt, der Strahl stark verbreitert wird. Verantwortlich sind zwei Ursachen, erstens das Entweichen des im Alkalimetall enthaltenen Gases, zweitens das Kriechen von Alkali über die Innenfläche zum Spalt. Die erste wurde durch Entgasen das Alkalis vor dem Versuch beseitigt, die zweite durch die weiter unten angegebene Konstruktion des Ofens.

Nicht weniger wichtig ist es, sich zu versichern, daß chemisches Gleichgewicht im Ofen herrscht. Dies wird gewährleistet sein, wenn alle Teile des Ofens die gleiche Temperatur haben. Zwar kann, falls der Spalt um einen gemessenen Betrag heißer ist, die Überhitzung des Dampfes berücksichtigt werden. Doch ist die Temperaturverteilung im Ofen schlecht zu bestimmen; und außerdem vermindert die Überhitzung den an sich schon kleinen Prozentsatz der Moleküle. Es wurde also angestrebt, dem Ofen eine möglichst gleichmäßige Temperatur zu geben.

Dazu kommen folgende Bedingungen: der Ofen soll auf 500 bis 700° C erhitzt werden, ohne zuviel Wärme an die Außenwände zu übertragen (der Wolframstahlofen brauchte 50 Watt, um 550° C zu erreichen), die

Temperatur soll zeitlich sehr konstant bleiben, das enthaltende Alkali soll für lange Versuche genügen.

Nach vielen Abänderungen erhielt der Ofen die Gestalt, wie in Fig. 3 dargestellt. Er hat sich in dieser Form sehr gut bewährt. Die zu verdampfende Substanz wird in die zylindrische Ausbohrung des Ofens *Of* eingefüllt. In der Ofenwand befindet sich ein Kanal (1 mm Durchmesser). Mit den Spaltbacken *SB* zusammen, die darüber in 0,01 mm Entfernung voneinander angeschraubt werden, bildet er den Ofenspalt. Der ganze

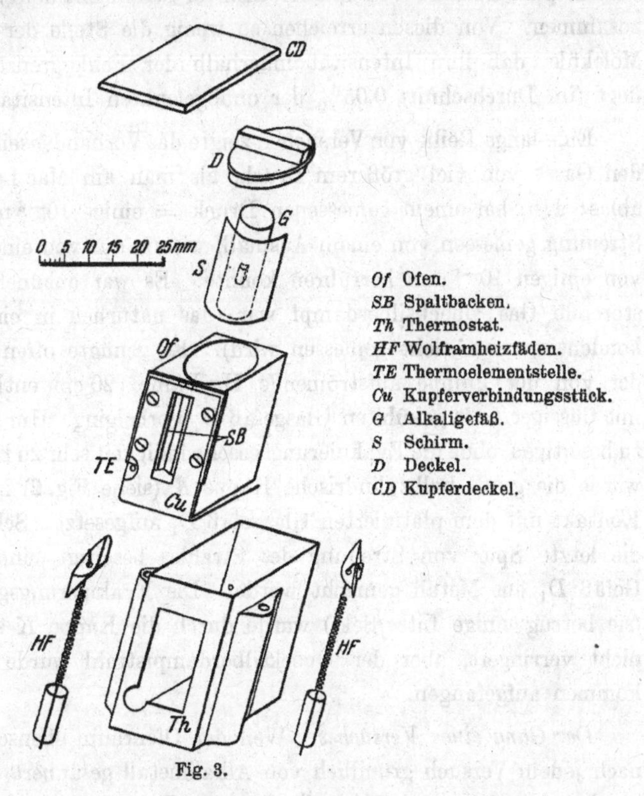

Fig. 3.

Ofen wird mit vier Schrauben fest in einem Mantel *Th* aus massivem, vergoldetem Kupfer eingesetzt, der als Thermostat dient. Dieser Thermostat wird von zwei Wolframheizspiralen *HF* geheizt, die oben in gutem Kontakt mit *Th* stehen und unten durch Quarzröhren isoliert sind. Der Deckel *D*, in *Of* eingeschliffen, wird noch von dem vergoldeten Kupferdeckel *CD* bedeckt.

Wenn jetzt das Ganze auf dem Ofenträger *Tr* (siehe Fig. 2) zusammengeschraubt wird, erreicht es eine Temperatur von 600^0 C bei 25 Watt Heizleistung, ohne daß Temperaturunterschiede von mehr als 5° C dabei entstehen. Dies ist rechnerisch zu erwarten und wurde experimentell verifiziert. Die Temperaturen wurden normalerweise bei TE gemessen, und zwar, wie die Erfahrung zeigte, sehr genau und reproduzierbar. Das Thermoelement wurde mit einem Keil aus Wolframstahl festgehalten.

Das Vakuum. Es zeigte sich, daß erst bei einem Vakuum von 1 bis 3 $\cdot 10^{-6}$ im Ofenraum gemessen werden konnte. Bei diesem Druck stoßen nur ein paar Prozent von den Atomen im Strahl mit dem streuenden Gas zusammen. Von diesen erreichen so wenig die Stelle der unabgelenkten Moleküle, daß ihre Intensität innerhalb der Fehlergrenze der Messung liegt (im Durchschnitt 0,05% der unabgelenkten Intensität).

Eine lange Reihe von Versuchen zeigte das Vorhandensein eines streuenden Gases von viel größerem Druck, als man am Mac Leod-Manometer ablas: d. h. bei einem gemessenen Druck = einige 10^{-6} mm wurde eine Streuung gemessen von einem Ausmaß, wie sie nur von einem Streudruck von einigen 10^{-4} mm herrühren konnte. Es war anzunehmen, daß das störende Gas Quecksilberdampf war (das natürlich in einem Mac Leod kondensiert und nicht gemessen wird). Es genügte offenbar nicht, daß der von der Pumpe aufströmende Hg-Dampf 20 cm entlang an einem mit flüssiger Luft gekühlten Glasgefäß D_1 vorbeiging. Um den Hg-Dampf zu beseitigen, ohne die Evakuierungsgeschwindigkeit sehr zu beeinträchtigen, wurde die große halbzylindrische Kappe K (siehe Fig. 2) in metallischem Kontakt mit dem platinierten Glasgefäß D_1 aufgesetzt. Schließlich wurde die letzte Spur von Streuung des Strahles beseitigt, indem das ganze Gefäß D_1 aus Metall gemacht wurde. Die Evakuierungsgeschwindigkeit (sie betrug einige Liter/Sek.) wurde durch die Kappe K so gut wie gar nicht verringert, aber der Quecksilberdampfstrahl wurde dadurch vollkommen aufgefangen.

Der Gang eines Versuches. Weil der Ofenraum ebenso wie der Ofen nach jedem Versuch gründlich von Alkalimetall gesäubert werden mußte, um bei dem folgenden Versuch ein gutes Vakuum zu erreichen, mußten auch beide Spalte neu justiert werden. Eine sorgfältige und feste Justierung war erforderlich.

Nun wurde ausgepumpt und der Ofen bei einer Temperatur von 750° C (mit 50 Watt) eine Zeitlang ausgeheizt, ohne den Apparat zu kühlen. Nach einer halben Stunde war das Vakuum $1 \cdot 10^{-5}$ mm und verbesserte sich ziemlich schnell. Dann mußte die Apparatur über Nacht unter Vakuum stehen.

Der Versuch. Am nächsten Tage wurde zuerst das Alkalimetall frisch vorbereitet. Die Reinheit des Kaliums und des Natriums wurde durch Schmelzpunktbestimmung kontrolliert. Lithium wurde in Form von „silberweißem Draht" von Kahlbaum ohne weitere Vorbereitung eingefüllt. Kalium und Natrium wurden durch einstündiges Auskochen im Vakuum mit Hilfe eines elektrischen Ofens bei 300 bis 400° C von Wasserstoff befreit. Dann ließ ich das Metall im Vakuum in ein kleines Stahlgefäß G (siehe Fig. 3) herunterfließen. Schließlich wurde so schnell wie möglich dieses Gefäß G aus dem Vakuum genommen, in den Ofen eingesteckt [der Ofenspalt mittels Schirm S (siehe Fig. 3) davor geschützt], der Ofen geschlossen und in den Apparat gebracht, der sofort ausgepumpt wurde.

Nach wenigen Minuten wurde Klebvakuum erreicht, und der Versuch konnte beginnen. Bei Natrium oder Lithium war es erforderlich, erst eine Sauerstoffschicht auf dem Wolframdrahtauffänger zu erzeugen. Das Verfahren von Kingdon* wurde genau befolgt, und zwar mit reinem, aus einem Gemisch von BaO_2 und $KMnO_4$ hergestellten Sauerstoff. Im Falle Kalium genügte die saubere Wolframoberfläche. In allen Fällen konnte der Ofen bald angeheizt werden; dies geschah zuerst langsam, bis das Alkalimetall schmolz. Dabei wurde zuerst immer etwas Gas abgegeben, wonach etwas schneller geheizt werden durfte (doch wurden nie Temperaturänderungen von mehr als 5° C pro Minute vorgenommen).

Meßtechnik. Wenn die Ofentemperatur konstant war, untersuchte ich zuerst den unaufgespaltenen Strahl, und wenn dieser die richtige saubere Form hatte, den aufgespaltenen. Dann wurde die Temperatur um 20 bis 30° erhöht, mindestens eine halbe Stunde auf Temperaturkonstanz gewartet, dann wieder gemessen. Man wartete, wenn nötig, bis das Vakuum im Ofenraum sich auf 2 bis $3 \cdot 10^{-6}$ mm verbessert hatte. Im Auffängerraum mußte das Vakuum noch besser sein; bei den hier beschriebenen Versuchen herrschte stets Hängevakuum. Genauer beschrieben ging die Messung so vor sich.

A. Unaufgespaltener Strahl durchgemessen (10 bis 15 Messungen).

1. Es wurde die Lage des Auffängers abgelesen (konnte auf 0,1 Teilstrich, d. h. 1 bis 2 μ geschehen). Klappe, die den Strahl abschließt, zu, Galvanometerausschlag abgelesen.

2. Klappe auf: Galvanometerausschlag (im aperiodischen Zustand) nach 30 und 40 Sekunden abgelesen.

---

* K. H. Kingdon, Phys. Rev. 5, 510, 1924.

3. Lage des Auffängers geändert: veränderter Galvanometerausschlag abgelesen.

4. Im Durchschnitt nach jeder fünften Ablesung wurde die Klappe geschlossen und der Nullpunkt des Galvanometers kontrolliert. Er war sehr konstant: meistens bewegte er sich um weniger als 0,1 mm (im Fernrohr in 4 m Abstand abgelesen) während einer halben Stunde, oft um noch weniger.

5. Einige Messungen wiederholt.

B. Feld eingeschaltet, aufgespaltener Strich durchgemessen (20 bis 40 Messungen). Besonders viele und sorgfältige Messungen in der Mitte des Strahles.

C. Feld ausgeschaltet und entmagnetisiert. Unaufgespaltener Strahl durch einige Messungen, namentlich in der Nähe des Maximums, kontrolliert. Die Temperatur blieb während der Stunden, die die Messungen dauerten, stets innerhalb 1° C konstant. Auch die Intensität des Strahles blieb bei den Kalium- und Natriumversuchen bis auf 1 bis 2%, bei Lithium bis auf 3 bis 5% konstant.

Empfindlichkeit der Meßmethode. Bei mittlerer Strahlintensität ergibt der unaufgespaltene Strahl einen Strom von $2 \cdot 10^{-8}$ Amp. Beim Ablesen der kleinen Ausschläge mit dem Fernrohr wurde eine Genauigkeit von mindestens $1 \cdot 10^{-12}$ Amp. erreicht. Man kann also den 10^{-4}ten Teil des Strahles leicht noch bis auf 50% bestimmen.

Die Verwertung der Resultate. I. Der Assoziationsgrad. Das, was man direkt aus den Messungen entnehmen will, ist das Verhältnis $\varepsilon = p_M/p_A$ des Druckes der Moleküle zum Druck der Atome im Ofen. Was man mißt, ist das Verhältnis:

$$x = \frac{\text{Intensität des aufgespaltenen Strahles}}{\text{Intensität des unaufgespaltenen Strahles}}$$

an der gleichen Stelle. Als diese Stelle wurde naturgemäß die Stelle größter Intensität gewählt — am Gipfel des Strahles. Die Breite des Strahles blieb während einer Versuchsreihe konstant. x unterscheidet sich von ε aus drei Gründen:

1. Der unaufgespaltene Strahl enthält Atome und Moleküle.

2. Infolge des Geschwindigkeitsunterschiedes ($v_A = \sqrt{2}\, v_M$) zwischen Atomen und Molekülen strömen aus dem Ofen, in dem Gleichgewicht herrscht, immer relativ mehr Atome als Moleküle, im Verhältnis $\sqrt{2}:1$.

3. Moleküle werden am Auffänger zweimal gezählt, da sie als Atomionen vom Draht weggehen (wird später gezeigt). Es ist daher

$$\varepsilon = \frac{(x)}{(1-x)} \cdot \frac{\sqrt{2}}{2}.$$

a) Mögliche Fehler bei der x-Messung. Zwei Hauptfehlerquellen sind zu nennen:

1. Die x-Werte konnten durch Temperaturunterschiede im Ofen verfälscht werden. Diese wurden deshalb mit besonderer Sorgfalt gemessen. Dazu wurde ein Konstantandraht entzweigeschnitten, ein kurzer Eisendraht dazwischengeschweißt, und mit dem so gebildeten Differentialthermoelement wurden die Temperaturunterschiede im Ofen gemessen. Die eine Schweißstelle blieb immer in derselben Lage, die andere wurde im Spalt, im oberen Ofenkörper, oder im Deckel befestigt. Bei der endgültigen Ofenanordnung unterschieden sich die Temperaturen an allen diesen Stellen um weniger als 5⁰ C.

Daß diese Temperaturunterschiede von weniger als 5⁰ C die x-Werte nicht erheblich verfälschen können, geht aus folgendem hervor. Zuerst wurden Bestimmungen mit einer weniger guten Ofenanordnung gemacht (Temperaturdifferenzen bis zu 20⁰ gemessen). Die so gemessenen x-Werte unterscheiden sich von den endgültigen um weniger als 10%.

Der Spalt ist am kühlsten. Dieses Resultat war zu erwarten, weil die Ofenspaltfläche aus Wolframstahl als nicht geschützte Fläche von besserem Emissionsvermögen als das Kupfer größere Ausstrahlungsverluste erfährt.

2. Eine weitere Korrektion ergibt sich daraus, daß bei Versuchen mit Feld noch Atome an der Stelle des unabgelenkten Strahles sich befinden und als Moleküle im Molekülstrahl mitgezählt werden; bei den endgültigen Versuchen waren nur bei Kalium und Lithium Korrektionen deswegen erforderlich. Die Größenordnung dieser Korrektion wurde rechnerisch ermittelt, indem der „Schwanz" des Strahles durch ein rechteckiges oder dreieckiges Stück vom gleichem Flächeninhalt ersetzt wurde. Dann konnte in der Formel

$$dJ = \frac{dn}{ds} = \frac{1}{2}\frac{dn_0}{ds_0} e^{-\frac{s_\alpha}{s'}} \frac{s_\alpha^2}{s_1'^3}\, ds = \frac{1}{2} J_0\, ds_0 \left(e^{-\frac{s_\alpha}{s'}} \frac{s_\alpha^2}{s_1'^3}\right) \qquad (1)^*$$

für die Intensität der abgelenkten Atome an der Stelle 0 (Mitte des unabgelenkten Strahles) die Integration ausgeführt werden. s_α ist die Ab-

* O. Stern, U. z. M. 5, ZS. f. Phys. 41, 563, 1927.

lenkung der Atome mit wahrscheinlichster Geschwindigkeit der Maxwellschen Verteilung; für die anderen Bezeichnungen siehe Fig. 4.

Die Gesamtintensität des Molekülmaximums enthält bei Li 10% Atome, bei K 15% Atome.

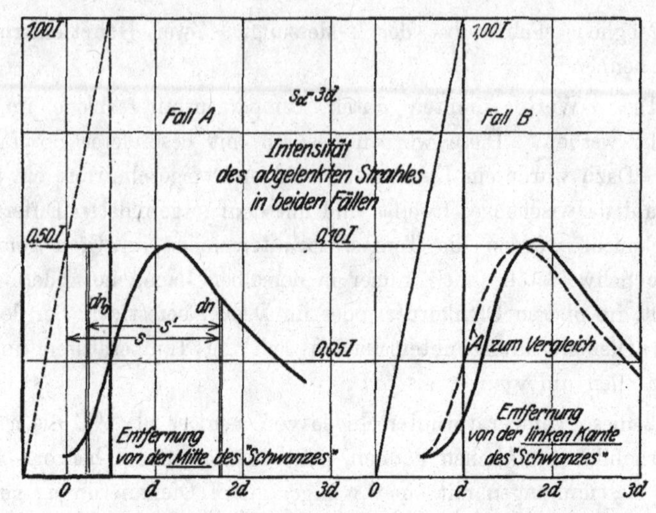

Fig. 4. Die Methode der „Schwanzkorrektion" zur Molekülintensität.

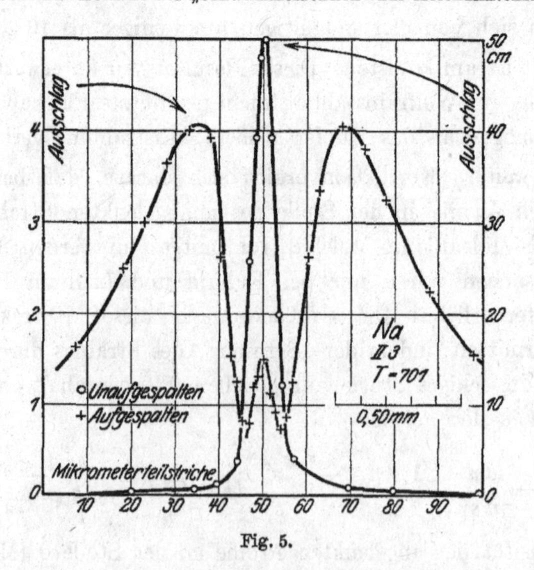

Fig. 5.

Z. B. betrug die Korrektion zum Li-Strahl (Fig. 9) aus der Annahme eines Rechtecks 0,20 cm Ausschlag, aus der eines Dreiecks 0,06 cm, mit dem wahrscheinlichsten Wert von 0,10 cm (Gesamtausschlag 1,6 cm).

Die Rechnung zeigt auch in dem Falle, daß der Buckel kaum merkbar ist, das Vorhandensein von weniger als 10% Atomen.

II. Diskussion der abgebildeten Kurven. Hier sollen die typischen Kurven diskutiert werden, die in Fig. 5 bis 10 abgebildet werden. Aufgetragen sind immer die direkt gemessenen Größen: Ausschlag des Galvanometers in Zentimeter gegen Lage des Auffängers in Mikrometerteilstrichen

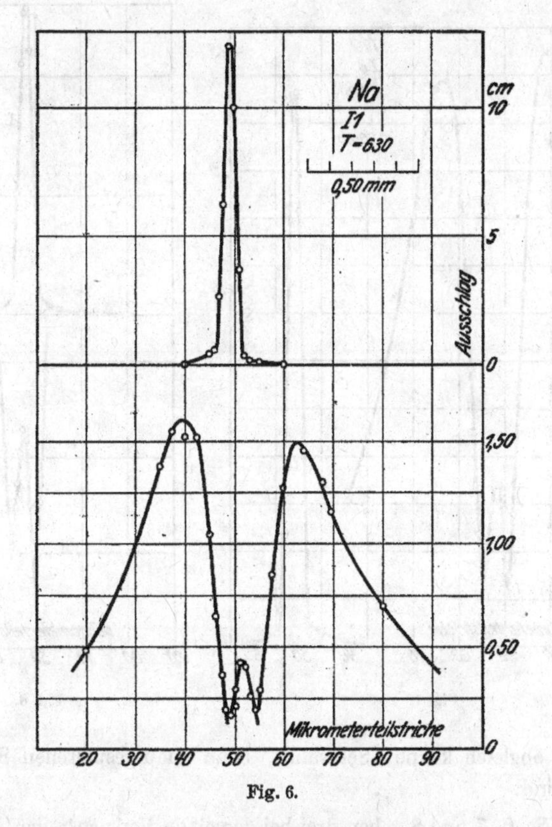

Fig. 6.

des Ablesemikroskops. Die Skale zur Verwandlung der Mikrometerteilstriche in Millimeter ist in jeder Figur angegeben. Die Galvanometerausschläge wurden bei den unaufgespaltenen Strahlen in 2,4 m Abstand direkt auf einer Skale abgelesen, bei den aufgespaltenen Strahlen im allgemeinen in 4,5 m Abstand mit dem Fernrohr abgelesen. Will man die Ausschläge bei den unaufgespaltenen Strahlen mit denen der aufgespaltenen (Fig. 6, 7, 8) vergleichen, so muß man sie mit dem Faktor $\frac{4,5}{2,4} = 1,88$ multiplizieren.

Daß in jedem Falle einer magnetischen Aufspaltung das rechte Maximum der Intensität kleiner als das linke ist, rührt von der stärkeren Inhomogenität des Feldes auf der rechten Seite her; diese Inhomogenität wird von einer Schneide rechts und einer Furche links erzeugt.

Fig. 5 zeigt das erste mit der endgültigen Versuchsanordnung gewonnene Na-Resultat: die Moleküle sind von den Atomen sehr sauber

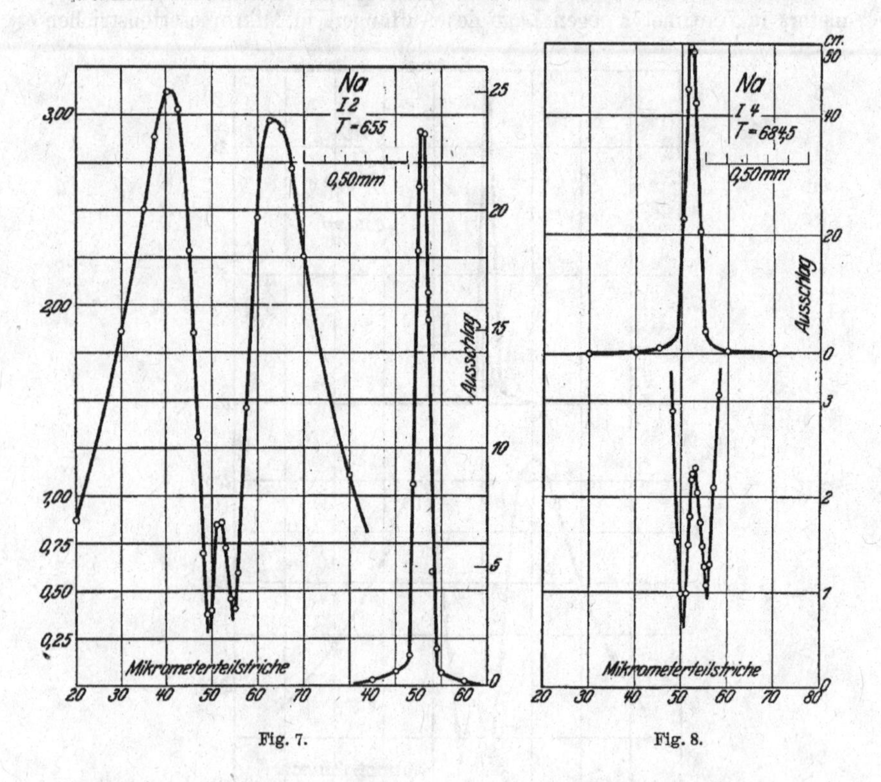

Fig. 7. Fig. 8.

getrennt, obgleich kleine „Schwänze" beim unaufgespaltenen Strahl vorhanden sind.

Die Fig. 6, 7 und 8 geben drei bei derselben Versuchsreihe (Na I, siehe Tabelle 1) aufgenommene Kurven wieder. Fig. 6 zeigt Strahl I (1) bei einer niedrigen Temperatur, so daß die Intensität der Moleküle klein ist und weniger genau gemessen wird (4,0 ± 0,2 mm Ausschlag im Maximum). Fig. 7 zeigt eine sehr saubere Messung bei mittlerer Temperatur; und schließlich Fig. 8 eine Bestimmung, bei der nur das Nötige — der unaufgespaltene Strahl und, bei der Aufspaltung, nur der Molekülstrahl —

ausgemessen wurde. Bei dem letzten ist aber die Form des ursprünglichen Strahles in der des Molekülstrahles so gut wiedergegeben, daß man daraus einen oberen Grenzwert für das magnetische Moment des Moleküls erschließen kann. Das Molekül hat ein magnetisches Moment, das sicher weniger als ein Hundertstel von dem des Atoms beträgt. In Tabelle 1 sind noch zwei weitere Versuche (I, 3 und I, 5) angegeben. In Ver-

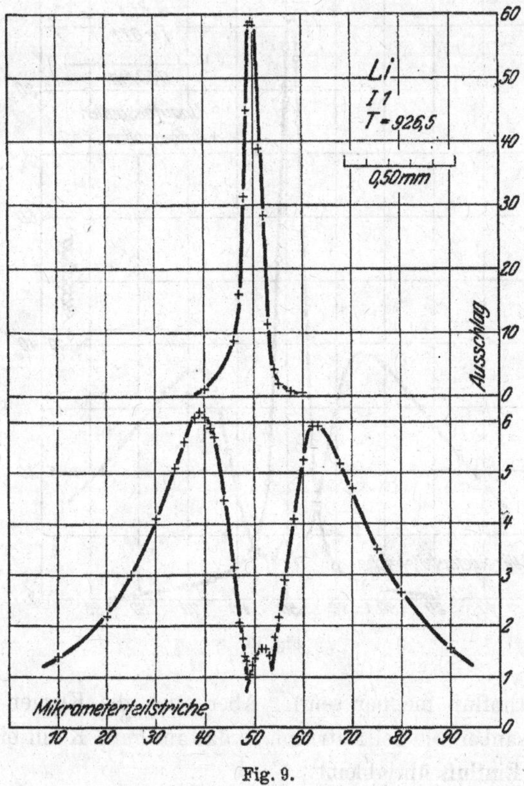

Fig. 9.

suchen I, 1 bis I, 4 bleiben die Form und Breite des Strahles streng erhalten; I, 5 zeigt bei der höchsten Temperatur in der starken Ausbildung der „Schwänze" offenbar den Einfluß der „Wolke".

Fig. 9 zeigt eine vollständige Kurve für Li. Der Grund, weshalb der Molekülstrahl nicht so deutlich wie bei den Natriumversuchen hervortritt, liegt in der starken Ausbildung des linken „Schwanzes" des unaufgespaltenen Strahles. Diese Asymmetrie beweist, daß es sich um Fehler bei der Justierung handelt. Der ganze Li-Versuch ist viel schwieriger als der Na-Versuch, erstens wegen der höheren Temperatur des Ofens und zweitens, weil die Sauerstoffschicht auf dem Wolframdraht bei Li nicht so haltbar ist wie bei Na; offenbar wird sie von Li angegriffen.

Fig. 10 von einem K-Versuch zeigt in den starken Schwänzen wieder den großen Einfluß der „Wolke" bei 3,7 mm Ofendruck (schon bei 1,0 mm

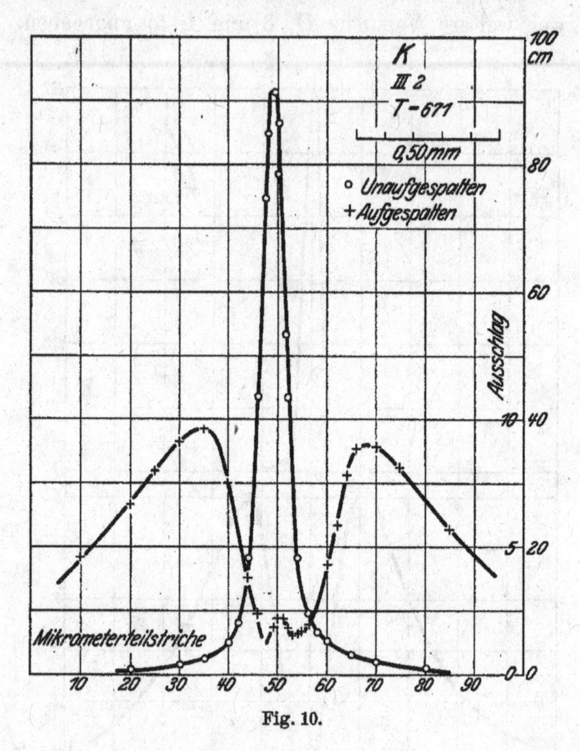

Fig. 10.

sollte dieser Einfluß meßbar sein). Aber auch die Kurven bei 0,3 mm sind nicht so sauber wie bei Natrium, so daß im Falle K ein bis jetzt nicht feststellbarer Einfluß übrigbleibt.

III. Die benutzten Dampfdruckkurven. Glücklicherweise existieren für den interessantesten Fall, Na, sowohl zahlreiche gute Dampfdruckmessungen wie auch eine sehr gründliche Kritik derselben*. Ich habe daher die Gleichung von Ladenburg-Thiele (bis auf 1%, genau) für den Gesamtdruck benutzt:

$$\log p_{(\text{Natrium})} = -\frac{26\,167}{4{,}573\,T} - 1{,}178 \log T + 11{,}396.$$

* R. Ladenburg u. E. Thiele, ZS. f. phys. Chem. (B) 7, 161, 1930.

Für Kalium habe ich die Gleichung der International Critical Tables angenommen:

$$\log p_{(\text{Kalium})} = +7{,}183 - \frac{52{,}23 \cdot 84{,}9}{T} = -\frac{4435}{T} + 7{,}183.$$

Für Lithium fand ich zunächst keine Dampfdruckkurve und wollte sie daher aus meinen Intensitätsmessungen der Molekularstrahlen entnehmen. Um die Zuverlässigkeit dieses Verfahrens zu prüfen, habe ich alle meine Natriumdaten durchgearbeitet und daraus die Dampfdruckkurven von Fig. 11 gefunden.

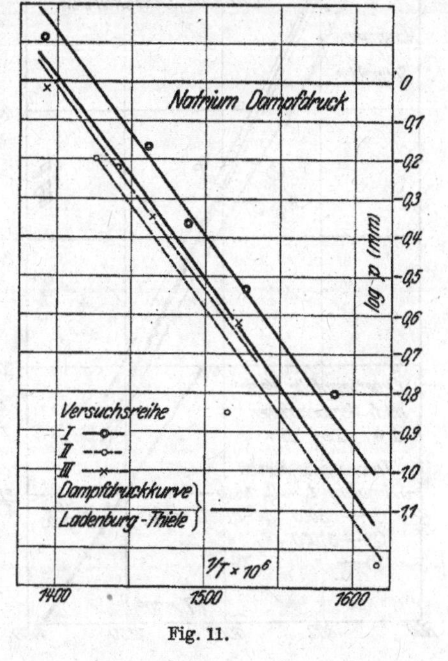

Fig. 11.

Die Annahmen bei der Rechnung sind die von Knudsen* über Molekularströmung, welche die Gleichungen ergeben

$$q = \frac{5{,}83 \cdot 10^{-2}}{\sqrt{M\,T}}\, p\, f \text{ Mol/sec}$$

und

$$J = \frac{q_2}{r} \text{ Mol/cm}^2 \text{ sec}.$$

Wenn man die Konstanten der Apparatur einsetzt, bekommt man

$$p_{\text{Natrium}} = 5{,}77 \cdot 10^{-5} A \cdot \sqrt{T},$$

$$p_{\text{Kalium}} = 7{,}55 \cdot 10^{-5} A \cdot \sqrt{T},$$

$$p_{\text{Lithium}} = 3{,}18 \cdot 10^{-5} A \cdot \sqrt{T},$$

wo p in Millimeter Hg, A in Millimeter Ausschlag gemessen sind.

Die in Fig. 11 aufgetragenen, für mehrere Versuchsreihen so berechneten Drucke zeigen eine Übereinstimmung innerhalb 5 bis 10% mit der gut bekannten Dampfdruckkurve. Nur bei Versuchsreihe I ist die Abweichung größer (25%); doch ist die Neigung der Kurve, d. h. die Verdampfungswärme, dieselbe.

Die Lithiumdaten sind in Fig. 12 wiedergegeben, ebenso die Daten, die ich später bei Bogros** und Hartmann und Schneider***

* M. Knudsen, Ann. d. Phys. **28**, 999, 1909; für Erläuterungen siehe U. z. M. 1, O. Stern, ZS. f. Phys. **39**, 751, 1926.

** A. Bogros, C. R. **183**, 124, 1926; **191**, 322, 560, 1930.

*** H. Hartmann u. R. Schneider, ZS. f. anorg. Chem. **180**, 279, 1929.

gefunden habe. Die Neigung der Bogrosschen Kurve führt zu einem falschen Siedepunkt (2400° K anstatt des experimentellen Wertes, etwa 1500° K). Die Methode von Bogros ist ebenfalls die Knudsensche Ausströmungsmethode. Es ist anzunehmen, daß seine Anordnung mit weitem Ofenspalt (kreisförmig mit 1 bis 5 mm Durchmesser) wegen zu niedrigen Sättigungsgrades des Dampfes zu zu niedrigen Werten führt. Dagegen ist die Verdampfungswärme von Hartmann und Schneider mit 35,800 cal in genügender Übereinstimmung mit dem von mir zu 37,000 cal gefundenen Werte (während die Gleichung von Bogros den Wert 28,200 cal ergibt).

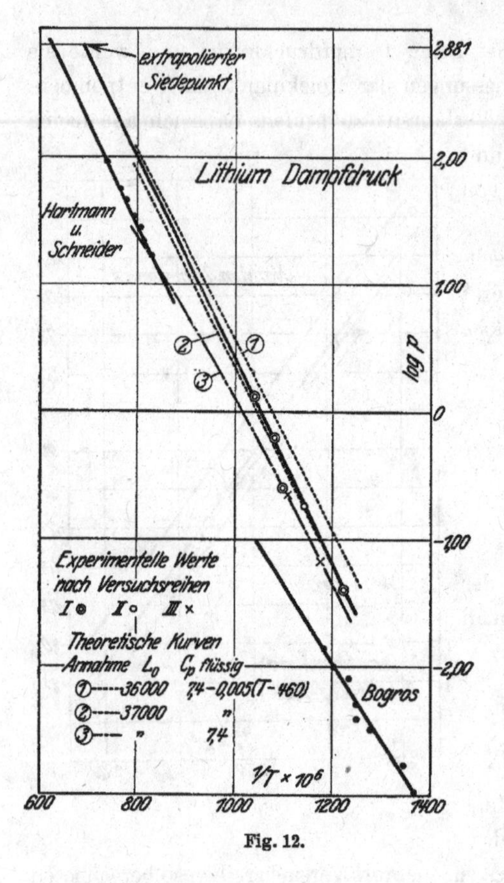

Fig. 12.

Daher schien es möglich, die Werte von Hartmann und Schneider und von mir mit Hilfe des Nernstschen Theorems einigermaßen auf einer Kurve zu vereinigen. Macht man die Annahmen, daß $L_0 = 36{,}000$ cal, daß die charakteristische Debyesche Temperatur 460° beträgt (aus der Lindemannschen Regel

$$\Theta = 133 \sqrt{\frac{T_s}{M V^{2/3}}}$$

berechnet, wo T_s die Schmelztemperatur und V das Molvolumen sind), und daß die spezifische Wärme des flüssigen Lithiums mit der Temperatur wie bei Na, Cs, Rb abnimmt [$c_p = 7{,}4 - 0{,}005\,(T - 460)$], so ergibt sich Kurve 1; ist $L_0 = 37{,}000$, Kurve 2. Nimmt man jedoch an, daß $c_{p_{fl.}}$ konstant bleibt, $L_0 = 37{,}000$ bleibt, und $\Theta = 460$, so ergibt sich die stark geänderte Kurve 3. Die wirkliche Kurve liegt wahrscheinlich zwischen 2 und 3, so

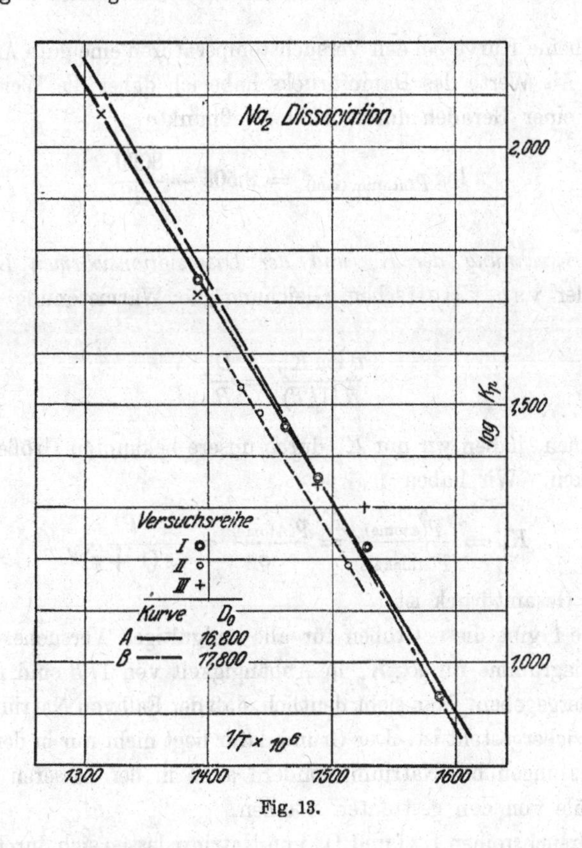

Fig. 13.

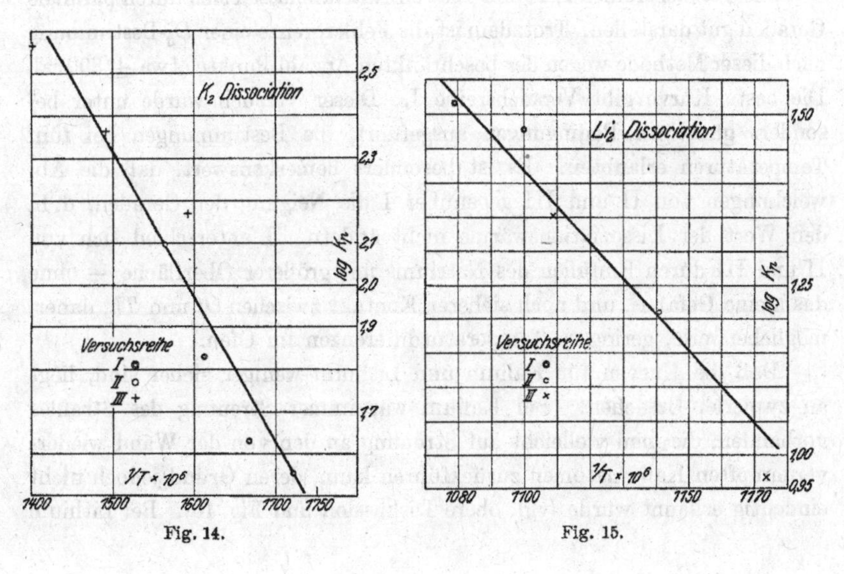

Fig. 14. Fig. 15.

daß auch meine Kurve bei den Versuchstemperaturen eine gute Annäherung darstellt. Als Werte des Dampfdrucks habe ich daher die Werte aus der Gleichung einer Geraden durch meine Meßpunkte

$$\log p_{\text{Lithium (mm)}} = 8{,}505 - \frac{8090}{T}$$

verwendet.

IV. Berechnung der K_p und der Dissoziationswärmen D und D_0. Um aus der van 't Hoffschen Gleichung die Wärmetönung D unserer Reaktion

$$\frac{\partial \log K_p}{\partial (1/T)} = \frac{D}{R}$$

zu bestimmen, haben wir nur K_p durch unsere bekannten Größen p und ε auszudrücken. Wir haben

$$K_p = \frac{p^2_{(\text{Atome})}}{p_{(\text{Moleküle})}} = \frac{p_{(\text{Atome})}}{\varepsilon} = \frac{P}{\varepsilon(1+\varepsilon)},$$

wo P der Gesamtdruck ist.

Tabelle 1 gibt diese Größen für alle endgültigen Versuche.

Die Diagramme für $\log K_p$ in Abhängigkeit von $1/T$ sind in Fig. 13, 14, 15 wiedergegeben. Man sieht deutlich, daß der Fall von Natrium weitaus am besten sichergestellt ist. Der Grund dafür liegt nicht nur in der größeren Anzahl Messungen bei Natrium, sondern auch in der besseren Trennung der Moleküle von den gestreuten Atomen.

Die Versuchsreihen I, II und III von Natrium lassen sich durch parallele Geraden gut darstellen. Trotzdem ist die Fehlergrenze einer D_0-Bestimmung nach dieser Methode wegen der beschränkten Anzahl Punkte etwa $\pm$ 800 cal. Die beste Kurve gibt Versuchsreihe I. Dieser Versuch wurde unter besonders günstigen Bedingungen ausgeführt, die Bestimmungen bei fünf Temperaturen erlaubten. Es ist besonders bemerkenswert, daß die Abweichungen von II und III gegenüber I die Neigung der Geraden, d. h. den Wert der Dissoziationswärme nicht ändern. I unterschied sich von II und III durch Einfüllen des Natriums mit größerer Oberfläche — ohne das kleine Gefäß *G*, und noch sicherer Kontakt zwischen *Of* und *Th*, daher, möglicherweise, geringere Temperaturdifferenzen im Ofen.

Daß die Kurven für Kalium und Lithium weniger sicher sind, liegt an zweierlei Ursachen. Bei Kalium war immer Streuung des Strahles vorhanden, die man vielleicht auf Streuung an den von der Wand wiederverdampften Kaliumatomen zurückführen kann, deren Grund jedoch nicht eindeutig erkannt wurde (vgl. obere Diskussion und Fig. 10). Bei Lithium

Tabelle 1.

T^0 K	$\frac{P}{mm}$	$x \cdot 10^2$	$\varepsilon \cdot 10^2$	$\log p$	$\log \varepsilon(1+\varepsilon)$	$\log K_p$	$\frac{1}{T}\cdot 10^6$
				Na			
				I			
630	0,104	1,65	1,19	−0,985	−1,921	+0,936	1587
655	0,220	1,80	1,30	−0,658	−1,881	1,223	1527
672	0,357	2,14	1,55	−0,448	−1,804	1,356	1488
684,5	0,496	2,34	1,70	−0,305	−1,764	1,459	1461
719	1,18	3,04	2,22	+0,072	−1,672	1,744	1391
				II			
661	0,261	2,29	1,66	−0,584	−1,774	1,190	1513
694	0,638	2,82	2,05	−0,195	−1,680	1,485	1441
701	0,760	3,0	2,19	−0,120	−1,652	1,532	1426,5
				III			
656	0,226	1,54	1,12	−0,646	−1,951	1,305	1524,4
672,5	0,359	2,2	1,62	−0,445	−1,689	1,345	1487
719	1,18	3,1	2,28	+0,072	−1,642	1,713	1390,8
762,5	3,14	3,7	2,71	+0,497	−1,556	2,063	1311,5
				K			
				I			
581	0,349	0,9	0,6	−0,457	−2,010	1,553	1721
600	0,621	2,0	1,45	−0,207	−1,839	1,632	1667
620	1,075	2,2	1,59	+0,031	−1,798	1,830	1613
				II			
639	1,75	1,9	1,4	+0,243	−1,854	2,097	1565
				III			
628	1,34	1,3	0,95	+0,128	−2,041	2,169	1592,4
671	3,74	2,3	1,65	+0,573	−1,782	2,355	1490,3
713,5	7,55	2,9	2,05	+0,878	−1,688	2,566	1401,5
				Li			
				I			
926,5	0,595	2,5	1,82	−0,225	−1,741	1,516	1079
909	0,403	1,86	1,34	−0,395	−1,873	1,478	1100
				II			
876,5	0,189	1,63	1,17	−0,723	−1,932	1,209	1140,9
				III			
902	0,347	2,12	1,54	−0,460	−1,812	1,352	1108,7
852	0,100	1,52	1,08	−1,000	−1,967	0,967	1173,7

müßte man nur einige zeitraubende Verbesserungen der Justierung bei hoher Ofentemperatur machen, um seine Dissoziationswärme ebenso genau wie bei Natrium festzulegen. Alle D-Werte sind in Tabelle 3 zusammengestellt.

D_0, die Dissoziationswärme bei 0^0 K, wird aus diesen D-Werten mit Hilfe der Gleichung

$$D = D_0 + \frac{3}{2} R T - \frac{R h \nu_0}{k \left(e^{\frac{h \nu_0}{k T}} - 1 \right)}$$

gewonnen, wo

$$R \left(\frac{3}{2} - \frac{\left(\frac{h \nu_0}{k T} \right)^2 e^{\frac{h \nu_0}{k T}}}{\left(e^{\frac{h \nu_0}{k T}} - 1 \right)^2} \right)$$

der Unterschied in den spezifischen Wärmen (2 Atome — 1 Molekül) ist. Die so erhaltenen Werte von D_0 sind in Tabelle 3, Spalte 2, wiedergegeben.

V. D_0 aus dem absoluten Wert von $\log K_p$ mit Hilfe des Nernstschen Theorems. Die vollständige theoretische Formel* für das Dissoziationsgleichgewicht ermöglicht eine unabhängige und, mindestens für Kalium und Lithium, wahrscheinlich eine sicherere Bestimmung von D_0. Die Konstanten ω_0 (Frequenz der Schwingung der Atome im Molekül) und J (Trägheitsmoment) habe ich für Na der Arbeit von Ladenburg-Thiele**, für K der von Mecke***, für Li der von Wurm**** entnommen.

Die vollständige Gleichung

$$\log K_p = \log \frac{(p_{\mathrm{Na}})^2}{p_{\mathrm{Na_2}}} = \frac{-D_0}{4{,}573\, T} + \frac{3}{2} \log \left(\frac{\pi m k T}{h^2} \right) - \log \frac{8 \pi^2 J}{h^2} + \log \left(1 - e^{-\frac{h c}{k} \frac{\omega_0}{T}} \right) + \log 2 + 2 \log g_e \quad (1)$$

ergibt (mit $g_e = 2$ und P in Millimeter)

$$\frac{D_0}{4{,}573\, T} = -\log \frac{P}{\varepsilon\, (1 + \varepsilon)} + \frac{3}{2} \log T + \log \left(1 - e^{-\frac{1{,}43\, \omega_0}{T}} \right) + \frac{3}{2} \log M - \log (J \cdot 10^{40}) + 3{,}3414.$$

---

* Vgl. z. B. O. Stern, Ann. d. Phys. **44**, 497, 1914; W. Schottky, Phys. ZS. **22**, 1, 1921; **23**, 9, 448, 1922. Für eine wellenmechanische Ableitung siehe R. Gibson u. W. Heitler, ZS. f. Phys. **49**, 471, 1928.

** R. Ladenburg u. E. Thiele, ZS. f. phys. Chem. (B) **7**, 161, 1930.

*** R. Mecke, Handb. d. Phys. XXI, S. 493.

**** K. Wurm, ZS. f. Phys. **58**, 562, **59**, 35, 1929.

Wenn $\frac{3}{2} \log M_{\text{grams}} - \log (J \cdot 10^{40}) + 3{,}3414 = I$ und $1{,}43\, \omega_0 = C$ gesetzt wird, ergeben sich die Werte von Tabelle 2. Die so gewonnenen Werte von D_0 stehen in Tabelle 3, Spalte 4.

Tabelle 2.

Substanz	ω_0	C	J	I
K	91,5	131	184	3,4634
Na	158,5	227	180	3,1294
Li	347,7	497	41,4	2,9855

Fehlerquellen bei der D_0-Bestimmung. Die recht gute Übereinstimmung der D_0-Werte für Na nach beiden Methoden läßt vermuten, daß die Fehlergrenze etwa $\pm 0{,}25$ bis 0,50 kcal beträgt. Bei allen, insbesondere aber bei K und Li, ist die Bestimmung aus der $\log K_p - 1/T$-Kurve nicht so sicher wie die mit Hilfe des Nernstschen Theorems. Die möglichen Fehlerquellen liegen:

1. In der Bestimmung der absoluten Temperatur. Das Thermoelement wurde vor und nach dem Versuch geeicht (mit den Schmelzpunkten von Cd, Zn, Sb), daher sollte dieser Fehler höchstens 2^0 sein. Dieser Fehler wirkt in erster Näherung so auf die Kurve $\log K_p$ als Funktion von $1/T$ ein, daß der darstellende Punkt längs der richtigen Kurve verschoben wird, was den Wert der Dissoziationswärme nicht ändert. Die relativen Temperaturen sind, wenigstens in einer Versuchsreihe, bis auf etwa $\pm 0{,}5^0$ sicher.

2. Bei den Dampfdruckkurven, wie vorher diskutiert. Der dadurch bedingte Fehler in der Dissoziationswärme ist gleich dem in der Verdampfungswärme.

3. In der Zählung der Moleküle auf dem Auffänger. Von vornherein ist es nach den Langmuirschen Messungen und Theorien* höchst wahrscheinlich, daß ein Molekül an der Oberfläche des Wolframdrahtes adsorbiert, dissoziiert und in zwei Atomionen ionisiert wird. Molekülionen können wohl nicht zustande kommen, weil ihre Ionisationsenergie zu hoch sein dürfte.

Zwei Umstände weisen auf die Richtigkeit dieser Annahme hin. Erstens sind die Ströme, die von der Ionisation der Moleküle herrühren, genau bei derselben Zylinderspannung und 1400^0 K Drahttemperatur gesättigt wie die von den Atomen herrührenden Ströme: sie zeigen auch dieselbe Abhängigkeit von Zylinderspannung (1,5 bis 7,5 Volt) und von Tem-

* I. Langmuir u. K. Kingdon, Proc. Roy. Soc. London (A) **107**, 61, 1925.

peratur zwischen etwa 1000 und 1600° K. Zweitens führt die Annahme, daß aus einem Molekül ein Molekülion oder ein Atom und ein Atomion entstehen, zu höheren Dissoziationswärmen nach der Methode des Nernstschen Theorems, da zur Dissoziationswärme das Glied 4,573 $T \log 2$ (800 cal bei K, 1000 cal bei Na, 1300 cal bei Li) hinzukommt. Dagegen wird bei der Bestimmung von D_0 aus der Neigung der $\log K_p - 1/T$-Kurve nichts geändert: die gute Übereinstimmung der nach beiden Methoden gewonnenen Werte von D_0 würde also verloren gehen.

Immerhin würde der unter der Annahme der Bildung von Molekülionen aus dem Nernstschen Theorem berechnete Wert der Dissoziationswärme von 17,8 kcal für Na eine Neigung der $\log K_p - 1/T$-Kurve geben, die vielleicht gerade noch mit den Meßpunkten vereinbar wäre (siehe Fig. 13, Kurve *B*). Für Lithium würde die Annahme von Molekülionen den Wert $D_0 = 24{,}7 \pm 1{,}0$ statt 23,4 ergeben. Bei Kalium ist die Bildung von Molekülionen wohl ausgeschlossen, weil die zur Verfügung stehende Elektronenaffinität an der reinen Wolframoberfläche mit 4,53 Volt nur sehr wenig über der Ionisationsenergie von 4,32 Volt des Kalium*atoms* selbst liegt.

VI. Die Genauigkeit der Bestimmungsmethode mit Hilfe der chemischen Konstante. Die Methode, D_0 mit Hilfe der chemischen Konstante zu bestimmen, ist die genaueste. Man kann in der Gleichung (1)

$$\log \frac{(p_{\mathrm{Na}})^2}{p_{\mathrm{Na}_2}} = \log \frac{p_{\mathrm{Na}}}{\varepsilon} = \frac{-D_0}{4{,}573\,T} + f(T).$$

D_0 als Funktion von ε betrachten, und zur Vereinfachung schreiben

$$\ln \varepsilon = \frac{D_0}{1{,}986\,T} - F(T).$$

Durch Differentiation entsteht

$$\frac{1}{\varepsilon}\frac{\partial \varepsilon}{\partial D_0} = \frac{1}{1{,}986\,T}.$$

Angenähert ist dann $\Delta D_0 = 1{,}986\,T\left(\frac{\Delta \varepsilon}{\varepsilon}\right)$; woraus folgt, daß eine Bestimmung von ε bis auf 50% $\left(\frac{\Delta \varepsilon}{\varepsilon} = 0{,}50\right)$ genügt, um die Dissoziationswärme von K, Na, Li auf 650, 700 und 900 cal respektiv festzulegen. Alle Punkte der Fig. 13 für Na liegen in einem Bereich, der nach dieser Methode einem D_0-Wert zwischen 16,500 und 17,000 cal entspricht. Wir setzen also D_0 (Natrium) $= 16{,}800 \pm 300$ cal.

Die wahren Werte für K und Li können aber wegen der Unsicherheiten in der Verdampfungswärme vielleicht um $\pm 1{,}000$ cal von den hier gemessenen abweichen.

Ohne auf eine Diskussion der Unterschiede gegenüber den optischen Werten näher einzugehen, scheint es doch, daß die optisch gewonnenen Werte aus einer immerhin etwas unsicheren Extrapolation sich ergeben und nicht so sicher sind, wie die hier auf einem direkten Wege gemessene Dissoziationswärme.

Tabelle 3.

Substanz	D Neigung der $\log K_p - \frac{1}{T}$-Kurve	D_0 Neigung der $\log K_p - \frac{1}{T}$-Kurve	D_0 mit Hilfe der chemischen Konstante	D_0 optisch aus den Bandenspektren	D_0 andere Bestimmungen
K . . .	15 900	15 000	14 300	15 000*	14 000 Polanyi*** 12 300
Na . . .	17 500	16 500	16 800	19 600*	18 500 Ootuka****
Li . . .	24 000	22 700	23 400	39 200**	32 400 Delbruck †

Die Arbeit wurde auf Anregung von meinem sehr verehrten Lehrer, Herrn Prof. Otto Stern, dem ich für die freundliche Aufnahme in seinem Institut und sein ständiges Interesse herzlichst danke, im Institut für Physikalische Chemie, Hamburg, ausgeführt. Dem Charles A. Coffin Fellowship Committee möchte ich für mein Stipendium danken.

* Ich danke Frl. Dr. Sponer für die freundliche Mitteilung dieser Werte, die für die Landolt-Börnsteinsche Sammlung der optischen Werte gewählt werden.

** K. Wurm, ZS. f. Phys. **58**, 562, **59**, 35, 1929.

*** H. Beutler u. M. Polanyi, ZS. f. phys. Chem. (B) **1**, 30, 1929; H. Ootuka, ebenda **7**, 407, 1930.

**** H. Ootuka, ZS. f. phys. Chem. (B) **7**, 422, 1930.

† M. Delbruck, Ann. d. Phys. **5**, 36, 1930.

M11

M11. Max Wohlwill, Messung von elektrischen Dipolmomenten mit einer Molekularstrahlmethode, Z. Phys. 80, 67–79 (1933)

(**Untersuchungen zur Molekularstrahlmethode aus dem Institut für Physikalische Chemie der Hamburgischen Universität, Nr. 19.**)

Messung von elektrischen Dipolmomenten mit einer Molekularstrahlmethode [1]).

Von **Max Wohlwill** in Hamburg.

H. Schmidt-Böcking, K. Reich, A. Templeton, W. Trageser, V. Vill (Hrsg.), *Otto Sterns Veröffentlichungen – Band 5*, DOI 10.1007/978-3-662-46958-3_7

(Untersuchungen zur Molekularstrahlmethode aus dem Institut für Physikalische Chemie der Hamburgischen Universität, Nr. 19.)

Messung von elektrischen Dipolmomenten mit einer Molekularstrahlmethode [1]).

Von **Max Wohlwill** in Hamburg.

Mit 7 Abbildungen. (Eingegangen am 27. September 1932.)

Die Intensität eines Molekularstrahles wurde durch die bei der Kondensation der auftreffenden Moleküle entwickelte Wärme gemessen. Mit Hilfe dieser Methode wurde die Intensitätsverteilung in einem im elektrischen Feld abgelenkten Molekularstrahl aus p-Nitranilin gemessen und daraus das Dipolmoment dieses Moleküls quantitativ bestimmt.

Über den Nachweis von natürlichen Dipolmomenten mit einer Molekularstrahlmethode sind im hiesigen Institut einige Arbeiten [2]) ausgeführt worden. Strahlen von anorganischen oder organischen Molekülen wurden durch ein starkes inhomogenes elektrisches Feld geschickt. Aus der Verbreiterung des Niederschlagsbildes auf einem Plättchen senkrecht zur Strahlrichtung nach Anlegen der Spannung an den Kondensator, der das Feld erzeugt, kann die Größenordnung des Momentes geschätzt werden. Zur wirklichen Messung des Momentes ist die Kenntnis der Intensitätsverteilung im Strahl in der Richtung der Verbreiterung notwendig. Bisher sind Methoden zur Intensitätsmessung für Strahlen von Gasen [3]) und Alkaliatomen [4]) bekannt. Für den Chemiker haben die natürlichen Dipolmomente organischer Verbindungen das größte Interesse. Da es sich bei diesen sehr oft um Stoffe handelt, die bei Zimmertemperatur schon fest sind, so ist es wichtig, eine Methode zu finden, nach der man die Intensitätsverteilung in Strahlen von leicht kondensierbaren Molekülen messen kann.

Zunächst sollen die Verhältnisse bei der Ablenkung von Molekularstrahlen aus Dipolmolekülen zu elektrischen Feldern besprochen werden [5]).

---

[1]) Dissertation Hamburg 1931.

[2]) U. z. M. Nr. 7. E. Wrede, ZS. f. Phys. **44**, 261, 1927; I. Estermann, ZS. f. phys. Chem. (B) **1**, 161, 1928; **2**, 287, 1929. Eine Arbeit von R. J. Clark zu Cambridge [Proc. Roy. Soc. London (A) **124**, 689, 1929] über dasselbe Thema ermöglicht keine Messung des Dipolmomentes.

[3]) U. z. M. Nr. 10. F. Knauer u. O. Stern, ZS. f. Phys. **53**, 766, 1929.

[4]) U. z. M. Nr. 14. J. B. Taylor, ZS. f. Phys. **57**, 242, 1929.

[5]) H. Kallmann u. F. Reiche, ZS. f. Phys. **6**, 352, 1921 und Überlegungen aus dem hiesigen Institut, wiedergegeben bei R. Fraser, Molecular Rays. Cambridge 1931. S. 154ff.

Wir machen die Voraussetzung, daß bei den zu untersuchenden Molekülen der Drehimpuls auf dem Vektor des elektrischen Momentes senkrecht steht. Dann mittelt sich im feldfreien Raum das Moment durch die Rotation der Moleküle heraus. Wir dürfen das sicher annehmen bei Molekülen, denen wir ein hantelförmiges Modell zuschreiben, z. B. beim Chlorwasserstoff. Daß auch bei komplizierten organischen Molekülen diese Annahme gilt, zeigt die Tatsache, daß die Ablenkung und Verbreiterung, gemessen an Niederschlagsbildern, in der erwarteten Größenordnung gefunden werden.

Bringt man ein solches Molekül mit dem natürlichen Moment μ in ein elektrisches Feld F, so wird das mittlere Moment ungleich Null. Man erhält ein induziertes Moment:

$$\bar{\mu} = \frac{\mu^2 F}{\varepsilon_R} \cdot \frac{3\cos^2\varphi - 1}{4},$$

ε_R = Rotationsenergie, φ = Winkel der Impulsachse mit der Feldrichtung.

Diesem induzierten Moment ist die Ablenkung im inhomogenen Feld proportional. Es gibt zwei Möglichkeiten für die Anordnung des Kondensators, der das inhomogene Feld erzeugt. In den zitierten Arbeiten von E. Wrede und I. Estermann wird ein Zylinderkondensator benutzt. In ihm ist die Richtung der Inhomogenität gleich der Richtung der Kraftlinien. Der Strahl geht parallel zur Achse des Kondensators durch das Feld. Nach I. I. Rabi[1]) kann man aber auch den Strahl schräg durch einen Plattenkondensator schicken, so daß die wirksame Inhomogenität senkrecht zu den Kraftlinien steht.

In der ersten Anordnung wird die Ablenkung s eines Moleküls

$$s = \frac{1}{4}\bar{\mu} \cdot \frac{\partial F}{\partial z} \cdot \frac{l^2}{\varepsilon_T},$$

$\frac{\partial F}{\partial z}$ = Inhomogenität in der Richtung der Ablenkung; l = Länge des Zylinderkondensators; ε_T = Translationsenergie. Im zweiten Fall wird

$$s = \frac{1}{2\varepsilon_T} \cdot \frac{1}{2} \cdot \frac{\bar{\mu}}{F} \overline{F^2}\, l \cdot \operatorname{tang}\Theta,$$

$\frac{\bar{\mu}}{F} = \alpha_D$ = Dipolpolarisierbarkeit; $\overline{F^2}$ = Quadrat der Feldstärke, gemittelt über den Weg l vom Eintritt ins Feld bis zum Auffänger der Moleküle, wobei die Feldstärke F eingesetzt wird für den Weg vom Inneren des Kondensators bis zum Auffänger. Vorausgesetzt ist, daß der Strahl den Kondensator

[1]) U. z. M. Nr. 12. I. I. Rabi, ZS. f. Phys. 54, 190, 1929.

senkrecht zur Plattenkante verläßt. $90 - \Theta$ ist der Winkel des Strahles mit der Plattenkante beim Eintritt in den Kondensator (Fig. 1).

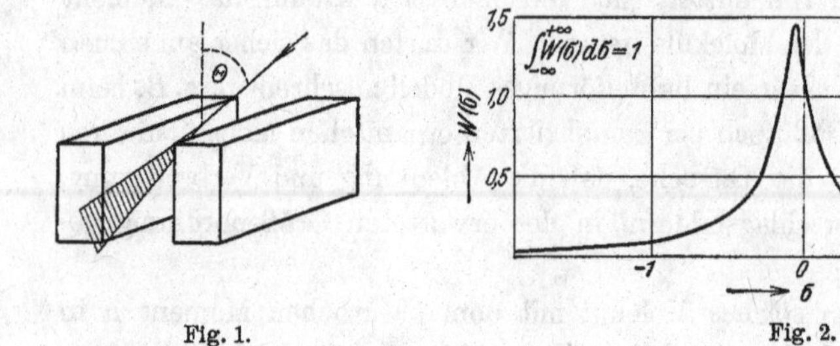

Fig. 1. Fig. 2.

Für die Intensitätsverteilung im abgelenkten Strahl gilt folgende Formel:

$$J(\sigma) = J_0\, d\sigma_0 \iiint W_1(\varepsilon_R)\, W_2(\varepsilon_T)\, W_3(\varphi)\, d\varepsilon_R\, d\varepsilon_T\, d\varphi,$$

J_0 = Intensität im ursprünglichen Strahl. $\sigma = \frac{s}{s_0}$. s_0 ist die Ablenkung eines Moleküls, für das $\varphi = 0$, $\varepsilon_R = \varepsilon_T = kT$.

$$W_1 = \frac{1}{kT} \cdot e^{-\frac{\varepsilon_T}{kT}} \cdot \varepsilon_T,$$

$$W_2 = \frac{1}{kT} \cdot e^{-\frac{\varepsilon_R}{kT}},$$

$$W_3 = \tfrac{1}{2} \sin \cdot \varphi\, (0 \leqslant \varphi \leqslant \pi).$$

σ	$\omega(\sigma)$	σ	$\omega(\sigma)$	σ	$\omega(\sigma)$
— 5	0,0065	— 0,18	0,808	0	1,153
— 2	0,0292	— 0,16	0,898	0,05	0,901
— 1,5	0,0504	— 0,14	0,994	0,10	0,732
— 1	0,0966	— 0,12	1,087	0,16	0,562
— 0,9	0,114	— 0,10	1,190	0,25	0,393
— 0,8	0,135	— 0,08	1,309	0,50	0,190
— 0,7	0,163	— 0,06	1,394	1,00	0,0835
— 0,6	0,204	— 0,05	1,436	1,50	0,0327
— 0,5	0,263	— 0,04	1,442	2,00	0,0265
— 0,4	0,353	— 0,03	1,423	3,00	0,0142
— 0,3	0,476	— 0,02	1,350	3,50	0,0104
— 0,2	0,735	— 0,01	1,247	4,00	0,0081

Diese Formel gilt, wenn die Intensitätsverteilung im ursprünglichen Strahl rechteckig ist, und wenn seine Breite $ds_0 = d\sigma_0$ klein gegen s_0 ist. Das Integral wurde von Feyerabend[1]) zum Teil numerisch, teils graphisch ausgewertet (Fig. 2 und Tabelle).

[1]) Staatsexamensarbeit, Hamburg 1927.

Die Verteilung ist für beide Feldanordnungen die gleiche. Für den ersten Fall ist

$$s_0 = \frac{\mu^2 l^2}{16} \cdot F \cdot \frac{\partial F}{\partial z} \cdot \frac{1}{(kT)^2},$$

für den zweiten wird

$$s_0 = \frac{\mu^2}{16} \cdot \overline{F^2}\, l \operatorname{tang} \Theta \cdot \frac{1}{(kT)^2}.$$

Das Maximum der Intensität ist sehr wenig gegen die ursprüngliche Lage des Strahls verschoben; setzt man für s_0 Werte in der gefundenen Größenordnung ein, so findet man die Ablenkung des Maximums einige μ groß. Praktisch ist aber schon der Strahl am Auffänger 100 μ breit. Es ist also nicht möglich, die Ablenkung zu messen.

Dagegen ist es möglich, die Schwächung der Intensität im Maximum zu messen und aus dieser das Dipolmoment zu berechnen.

Die Schwächung hängt erstens von der Größe s_0 ab, d. h. von den Stoffkonstanten und den Versuchsbedingungen: Moment, Feldstärke, Inhomogenität, Weg im Feld und Verdampfungstemperatur. Zweitens ist die Schwächung abhängig von der endlichen Breite des unabgelenkten Strahles und der Intensitätsverteilung in ihm. Wenn man diese Verteilung durch eine rechteckige von der Breite $2 \cdot a$ ersetzen kann, so erhält man die Intensität in der Mitte des abgelenkten Strahles durch graphische Integration über die Kurve von Feyerabend von $\sigma_1 = \frac{-a}{s_0}$ bis $\sigma_2 = \frac{+a}{s_0}$. In Wirklichkeit ist die Intensitätsverteilung im unabgelenkten Strahl nicht rechteckig, sie kann jedoch durch eine Zahl endlich breiter Rechtecke ersetzt werden. Für jedes Rechteck wurde wie oben angegeben, der Beitrag zur Intensität in der Mitte des im Feld verbreiterten Strahles ermittelt. Die einzelnen Beiträge wurden summiert. Bei der geringen Ablenkung darf man so rechnen, als ob die Mitte des abgelenkten Strahles auch die Stelle maximaler Intensität (J_{max}) sei. Für verschiedene Werte von s_0 erhalte ich schließlich die Schwächung als Funktion von s_0:

$$\frac{J_{max}}{J'_{max}} = S(s_0),$$

J'_{max} = Intensität im Maximum des direkten Strahles.

Hat man also für spezielle Versuchsbedingungen eine Kurve für $S(s_0)$ berechnet, so kann man für eine gemessene Schwächung aus der Kurve das zugehörige s_0 entnehmen und daraus das Moment errechnen, da alle anderen Größen bekannt sind.

Die Verschiebungspolarisation wurde bisher vernachlässigt. Daß das berechtigt ist, zeigt folgende Überlegung: Durch die Elektronenverschiebung in einem Molekül entsteht ein der Feldstärke proportionales Moment in Richtung des Feldes. Die hierdurch verursachte Ablenkung, entsprechend einer geringen Anziehung in Richtung der Inhomogenität, überlagert sich der Ablenkung durch die Orientierungspolarisation. Dies zusätzliche Moment ist $\alpha \cdot F$. α ist die Polarisierbarkeit durch Elektronenverschiebung und kann z. B. aus dem Brechungsindex n entnommen werden. Die ablenkende Kraft wird proportional dem Moment $\alpha \cdot F$. Die Ablenkung s ist dieser Kraft proportional und der Translationsenergie umgekehrt proportional.

$$s \sim \frac{1}{T} \sim \frac{1}{v^2}.$$

Wir können also hier den Ansatz[1]) zur Berechnung der Intensitätsverteilung bei der Ablenkung eines Strahles im Magnetfeld benutzen, wenn berücksichtigt wird, daß im elektrischen Fall die Ablenkung nur nach einer Seite erfolgt. Aus der Polarisierbarkeit α ergibt sich die Ablenkung der wahrscheinlichsten Geschwindigkeit, die Größe s_α in der erwähnten Arbeit (U. z. M. Nr. 5). Beim Einsetzen der für den in vorliegender Arbeit am Schluß beschriebenen Versuch mit Paranitranilin gültigen Größen finden wir die Intensitätsabnahme im Maximum kleiner als 1 %. Da die Ungenauigkeit der Messung mehrere Prozente beträgt, hat es keinen Sinn, die Polarisation zu berücksichtigen. Man kann dies Resultat auch experimentell verifizieren durch Vergleich der Ablenkungsbilder von Strahlen von zwei Substanzen mit ungefähr gleichem α, von denen aber eine das Dipolmoment 0 hat. Ist das Dipolmoment 0, so wird der Strahl durch das Feld nicht merklich verbreitert, die Intensität also nur unwesentlich geschwächt[2]).

Methode. Der Aufbau der Apparatur erfolgte nach den im hiesigen Institut ausgearbeiteten Grundsätzen[3]).

Die Intensitätsverteilung im Strahl wurde zunächst so zu messen versucht, daß ein Strahl auf einem Glasplättchen kondensiert wurde und die relative Schichtdicke durch Vergleich der Absorption von Licht an verschiedenen Stellen festgestellt wurde. Wegen der komplizierten Abhängig-

---

[1]) U. z. M. Nr. 5. O. Stern, ZS. f. Phys. **41**, 563, 1927.

[2]) Siehe die Ablenkungsbilder von Tetrabromid und Tetraacetat des Pentaerythrits bei I. Estermann, Ergebnisse der exakten Naturwissenschaften **8**, 286, 1929.

[3]) U. z. M. Nr. 1. O. Stern, ZS. f. Phys. **39**, 751, 1926; U. z. M. Nr. 2. F. Knauer u. O. Stern, ZS. f. Phys. **39**, 764, 1926; I. Estermann, l. c.; I. I. Rabi, l. c.

keit der Absorption von der Schichtdicke bei dünnen Schichten (weniger als 100 Molekularschichten dick) wurde die Methode aufgegeben.

Ich habe dann folgende Methode ausgearbeitet: Auf einer gekühlten Unterlage mit sehr kleiner Wärmekapazität wird der Strahl kondensiert. Die durch die Kondensation in der Sekunde frei werdende Wärme genügt für eine meßbare Temperaturerhöhung der Unterlage, wie eine kurze Überlegung zeigt. Der Auffänger ist ein Nickelband (Länge $l = 4$ cm, Querschnitt $q = 50\,\mu \cdot 3\,\mu = 1{,}5 \cdot 10^{-6}\,\text{cm}^2$, Wärmeleitfähigkeitskoeffizient für Nickel $\lambda = 0{,}14$ cal/sec $\cdot$ cm[2]). Die Temperatur der Bandenden wird konstant gehalten (-180^0). Dann wird die Temperaturerhöhung in der Bandmitte, wenn der Strahl in der Mitte auftrifft und seine Höhe (3 bis 4 mm) gegen die Bandlänge vernachlässigt wird, $\Delta T = \frac{Q\,l}{4\,q\,\lambda}$. Der Strahl treffe die Breitseite des Bandes. Die Intensität berechnet sich[1]) (Dampfdruck im Ofen $p =$ etwa 1 mm, Ofentemperatur $= 420^0$ abs., Abstand Ofen —Auffänger 13 cm) zu rund 10^{-10} Mol/cm$^2 \cdot$ sec, auf die Fläche des Auffängers treffen also $\sim 1{,}7 \cdot 10^{-13}$ Mol/sec auf. Für eine organische Substanz mit etwa 10^4 cal pro Mol Kondensationswärme wird $Q = 1{,}7 \cdot 10^{-9}$ cal/sec, ΔT also $8 \cdot 10^{-3}$ Grad C, das ist eine mittlere Temperaturerhöhung $4 \cdot 10^{-3}$ Grad C. Ist der Temperaturkoeffizient des elektrischen Widerstandes für Nickel $\sigma = 5 \cdot 10^{-3}$ Grad C, so wird die relative Widerstandsänderung des Bandes $\frac{\Delta W}{W} = 2 \cdot 10^{-5}$. In einer Brückenschaltung, für die alle Widerstände W gleich etwa 10 Ohm sind und bei der der Galvanometerwiderstand $2\,W$ beträgt, wird der Galvanometerstrom

$$J_g = J_{\text{Br}} \cdot \frac{1}{12} \cdot \frac{\Delta W}{W} = 1{,}33 \cdot 10^{-8}\,\text{Amp.}$$

($J_{\text{Br}} =$ Gesamtbrückenstrom $= 8 \cdot 10^{-3}$ Amp.) Bei einer Empfindlichkeit des Instrumentes von 6,5 cm Ausschlag für $1 \cdot 10^{-8}$ Amp. (bei 3 m Abstand der Skale vom Spiegel) gibt uns der direkte Strahl 8,6 cm Ausschlag. Dieser ist proportional der Zahl der auftreffenden Moleküle unter der Voraussetzung, daß alle Moleküle auf dem Auffänger kondensieren und nicht wieder verdampfen. Die Bandtemperatur darf daher nicht zu hoch sein. Man kühlt an den Enden mit flüssiger Luft und mißt nur mit „möglichst hohen" Stromstärken in der Brücke. Die Temperatur in einem stromdurchflossenen Draht ist quadratisch abhängig vom Abstand des betreffenden Punktes von der Mitte des Drahtes[2]), wenn die Temperatur der Enden festgehalten

[1]) Siehe Fußnote 1 auf S. 71.

[2]) F. Kohlrausch, Ann. d. Phys. (4) 1, 132, 1900.

wird, und wenn für den Temperaturbereich auf dem Draht mittlere konstante Temperaturkoeffizienten des Widerstandes und der Wärmeleitfähigkeit angenommen werden, vorausgesetzt, daß kein Wärmeaustausch mit der Umgebung stattfindet. Die durch den Widerstand gemessene mittlere Temperatur ist also zwei Drittel der sich in der Mitte des Bandes einstellenden maximalen Temperatur, die wichtig ist für die Kondensation der Teilchen. Bei dem oben angegebenen Gesamtbrückenstrom wird auf unserem Band die maximale Temperatur etwa — 100° C. Diese reicht aus zur Kondensation sehr vieler Substanzen.

Die Grenze der Empfindlichkeit der Methode wird durch den Meßstrom und durch die Einstellzeit der Temperatur auf dem Band gegeben, die bei schlechter Wärmeleitung groß wird. (Einstellzeit im Beispiel etwa 30 sec.)

Um äußere Temperaturstörungen zu vermeiden, wird das Nickelband durch einen Schirm geschützt und ein zweites gleiches Band parallel in kleinem Abstand (2 mm) zum ersten befestigt. Dieses nimmt man als einen zweiten Brückenwiderstand. Dann zeigt das Galvanometer den Temperaturunterschied zwischen den beiden Drähten an. So wird die Wärmestrahlung des Ofens, die beide Bänder trifft, kompensiert. Es wird immer nur ein Draht vom Molekularstrahl getroffen.

Experimenteller Teil. Fig. 3 zeigt die Anordnung der Apparatur. Der Ofen (1), die Spalte (3 und 5), eine Klappe (2) zum Abschließen des Strahles und der Kondensator (6) sind justierbar auf einer ebenen Schiene angeordnet, welche von dem Konus (4) getragen wird. Der Ofen wird durch eingebaute Wolframspiralen geheizt.

Als Kondensator wurde ein Plattenkondensator gewählt. Mit einem Zylinderkondensator lassen sich kleine Momente besser nachweisen wegen der größeren erreichbaren Inhomogenität. Zur Messung des Momentes ist aber eine Anordnung nach Rabi vorteilhafter wegen der erzielten gleichmäßigen Verbreiterung des Strahles. Man muß dann aber hohe Feldstärken anwenden, um meßbare Ablenkungen zu erhalten.

Die Kanten des Kondensators waren abgerundet und so gearbeitet, daß das Feld möglichst gleichmäßig wurde.

Der Konus (4) trennt Ofenraum vom Strahlraum. Durch Drehen des Konus wurden die Spalte parallel zum Auffangband (8) im Strahlraum gestellt. Auffangband und Kompensationsband sind aus Nickel. Ihre Befestigung an dem Kühlgefäß (7) aus Neusilber durch eine gemeinsame Schelle und durch die Nickelstreifen (10 und 11), die isoliert im Kupferblock (9) sitzen, gewährleistete gleichen Wärmeübergang auf beide Bänder. Die Zuleitungen bestanden zur Vermeidung von thermoelektrischen Kräften aus Nickeldrähten, welche in eingeschmolzene Platinröhrchen (12) eingelötet waren. Das Kühlgefäß (7) wurde so gedreht, daß das Band (8) durch den Strahl geführt wird. Die Verschiebung des Bandes (8) wird an der Skale (16) abgelesen. Ein Schutzzylinder schirmte falsche Strahlung auf die Bänder ab.

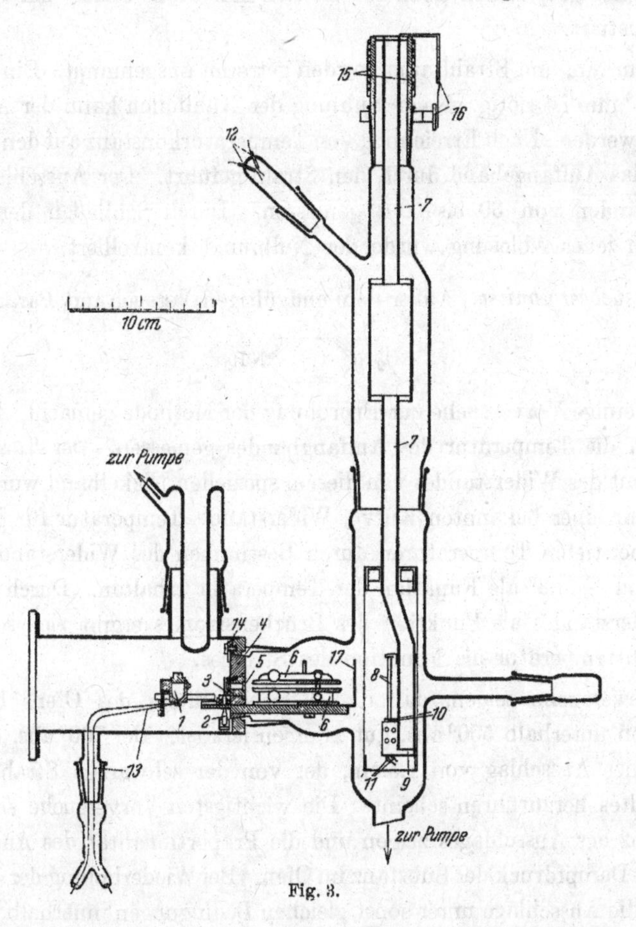

Fig. 3.

Die Widerstände der Brücke neben den Bändern können so abgeglichen werden, daß der Lichtzeiger des Galvanometers nur wenige Zentimeter von der Nullage abweicht. Das Galvanometer ist die Type Zc von Kipp und Zonen. Die Leitungen außerhalb der Apparatur wurden als Bleikabel verlegt. Die Bleimäntel und die Sockel der Hochspannungsisolatoren sind zuverlässig geerdet.

Die Hochspannung wurde mit einem statischen Voltmeter nach Starke und Schröder gemessen. Schwingungen, die bei Entladungen auftreten, störten das Galvanometer. Sie wurden durch Drosselspulen im Hochspannungskreis unschädlich gemacht.

Die Spalte und der Kondensator wurden mit Hilfe eines in der Lage des Strahles gespannten Drahtes von 0,05 mm Dicke relativ zur Schienenkante justiert.

Ofenraum und Strahlraum wurden getrennt ausgepumpt. Ein Vakuum von 10^{-6} mm ist nötig. Nach Kühlung der Kühlfallen kann der Auffänger gekühlt werden. Nach Erreichung von Temperaturkonstanz auf den Bändern wurde das Auffangeband durch den Strahl geführt. Der Ausschlag wurde in Abständen von 30 bis 50 μ gemessen. Durch Schließen der Klappe zwischen jeder Ablesung wurde der Nullpunkt kontrolliert.

Versuchsergebnisse. Außer dem endgültigen Versuch mit Paranitranilin

$$O_2N\langle\quad\rangle NH_2$$

wurden einige Vorversuche zur Erprobung der Methode gemacht. Zunächst habe ich die Temperatur des Auffangbandes gemessen. Der Temperaturkoeffizient des Widerstandes von diesem speziellen Nickelband wurde durch Korrektur einer bekannten Kurve, Widerstand—Temperatur für gewalztes Nickel bei tiefen Temperaturen durch Bestimmen des Widerstandes bei 0, — 76 und — 183° als Funktion der Temperatur erhalten. Durch Messung des Widerstandes als Funktion des Brückenstromes ergibt sich schließlich die Drahttemperatur als Funktion des Stromes.

Leerversuche zeigen, daß die Wärmestrahlung des Ofens bei Temperaturen unterhalb 500° abs. gut kompensiert ist. Bei 700° abs. erscheint ein kleiner Ausschlag von 1,5 cm, der von der schwarzen Strahlung des Ofenspaltes herzurühren scheint. Die wichtigsten Vorversuche sollten die Konstanz des Ausschlages zeigen und die Proportionalität des Ausschlages mit dem Dampfdruck der Substanz im Ofen. Bei Wiederholung der Versuche blieben die Ausschläge unter sonst gleichen Bedingungen innerhalb der Meßfehler konstant. Die Streuungen um den arithmetischen Mittelwert waren bei den einzelnen Meßpunkten nicht größer als $\pm$ 10%. Nur bei kleinen Ausschlägen wurde die Streuung größer. Diese großen Schwankungen sind zum Teil thermischer Natur. Es scheint möglich, durch weitere Verbesserung der Drahtbefestigung und der Durchführung für die Zuleitungen Thermospannungen besser zu vermeiden. Die Schwankungen entsprechen Änderungen der Temperaturdifferenz zwischen Auffangband und Kompensationsband um $\pm 4 \cdot 10^{-4}$ Grad C. Die Proportionalität des Ausschlages mit dem Dampfdruck ließ sich innerhalb der gleichen Fehlergrenze nachweisen.

Strahlen ohne ablenkendes Feld wurden gemessen beim Thallium-1-jodid, beim Arsenik, Cadmium und Hydrochinon $C_6H_4(OH)_2$. Beim Thallium-1-jodid, dessen Kondensationswärme rund 30000 cal/Mol. ist, wurde der Ausschlag im direkten Strahl entsprechend größer als in dem auf S. 71 und 72 gerechneten Beispiel. Bei Cadmiumstrahlen gab es gelegentlich irreversible Ausschläge in Richtung größer werdenden Widerstandes. Wahrscheinlich beruht das auf Legierungsbildung. Der Effekt wurde nicht weiter untersucht.

$S\,(s_0)$ *für Versuch I und II* (Fig. 7).

s_0	$S(s_0) = J_{max}/J'_{max}$	s_0	$S(s_0) = J_{max}/J'_{max}$
$1{,}5 \cdot 10^{-3}$	0,930	$1{,}0 \cdot 10^{-2}$	0,687
$2{,}0 \cdot 10^{-3}$	0,908	$2{,}0 \cdot 10^{-2}$	0,538
$4{,}0 \cdot 10^{-3}$	0,834	$3{,}0 \cdot 10^{-2}$	0,445
$6{,}0 \cdot 10^{-3}$	0,775	$4{,}0 \cdot 10^{-2}$	0,378
$8{,}0 \cdot 10^{-3}$	0,722	$5{,}0 \cdot 10^{-2}$	0,329

Angelegte Spannungen in Volt		J_{max}/J'_{max}		$s_0 \cdot 10^3$		$\mu \cdot 10^{18}$	
gemessen	korrigiert	I	II	I	II	I	II
16 000	19 200		0,89		2,4		5,0
21 500	24 400		0,81		4,9		5,6
30 000	32 000	0,74	0,74	7,3	7,3	5,3	5,3
36 000	37 500	0,67	0,62	11,0	14,2	5,5	6,2
40 000	41 000	0,60	0,54 [1]	15,6	19,6 [1]	6,0	
44 000	45 000	0,57		17,6		6,0	
45 000	46 000		0,47 [1]		26,8 [1]		
						Mittelwert: $5{,}6 \cdot 10^{-18}$	

Berechnung von μ aus s_0:

$$\mu = 4\sqrt{\frac{s_0}{\overline{F^2}\, l \cdot \operatorname{tg}\Theta}}.$$

Versuche mit Feld wurden beim Paranitranilin ausgeführt. Die Versuchsbedingungen sind folgende: Ofenspalt $= 1{,}1 \cdot 10^{-3}$ cm, Abbildespalt $= 2{,}5 \cdot 10^{-3}$ cm, Zwischenspalt $= 4 \cdot 10^{-2}$ cm, Entfernung Ofenspalt —Abbildespalt = 4 cm, Länge des Kondensators = 6 cm, Abstand der Platten 0,3 cm, Länge des Weges vom Feld $F = 0$ bis zum Auffänger l = 9 cm = Entfernung Abbildespalt—Auffänger. tang $\Theta = 10$. Die angelegte Spannung betrug 28000 Volt. Feldstärke im Innern des Kondensators

$$F = \frac{28000 \cdot 10}{3 \cdot 300} = 311 \text{ CGS-Einh. } \overline{F^2} = 0{,}66\,F^2.$$

[1]) Diese Werte wurden nicht berücksichtigt wegen Störungen bei den Messungen.

Die Verdampfungstemperatur war 430° abs. Die Intensitätsverteilung im unabgelenkten Strahl (s. Fig. 4) zeigt, daß der Strahl bis auf Schwänze durch Streuung die durch die geometrischen Verhältnisse bedingten Dimensionen hat. Das Maximum der Intensität im abgelenkten Strahl ist nicht verschoben, wie zu erwarten war. Diese Tatsache zeigt zunächst, daß unsere Annahme über die Lage des Drehimpulses zum Vektor des elektrischen Momentes auch hier gemacht werden darf. Es bleibt schon bei einem Winkel von ungefähr 89° zwischen Impulsvektor und elektrischem Moment bei der Rotation ein Moment in Richtung des Impulsvektors über, welches 2% des natürlichen ist und doppelt so groß wie das induzierte Moment für $\varepsilon_R = kT$ und $\varphi = 0$ und $F = 300$ CGS-Einh. Das für die Ablenkung wirksame Moment würde dreimal größer werden

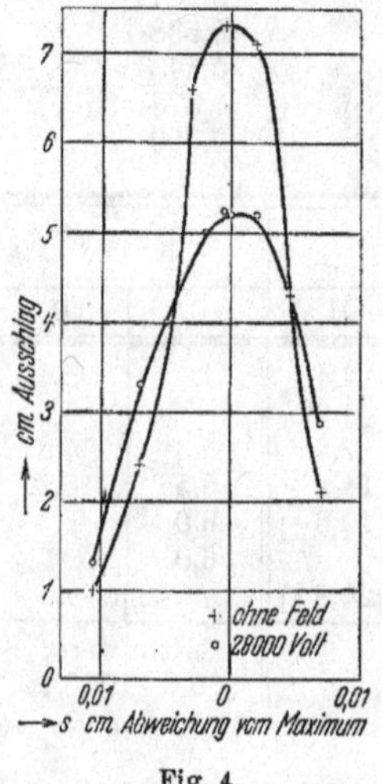

Fig. 4.

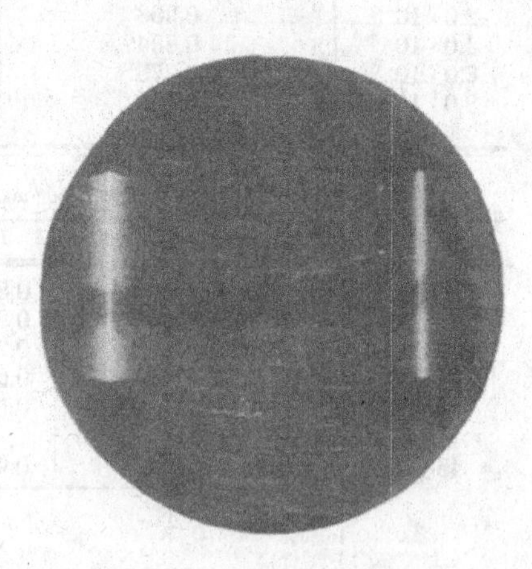

Fig. 5.

als bei genau senkrechter Lage. Wir würden aus dem Versuch ein ungefähr doppelt so großes natürliches Moment berechnen. Bei einer rohen graphischen Auswertung liefert dieser eine Versuch größenordnungsmäßig 5 bis $7 \cdot 10^{-18}$ CGS-Einh. für das Moment des Paranitranilins. Auf die genaue Auswertung wurde verzichtet, da der Versuch wegen der Unvollkommenheit der Drahtbefestigung und des Kondensators nicht reproduzierbar war. Unter den gleichen Versuchsbedingungen ließ ich den Strahl ohne Feld und mit Feld je eine halbe Stunde auf verschiedene Stellen eines gekühlten Plättchens treffen. Die Niederschlagsbilder wurden photographiert (Fig. 5). Man sieht den unabgelenkten Strahl und den gleichmäßig verbreiterten. Mit einem verbesserten Auffänger und dem endgültigen Kondensator wurden zwei Versuche gemacht. Die Justierung war folgende: Ofenspalt $0{,}9 \cdot 10^{-3}$ cm, Abbildespalt $2 \cdot 10^{-3}$ cm. Die übrigen Daten waren die gleichen wie im vorigen Versuch. In beiden Versuchen wurde zuerst die Intensitätsverteilung ohne Feld aufgenommen. Im ersten wurde dann versucht, den Strahl mit Feld durchzumessen. Es gelang nur zur Hälfte, da bei weiterem Drehen des Einsatzes nach der einen Seite ein Kurzschluß zwischen den Zuleitungen im Innern entstand. Dann wurde im Maximum bei vier verschiedenen Spannungen der Ausschlag gemessen (s. Fig. 6 und 7). Beim zweiten Versuch wurde mit Feld nur die Lage des Maximums festgestellt und dann dort bei sechs verschiedenen Spannungen gemessen; die Ergebnisse beider Versuche sind in einer Tabelle zusammengestellt. Die Auswertung gestaltete sich bei diesen Versuchen schwierig, weil die Intensitätsverteilung im unabgelenkten Strahl eine Dejustierung der Spalte erkennen ließ. Der Strahl ist am Auffänger dreimal breiter, als man nach den oben angegebenen geometrischen Dimensionen erwartet, wenn man auch die Auffängerbreite und Schwänze durch Streuung berücksichtigt. Ich habe zur Auswertung die Intensitätsverteilungskurve des unabgelenkten Strahles in fünf Streifen mit konstanter Intensität geteilt. Diese Einteilung wird auch innerhalb meiner Fehlergrenzen richtig bleiben, wenn man als ursprüngliche wahrscheinliche Intensitätsverteilung ohne Verschmierung durch die endliche Breite des Auffangbandes ein Dreieck annimmt.

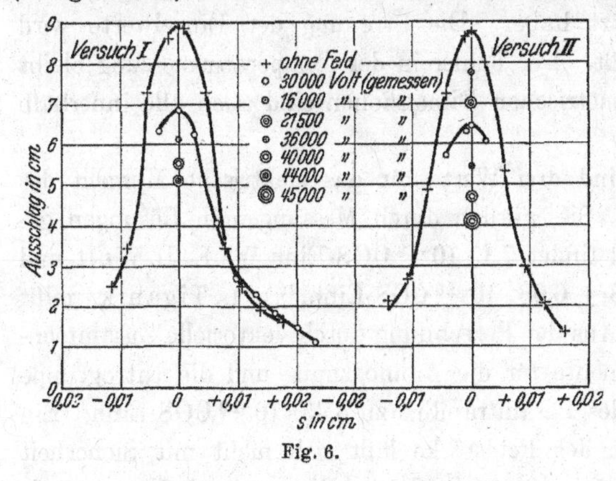

Fig. 6.

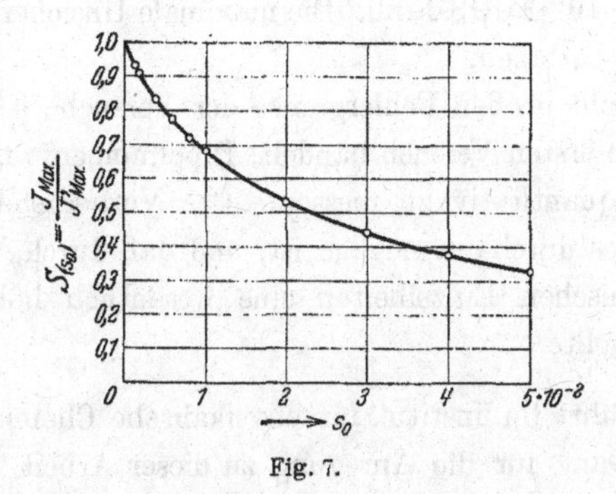

Fig. 7.

Für jeden Meßpunkt wurden durchschnittlich fünf Werte genommen und der arithmetische Mittelwert benutzt. Die Streuungen sind auch hier

± 10 %. Die Einstelldauer der Temperatur auf dem Band war eine halbe Minute. Da die Schwingung des Galvanometerspiegels nicht ganz aperiodisch war, wartete ich $^3/_4$ Minuten zwischen Öffnen und Schließen der Klappe. Es ist möglich, daß der Absolutwert etwas zu niedrig ist, weil die Werte der angelegten Spannung nicht ganz zuverlässig sind. Das Voltmeter wurde nachträglich noch einmal geeicht. Ein absoluter Fehler von + 2 % für die höchste Spannung, von + 17 % für die niedrigste Spannung ergab sich als größte Fehlergrenze. Es ist also möglich, daß die Werte für die Momente zu niedrig sind, da ich in die Rechnung die höchstmöglichen Spannungswerte eingesetzt habe. Die Streuung der Einzelwerte wird hierdurch wenig beeinflußt. Der Fehler in der Temperaturmessung bleibt innerhalb 1 %. Die geometrischen Dimensionen sind auch alle innerhalb 2 % bekannt.

Aus der Literatur sind drei Werte für das elektrische Moment des Paranitranilins bekannt. Sie wurden durch Messungen in Lösungen gewonnen. K. Höjendahl findet $7{,}1 \cdot 10^{-18}$ CGS-Einh.[1]), K. L. Wolf und W. Herold finden $6{,}18 \pm 0{,}08 \cdot 10^{-18}$ CGS-Einh.[2]), L. Tiganik mißt $6{,}4 \cdot 10^{-18}$ CGS-Einh.[3]). Aus der Berechnung durch vektorielle Zusammensetzung der Gruppenmomente für die Aminogruppe und die Nitrogruppe ergibt sich das Moment des Paranitranilins zu $5{,}45 \cdot 10^{-18}$ CGS-Einh. Ein Gang des Momentes mit der Feldstärke läßt sich nicht mit Sicherheit feststellen. Mein Wert ist $5{,}6 \cdot 10^{-18}$ CGS-Einh. Die maximale Unsicherheit dieses Wertes dürfte ± 10 % betragen.

Zu der vorläufig noch recht großen Fehlergrenze der Versuche ist zu sagen, daß es sich hier um den ersten Versuch handelt, Dipolmomente nach der Molekularstrahlmethode quantitativ zu messen. Das Vorhergehende scheint mir zu zeigen, daß dies durchaus möglich ist, und daß durch Verbesserung von einigen technischen Einzelheiten eine wesentlich höhere Genauigkeit erreichbar sein sollte.

Die Arbeit wurde ausgeführt im Institut für physikalische Chemie in Hamburg. Zu besonderem Dank für die Anregung zu dieser Arbeit und für seine Unterstützung bin ich Herrn Dr. I. Estermann verpflichtet. Herrn Professor Dr. O. Stern danke ich für seine zahlreichen Ratschläge.

[1]) K. Höjendahl, Phys. ZS. **30**, 394, 1929.
[2]) K. L. Wolf u. W. Herold, ZS. f. phys. Chem. (B) **13**, 203, 1931.
[3]) L. Tiganik, ZS. f. phys. Chem. (B) **14**, 144, 1931.

M12

M12. Friedrich Knauer, Über die Streuung von Molekularstrahlen in Gasen I, Z. Phys. 80, 80–99 (1933)

(Untersuchungen zur Molekularstrahlmethode aus dem Institut für physikalische Chemie der Hamburgischen Universität, Nr 20.)

Über die Streuung von Molekularstrahlen in Gasen. I.

Von **Friedrich Knauer** in Hamburg [1]).

H. Schmidt-Böcking, K. Reich, A. Templeton, W. Trageser, V. Vill (Hrsg.), *Otto Sterns Veröffentlichungen – Band 5*, DOI 10.1007/978-3-662-46958-3_8

80

(Untersuchungen zur Molekularstrahlmethode aus dem Institut für physikalische Chemie der Hamburgischen Universität, Nr 20.)

Über die Streuung von Molekularstrahlen in Gasen. I.

Von **Friedrich Knauer** in Hamburg[1]).

Mit 8 Abbildungen. (Eingegangen am 28. August 1932.)

Molekularstrahlen aus verschiedenen Gasen werden in ihrem eigenen Gase und in Quecksilberdampf gestreut und die Intensitätsverteilung der gestreuten Moleküle wird in einem Winkelbereich von 22,5 bis 124° untersucht. Die Streuintensität ist dem streuenden Druck proportional. Der Charakter der gefundenen Streukurven kann durch die Annahme eines Kraftfeldes zwischen den Molekülen auf klassische Weise erklärt werden. Um Beugungserscheinungen zu finden, müssen die Messungen auf kleinere Streuwinkel erstreckt werden.

Die im folgenden beschriebenen Versuche befassen sich mit der Streuung von Molekularstrahlen in Gasen. Man kann aus solchen Versuchen Schlüsse auf die potentielle Energie zweier Atome ziehen, wenn man den Stoß als einen punktmechanischen Vorgang auffaßt[2]). Nach den heutigen Ansichten stellt diese klassische Auffassung einen Grenzfall für kurze Wellenlänge (schwere Atome, große Geschwindigkeiten) dar. Bei leichten Atomen ergibt die Wellentheorie eine Abweichung in dem Sinne, daß die Zusammenstöße als eine Art Beugungserscheinung aufgefaßt werden müssen. Auch in diesem Falle kann die potentielle Energie durch eine Analyse der Winkelverteilung der Streuung ermittelt werden, allerdings durch eine Analyse auf wellenmechanischer Grundlage. Bei den hier beschriebenen Versuchen wurde die Winkelverteilung der gestreuten Moleküle untersucht, um experimentelle Unterlagen für das ganze Problem zu schaffen und um zu sehen, in welchem Gebiet Beugungserscheinungen bemerkbar werden.

An theoretischen Arbeiten über das behandelte Problem seien außer der grundlegenden Arbeit von Born[3]) eine Arbeit von Wentzel[4]) und eine Arbeit von Mizushima[5]) erwähnt[6]). Eine experimentelle Arbeit über die

[1]) Teilweise vorgetragen auf den Tagungen des Gauvereins Niedersachsen der Deutschen Physikalischen Gesellschaft in Göttingen am 12. Juli 1931 (Verhandl. d. D. Phys. Ges. **12**, 42, 1931) und in Braunschweig am 14. Februar 1932.

[2]) O. Stern, ZS. f. Phys. **39**, 761, 1926.

[3]) M. Born, ebenda **37**, 863, 1926; **38**, 803, 1926.

[4]) G. Wentzel, ebenda **40**, 590, 1927.

[5]) S. Mizushima, Phys. ZS. **32**, 798, 1931.

[6]) Anm. bei der Korrektur. Inzwischen ist eine Notiz von H. S. W. Massey und C. B. O. Mohr erschienen (Nature **130**, 276, 1932), in der die Streuung

Streuung *ungeladener* Teilchen ist noch nicht veröffentlicht worden. Auch die Bornsche und die Wentzelsche Arbeit befassen sich zwar mit der Streuung von α-Partikeln und nicht von ungeladenen Molekülen, aber man kann aus ihnen einiges für die hier behandelte Frage entnehmen, vor allem, daß bei kleinen Streuwinkeln Abweichungen von der klassischen Vorstellung zu erwarten sind. Die Streuintensität soll im Bereich der kleinsten Streuwinkel konstant sein. Die Arbeit von Mizushima erschien, als die Versuche schon zum Teil beendet waren. In ihr wird die Streuung an

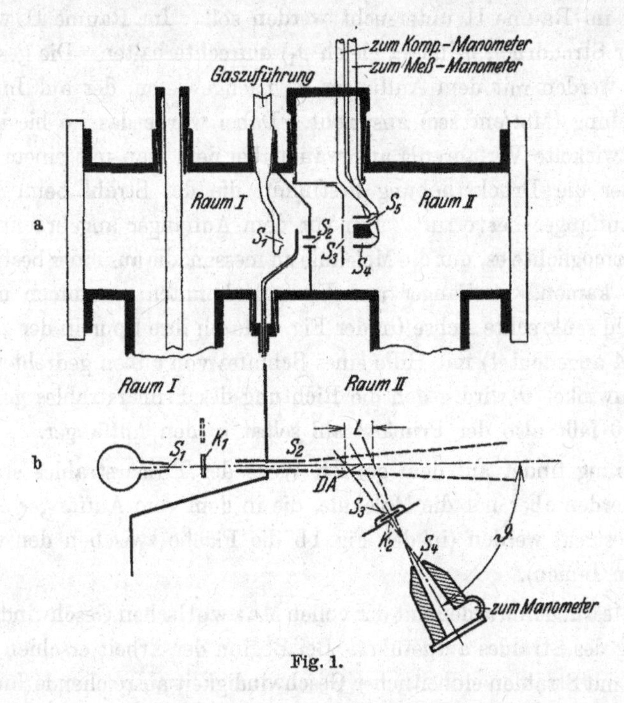

Fig. 1.

feststehenden, undurchlässigen, runden Scheiben und an elastischen Kugeln ohne Kraftfeld wellenmechanisch untersucht. Die dort gefundenen Streukurven würden möglicherweise wesentlich anders aussehen, wenn mit einem Kraftfeld gerechnet wäre. Darum erscheint das weitere Ergebnis, daß nämlich die Maxwellsche Geschwindigkeitsverteilung im Strahl die

---

ungeladener Teilchen für einen Spezialfall gerechnet worden ist, nämlich die Streuung eines monochromatischen He-Strahles an ruhenden He-Atomen. Die Verteilung besitzt mehrere Maxima und steigt bei kleinen Winkeln stark an. Die Messungen der vorliegenden Arbeit zeigen den starken Anstieg bei kleinen Winkeln ebenfalls. Wegen der Maxima vgl. die Diskussion am Ende der Arbeit.

Beugungserscheinungen vollständig verwischen soll, nicht unbedingt gültig zu sein.

Das *Prinzip der angewendeten Meßmethode* möge an der Fig. 1 erläutert werden. Das Gas, das den Strahl bilden soll, strömt durch den Spalt S_1 in den Raum I ein. Hier wird ein Druck p_1 von etwa 0,001 mg Hg, der den Strahl noch nicht stört, mit einer großen Leyboldschen Stahlpumpe aufrechterhalten. Diejenigen aus S_1 kommenden Moleküle, die vom Raum I durch den Spalt S_2 in den Raum II gelangen, bilden den Primärstrahl, dessen Streuung im Raume II untersucht werden soll. Im Raume II wird ein geeigneter Streudruck p_2 (etwa gleich p_1) aufrechterhalten. Die gestreuten Moleküle werden mit dem Auffänger S_4 nachgewiesen, der auf Intensität der Strahlung (Mol/cm^2 sec) anspricht. Dabei wurde das im hiesigen Institut entwickelte Verfahren[1]) angewandt, bei dem man mit einem Piranimanometer die Druckerhöhung bestimmt, die der Strahl beim Eintritt in den Auffänger hervorruft. Ein vor dem Auffänger angebrachter Vorspalt S_3 ermöglichte es, nur die Moleküle zu messen, die aus einer bestimmten Richtung kamen. Auffänger und Vorspalt konnten zusammen um eine zum Strahl senkrechte Achse (in der Fig. 1 durch ihre Spur in der Zeichenebene DA angedeutet) mit Hilfe eines Schliffes von außen gedreht werden. Der Streuwinkel ϑ wird gegen die Richtung des Primärstrahles gemessen, bei $\vartheta = 0$ fällt also der Primärstrahl selbst in den Auffänger.

Streuung findet auf dem ganzen Wege des Primärstrahles statt, gemessen werden aber nur die Moleküle, die in dem vom Auffänger erfaßten Bereich gestreut werden (in der Fig. 1b die Fläche zwischen den vier gestrichelten Linien).

Die Messungen wurden mit der vollen Maxwellschen Geschwindigkeitsverteilung des Strahles ausgeführt. Bei Beginn der Arbeit erschien es aussichtslos, mit Strahlen einheitlicher Geschwindigkeit ausreichende Intensität zu bekommen.

Die *Intensität* der gestreuten Moleküle ist außerordentlich klein, wie die folgende Abschätzung zeigen mag. Ist der Gasdruck p_2 derart eingestellt, daß die mittlere freie Weglänge für die Moleküle des Strahles Λ cm beträgt, so wird auf der Strecke L des Strahles, von der Moleküle in den Auffänger gelangen mögen, bei einem Strahlquerschnitt von q cm^2 und einer Intensität des Strahles von J Mol/cm^2 sec die Menge $J \cdot q \cdot L/\Lambda$ Mol/sec gestreut. Nimmt man der Einfachheit halber für die Abschätzung an, daß diese Menge über alle räumlichen Richtungen gleichmäßig verteilt wird, so

[1]) Fr. Knauer u. O. Stern, ZS. f. Phys. 53, 766, 1929.

beträgt die Streuintensität auf einer Kugel mit dem Radius R cm $J_s = J \cdot q \cdot L/\Lambda \cdot 4\pi \cdot R^2$. Setzt man hier Werte ein, die man ungefähr am Apparat verwirklichen kann, z. B. $q = 0{,}1 \cdot 0{,}4 = 4 \cdot 10^{-2}$ cm², $L = 0{,}2$ cm, $R = 1{,}4$ cm, $\Lambda = 4$ cm, so erhält man $J_s/J = \sim 10^{-4}$. Um diese wenigen gestreuten Moleküle der Messung zugänglich zu machen, wurden die Maßnahmen ergriffen, die nun beschrieben werden sollen.

Maßnahmen zur Erhöhung der Meßempfindlichkeit. Um große Intensität zu bekommen, wurde mit kurzen Strahlen von großem Querschnitt gearbeitet. Die ganze Strahllänge betrug 4,2 cm, und die Spalte S_2, S_3, S_4 hatten die Abmessungen 0,1 × 0,4 cm. Der Spalt S_2 war kanalförmig (0,4 cm, später 0,7 cm lang), um das Überströmen von Gas aus dem Raume I in den Raum II möglichst zu verhindern. Der Spalt S_3 bestand eigentlich aus zwei dicht hintereinander angeordneten Spalten (Fig. 1 unten). Zwischen ihnen befand sich die Klappe 2 zum Absperren des Strahles. Sie konnte von dem Tische aus, an dem das Galvanometer beobachtet wurde, elektromagnetisch betätigt werden. In mehreren Vorversuchen wurde die in der Figur gezeigte Form des Vorspaltes S_3 entwickelt. S_4 war ebenfalls kanalförmig (etwa 0,7 cm lang) ausgeführt, aber so, daß der Kanal sich nach hinten erweiterte, damit die vom Vorspalt S_3 kommenden Moleküle nicht die Wand treffen konnten. Um größere Druckerhöhungen beim Eintreten des Strahles zu bekommen, war der Kanal durch vier dünne Bleche in engere Kanäle aufgeteilt (Vergrößerung des Strömungswiderstandes für die ausströmenden Moleküle). Von vorn gesehen war die Spaltfläche also in vier Teile etwa von der Größe 0,1 × 0,08 cm² aufgeteilt. Das hintere Ende des Auffängerkanals war für optische Justierung mit einer Glasplatte verschlossen. Die Leitung zum Piranimanometer war seitlich am hinteren Ende des Kanals angebracht. Die beiden Spalte S_3 und S_4 bestimmen zusammen den Winkelbereich, aus dem die Moleküle in den Auffänger gelangen können. Der Winkel zwischen den beiden vom Auffänger ausgehenden punktierten Linien in Fig. 1b betrug 15°, voll wirksam war ein Bereich von 3,7°, so daß etwa mit einem Bereich von 7,5° gerechnet werden kann.

Der Spalt S_1 bestand (zufällig) aus Glas. Sein Querschnitt war einer Ellipse ähnlich und hatte die Achsen 0,07 und 0,24 cm. Er war ebenfalls als Kanal von etwa 0,2 cm Länge ausgeführt. Ein kanalförmiger Ofenspalt gibt nach Clausing[1]) und unveröffentlichten Untersuchungen im hiesigen Institut von Herrn Nagasako größere Intensität im Strahl, weil die Moleküle eine bevorzugte Austrittsrichtung haben.

[1]) P. Clausing, ZS. f. Phys. 66, 471, 1930.

Eine weitere ebenfalls elektrisch betätigte Klappe zum Absperren des Strahles war etwa in der Mitte zwischen S_1 und S_2 angebracht. Sie bildete keinen dichten Verschluß zwischen den beiden Räumen, sondern sperrte nur den Strahl ab.

Um Druckschwankungen unschädlich zu machen, wurde wie üblich ein Kompensationsmanometer angewandt. Die Leitung vom Kompensationsmanometer führt zu einem Spalt S_5, der dem Auffängerspalt möglichst ähnlich ausgeführt war. Der Spalt befand sich über dem Auffängerspalt (in Fig. 1b vor der Zeichenebene, in Fig. 1a sichtbar). Er hatte ebenfalls einen Vorspalt und eine Klappe, die mit der Klappe des Spaltes S_4 fest verbunden war und mit ihr gleichzeitig bewegt wurde, und konnte zusammen mit S_4 an dem genannten großen Schliff gedreht werden. Der Abstand der Spaltmitten von S_4 und S_5 betrug 12 mm, und war so groß, daß keine Moleküle aus dem Strahl in den Kompensationsspalt gelangen konnten. Außen an dem Schliff waren das Meßmanometer und das Kompensationsmanometer befestigt, so daß also das ganze Meßsystem mitgedreht wurde und bewegliche Vakuumleitungen vermieden waren.

Die Anordnung des Kompensationsspaltes in unmittelbarer Nähe des Meßspaltes bezweckte, daß etwa im Apparat vorhandene Störungen (Strömungen, reflektierte Strahlen) auf beide Manometer in derselben Weise wirken und sich dadurch aufheben sollten. Ob diese Anordnung notwendig war, ist nicht untersucht worden.

Der Ausgleich der Druckschwankungen durch das Kompensationsmanometer mußte bei den Streumessungen besonders sorgfältig vorgenommen werden, weil der Druck über einer Leyboldschen Stahlpumpe stoßweise um etwa 1% schwankt. Beträgt der Druck im Strahlraum 10^{-5} mm Hg oder weniger, wie im allgemeinen bei Molekularstrahluntersuchungen, so stören Schwankungen um 10^{-7} mm Hg (= 1% des genannten Druckes) nicht mehr, wenn sie auch nur roh kompensiert sind. Bei den Streumessungen dagegen ist der Druck im Strahlraum fast 10^{-3} mm Hg, und Schwankungen um 10^{-5} mm Hg stören schon sehr, da ja Druckänderungen um 10^{-8} mm Hg gemessen werden sollen. Ausreichende Kompensation der Druckschwankungen wurde durch die folgenden drei Maßnahmen erreicht. 1. Die Strömungswiderstände der Spalte S_4 und S_5 und ihrer Leitungen zu den Manometern wurden möglichst genau abgeglichen, damit der Druck bei Schwankungen sich in beiden Manometern gleich schnell änderte. 2. Die unvermeidliche geringe Verschiedenheit der Manometerempfindlichkeiten wurde durch Einschalten eines festen Widerstandes in den Brückenzweig des empfindlicheren Manometers ausgeglichen. 3. Die verschiedene thermische

Einstellzeit der Manometer konnte durch einen festen Parallelwiderstand zum schneller wirkenden Manometer ausgeglichen werden. Dabei wurde von der Tatsache Gebrauch gemacht, daß die Einstellzeit bei schwächerem Strom größer ist.

Eine Vorstellung von der Wirksamkeit der Kompensation mag die Fig. 2 geben. Kurve *a* zeigt den Gang des Galvanometerzeigers ohne Kompensation bei einem Druck von $1 \cdot 10^{-3}$ mm Hg in Wasserstoff (1 cm der Skale entsprach $\sim 1{,}5 \cdot 10^{-6}$ cm Hg). Da sich die Meßanordnung erst in 10 sec einstellt, sind die wirklichen Druckschwankungen noch größer, als sie hier aufgezeichnet sind. Kurve *b* zeigt den Gang des Galvanometerzeigers bei demselben Druck und voller Kompensation mit 17 mal größerer Galvanometerempfindlichkeit gegenüber der Kurve *a*. Diese Kurven sind aufgenommen worden, nachdem der Apparat noch nicht lange evakuiert war. Die Schwankungen sind wesentlich kleiner, wenn der Apparat mehrere Tage im Vakuum gestanden hat.

Fig. 2. Gang des Galvanometerzeigers infolge von Druckschwankungen a) ohne Kompensation, b) mit Kompensation bei 17 mal größerer Galvanometerempfindlichkeit gegenüber a).

Möglichst große elektrische Empfindlichkeit wurde durch kleine Widerstände in der Brückenschaltung und durch das Galvanometer von Kipp und Zonen, Typ Zc, erreicht. Dabei würde der Galvanometerausschlag für den Primärstrahl ($\vartheta = 0$) für Wasserstoff 20 m betragen haben. 1 mm Ausschlag entsprach einer Druckänderung von $\sim 1 \cdot 10^{-8}$ mm Hg. Die Empfindlichkeit läßt sich noch weiter steigern durch empfindlichere Manometer, durch kleinere Widerstände in der Brückenschaltung und durch eine Einrichtung zur Herabsetzung des äußeren Grenzwiderstandes des Galvanometers, die hier ausgearbeitet ist und über die an anderer Stelle berichtet werden soll.

Für die Druckmessungen wurde ein Mac Leod-Manometer benutzt, das durch Hähne mit den beiden Räumen des Apparats verbunden werden konnte. Am Raume II befand sich außerdem ein Piranimanometer, mit dem der Quecksilberdruck bei der Streuung in Quecksilberdampf gemessen wurde. Es diente auch dazu, die Konstanz der Versuchsbedingungen zu prüfen.

Beschreibung des Gesamtaufbaues. Das Schema der Vakuumleitungen ist in Fig. 3 gegeben. Aus dem Vorratsgefäß von 3 Litern Inhalt strömte das Gas durch die Leitung *I*, in der sich eine Ausfriertasche und ein regulierbarer Hahn befanden, zum Spalt S_1. Durch die Leitung *II*, ebenfalls mit

Ausfriertasche und regulierbarem Hahn, strömte das Gas in den Raum II. Beide Räume wurden durch große Leyboldsche Stahlpumpen ausgepumpt. Der Raum I hatte eine möglichst kurze Leitung zur Pumpe, um die Sauggeschwindigkeit voll auszunutzen. Das Rohr K wurde mit flüssiger Luft gefüllt, um den Quecksilberdampf einigermaßen fortzuschaffen. In der Leitung von Raum II zur Pumpe befand sich eine Kugel von 10 Liter Inhalt, um die Druckschwankungen zu mildern, und eine Ausfriertasche, die für gewöhnlich in flüssige Luft, bei der Streuung in Quecksilberdampf aber in Wasser von 0 bis 12° C tauchte. Die Vorvakuumleitungen beider Pumpen führten wieder in das Vorratsgefäß zurück. Der Hahn 2 diente zum Auspumpen des ganzen Apparates mit einer dritten Pumpe.

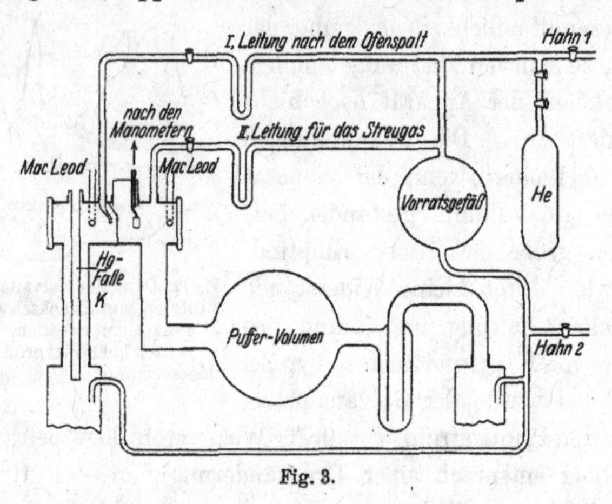

Fig. 3.

Das Helium[1]) (99,5 % rein) wurde aus der Vorratsflasche He über eine Schleuse eingelassen. Wasserstoff, Sauerstoff und Stickstoff wurden aus Bomben entnommen und durch den Hahn 1 eingelassen. Für die Streuung von Wasserdampf in Wasserdampf mußte der Apparat etwas geändert werden. Die Vorvakuumleitungen der Pumpen führten nicht in die Vorratskugel zurück, sondern in ein blindes Ende, das in flüssige Luft tauchte. An die Vorratskugel war ein kleines Gefäß angeschmolzen, das mit Wasser gefüllt wurde und in Eiswasser tauchte.

Prüfung des Apparates. Da es sich bei den Messungen der Streuung um ein neues Meßverfahren handelte, mußte besonders geprüft werden, ob nicht Nebenerscheinungen die Messungen fälschten. Man denke an

[1]) Das Helium wurde dem Institut von der Gesellschaft für Lindes Eismaschinen kostenlos zur Verfügung gestellt, wofür auch an dieser Stelle bestens gedankt sei.

optische Versuche in einem vollkommen weißen Raume, um eine Vorstellung von den Störungen zu bekommen, die man befürchten könnte. Da alle am Apparat beobachteten Erscheinungen verständlich sind und gesetzmäßig verlaufen, kann angenommen werden, daß bemerkbare Störungen nicht vorhanden gewesen sind.

Als *Kontrollversuch* wurde die Intensitätsverteilung der Streuung untersucht, die entsteht, wenn der Primärstrahl auf ein in der Drehachse der Spalte befindliches rundes Glasstäbchen trifft (Fig. 4). Man kann die zu erwartende Intensitätsverteilung unter der Voraussetzung berechnen, daß die Oberflächenelemente des Stäbchens die auffallenden Moleküle in einer dem Cos-Gesetz entsprechenden Verteilung wieder aussenden und findet dafür den Ausdruck $B(\sin\vartheta - \vartheta \cdot \cos\vartheta)$. B ist eine aus den Abmessungen des Apparates und des Stäbchens berechenbare Konstante. Der Verlauf der gemessenen Kurve stimmt gut mit der Berechnung überein, wie Fig. 4b zeigt. Der Betrag von B ergab sich innerhalb der Fehlergrenzen richtig. (Es möge beiläufig erwähnt werden, daß die in Fig. 4a gezeigte Form des Vorspaltes sich bei den Streumessungen nicht bewährt hat, weil die stark zurückgebogenen seitlichen Flügel des Vorspaltes bei kleinen Streuwinkeln vom Primärstrahl getroffen werden können und dann Streuung vortäuschen. Der Spalt wurde deshalb durch den in Fig. 1 angegebenen ersetzt.)

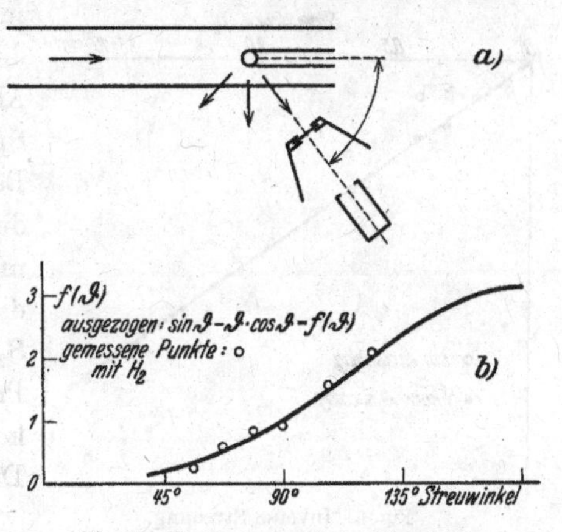

Fig. 4. Streuung an einem Glasstab.

Weitere Kontrollen. Genau wie der Spalt S_1 kann auch der Spalt S_2 eine Strahlenquelle sein, wenn nämlich der Druck im Raume I größer ist als im Raume II. Diese Strahlung ist in einer früheren Arbeit[1]) als Korrektur berücksichtigt worden. Ist umgekehrt der Druck im Raume II größer als im Raume I, so entsteht der Strahl im Raume I. Dieser Strahl hinterläßt aber auch im Raume II seine Spuren. Ein Teil *der* Moleküle fehlt, die aus der Richtung des Abbildespaltes kommen müßten. Durch die fehlenden Moleküle kann der Strahl im Raume II nachgewiesen werden. Stellt man

[1]) Fr. Knauer u. O. Stern, l. c.

den Auffänger in die Nullstellung und öffnet bei geschlossener Klappe I die Klappe II, so bekommt man eine Druckerniedrigung im Auffänger, d. h. einen negativen Ausschlag. Diese „inverse“ Strahlung ist die Umkehrung, in die die normale Strahlung stetig übergeht, wenn die Druckdifferenz am Spalt ihr Vorzeichen ändert.

Bei höheren Drucken, wenn die mittlere freie Weglänge im Raume II 10 cm und kürzer wird, wächst die inverse Strahlung, ebenso wie die normale Strahlung, wegen der Zerstreuung weniger als proportional mit der Druckdifferenz. Streuung der inversen Strahlung bedeutet, daß einige Moleküle, die aus einer beliebigen Richtung kommen, durch einen Zusammenstoß innerhalb des Bereiches zwischen den Spalten S_2 und S_4 eine solche Ablenkung erfahren, daß sie vom Spalt S_2 herzukommen scheinen. Berücksichtigt man diesen Vorgang durch Multiplikation der gemessenen Ausschläge mit $e^{s/\Lambda}$ (s ist die Länge des Strahlweges zwischen S_2 und S_4), so findet man wieder Proportionalität zwischen den korrigierten Ausschlägen und den Druckdifferenzen am Spalt.

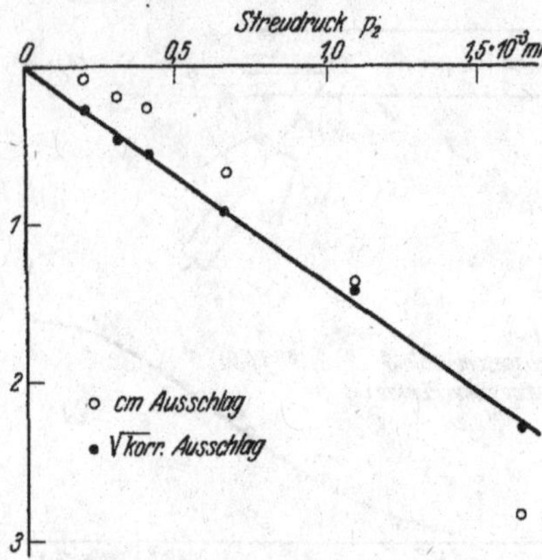

Fig. 5. Inverse Streuung.

An der inversen Strahlung kann ebenso wie an der normalen die räumliche Richtungsverteilung der Streuung nachgewiesen werden. Steht der Auffänger z. B. auf 90°, so findet man bei einem passenden Streudruck negative Ausschläge beim Öffnen der Klappe II. Sie entstehen dadurch, daß die Zusammenstöße mit den Molekülen, die vom Abbildespalt kommen müßten, nicht stattfinden und daher die Moleküle fehlen, die sonst in die Richtung des Auffängers gestreut worden wären. Die Intensität dieser Streustrahlung muß mit p_2^2 wachsen, weil die Anzahl der Zusammenstöße und auch die Intensität der inversen Strahlung dem Druck proportional sind. In Fig. 5 bedeuten die offenen Kreise die abgelesenen Ausschläge bei H_2. Die ausgefüllten Kreise geben die Quadratwurzeln aus den um die Schwächung korrigierten Ausschlägen, sie sind dem Druck proportional.

Proportionalität zwischen Streudruck und Streuintensität. Um festzustellen, ob die gemessene Streuung im wesentlichen Einfachstreuung ist, d. h. ob der überwiegende Teil der gestreuten Moleküle seine Ablenkung in einem einzigen Stoße erfahren hat, wurde die Druckabhängigkeit der

Streuung untersucht. Bei Einfachstreuung müssen Streudruck und Streuintensität einander proportional sein. Wegen der Strahlung des Abbildespaltes und wegen der Schwächung findet man die Proportionalität nicht ohne weiteres. Die Strahlung des Abbildespaltes kann bei geschlossener Klappe I gesondert gemessen werden und muß von der Strahlung bei geöffneter Klappe I abgezogen werden. Die Schwächung wird durch Multiplikation mit dem Faktor $e^{s/\Lambda}$ berücksichtigt. Mit diesen Korrektionen findet

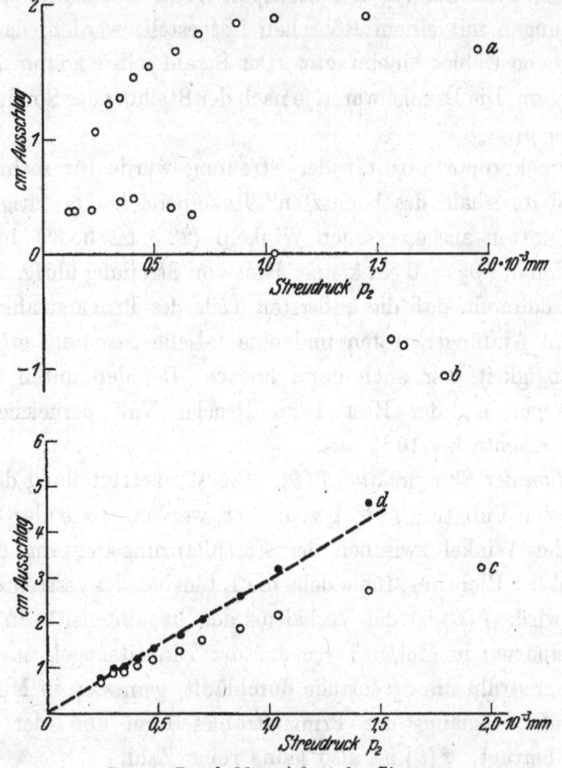

Fig. 6. Druckabhängigkeit der Streuung.

man bei kleinen Drucken Proportionalität mit dem Streudruck, bei größeren Drucken aber, wenn die mittlere freie Weglänge nicht mehr groß im Vergleich zur Strahllänge ist, wird die Streuung bei kleinen Winkeln zu groß. Bei den kleinsten Meßwinkeln konnte noch mit Einfachstreuung gerechnet werden, wenn die mittlere freie Weglänge das 1,7fache der Strahllänge war.

Fig. 6 zeigt in Kurve *a* die gemessene Gesamtintensität bei der Streuung von H_2-Strahlen in H_2-Gas, in Kurve *b* die gestreute Strahlung des Abbildespaltes, in *c* die Differenz von *a* und *b* und in *d* die um die Schwächung korrigierte Kurve *c*, also die eigentliche Streuung. Sie weicht nur bei größeren Streudrucken von der Druckproportionalität ab.

Auffallend ist, daß die Kurve *b* erst bei einem Drucke p_2 durch Null geht, der um 10 bis 15 % größer ist als p_1. Der Unterschied entsteht dadurch, daß der Druck in dem Gebiet zwischen den Spalten S_1 und S_2 tatsächlich etwas größer ist als einige Zentimeter hinter dem Ofenspalt, wo p_1 gemessen wurde, weil sich das Gas vor dem Ofenspalt staut. Das konnte durch direkte Druckmessungen mit einem Röhrchen festgestellt werden, das als Sonde in das fragliche Gebiet hineinragte. Der Strahl selbst konnte in das Rohr nicht eintreten. Die Drucke waren je nach der Stellung der Sonde bis doppelt so groß wie p_1.

Die Druckproportionalität der Streuung wurde für mehrere Winkel geprüft und innerhalb des benutzten Winkelbereiches bestätigt gefunden. Bei den kleinsten ausgemessenen Winkeln (22,5 bis 38,3°) blieb bei der Extrapolation auf $p_2 = 0$ ein kleiner Rest von Streuung übrig. Er entstand vermutlich dadurch, daß die äußersten Teile des Primärstrahles noch den Vorspalt am Auffänger trafen und eine falsche Streuung ergaben. Die Druckabhängigkeit war auch dann linear. Bei den unten mitgeteilten Streumessungen ist der Rest beim Drucke Null berücksichtigt. Die Korrektion machte bis 10 % aus.

Definition der Streufunktion $f(\vartheta)$. Die Winkelverteilung der Streuung soll durch eine Funktion $f(\vartheta)$ beschrieben werden, wo ϑ der Streuwinkel ist, d. h. der Winkel zwischen der Fortpflanzungsrichtung des Primärstrahles und der Richtung, für welche die Intensität der gestreuten Moleküle betrachtet wird. $f(\vartheta)$ ist das Verhältnis der Streuintensität in einer Richtung ϑ, gemessen in Mol/cm$^2 \cdot$ sec auf der Einheitskugel, zu der Menge, die im Primärstrahl die Streustelle durchläuft, gemessen in Mol/sec, wenn die streuende Weglänge des Primärstrahles 1 cm und der Streudruck 1 Dyn/cm^2 beträgt. $f(\vartheta)$ ist also keine reine Zahl.

Diese Definition hat einen physikalisch anschaulichen Sinn, wenn die gestreuten Strahlmoleküle und die streuenden Gasmoleküle voneinander verschieden sind oder für sich gemessen werden können. Im Falle der Streuung eines Strahles in einem Gase von Molekülen der gleichen Art (z. B. Wasserstoffstrahl in Wasserstoffgas) verliert die Definition diesen unmittelbaren Sinn, weil die streuenden Moleküle nicht von den gestreuten unterschieden werden können und die meßbare Streuung zum Teil aus fortgestoßenen Molekülen des Streugases besteht. Da die Streuung im gleichartigen Gase aber von denselben Variablen in derselben Weise abhängt wie die Streuung im Fremdgas, kann sie formal in derselben Weise beschrieben und aus den Messungen abgeleitet werden.

Aus Beobachtungen der Streuung unter Bedingungen, die von den Normalbedingungen der Definition abweichen, findet man die Streufunktion (abgesehen von Korrektionen), wenn man die Streuintensität J_s (Mol/cm²), die in der Entfernung R cm von der Streustelle bei einem Streudruck von p_2 Dyn/cm², einem Streuwege des Primärstrahles von L cm und einer Stärke des Primärstrahles von N Mol/sec gemessen ist, auf die Einheiten der Größen R, p_2, L, N umrechnet. Man findet also die Streufunktion durch folgende Rechnung:

$$f(\vartheta) = J_s \frac{R^2}{N \cdot p_2 \cdot L}. \tag{1}$$

Die Gleichung ist bequemer auszuwerten, wenn sie etwas umgeformt wird. 1. Der Streuweg L ist bei der benutzten Anordnung vom Streuwinkel abhängig. Es wird gesetzt $L = l \cdot \sin\vartheta$, wo l die streuende Weglänge des Primärstrahles in der Stellung $\vartheta = 90^0$ ist. 2. N und J_s sind der Messung nicht unmittelbar zugänglich, weil die gestreuten Strahlen auf dem Wege von der Streustelle bis zum Auffänger durch Streuung geschwächt werden. Daher sollen statt ihrer die Galvanometerausschläge für den Primärstrahl ($\vartheta = 0$) und für die Streuung eingeführt werden. Hat der Primärstrahl an der Stelle des Auffängers den Querschnitt q cm² und die Intensität J_0 Mol/cm² sec, so gilt ohne Schwächung $N = J_0 \cdot q$. Wegen der Streuung auf dem Wege von der Streustelle bis zum Auffänger sinkt die Intensität auf $J'_0 = J_0 \cdot e^{-R/\Lambda}$, daher ist zu schreiben $N = J'_0 q \cdot e^{R/\Lambda}$. Die Streuintensität J_s wird in jeder Winkelstellung in demselben Verhältnis geschwächt, nämlich auf $J'_s = J_s \cdot e^{-R/\Lambda}$, also ist $J_s = J'_s \cdot e^{R/\Lambda}$. Setzt man ferner, da die Galvanometerausschläge der Intensität proportional sind, $J'_0 = c \cdot \alpha'_0$ und $J'_s = c \cdot \alpha'_s$, so ergibt sich

$$f(\vartheta) = \alpha'_s \cdot \sin\vartheta \frac{R^2}{\alpha'_0 \cdot p_2 \cdot q \cdot l}. \tag{2}$$

Eine Vernachlässigung ist bei dieser Berechnung insofern gemacht, als die mittlere freie Weglänge für den Primärstrahl gleich der für die Streuung gesetzt ist, was strenggenommen nicht richtig ist. Die mittlere freie Weglänge für den Primärstrahl hängt von der Breite der Spalte ab und man würde je nach der Spaltbreite verschiedene Werte für die Streufunktion erhalten. Eine Abschätzung zeigt, daß $f(\vartheta)$ zu klein wird, und daß bei den verwendeten Drucken der prozentuale Fehler in $f(\vartheta)$ etwa die

Hälfte des prozentualen Unterschiedes der mittleren freien Weglängen sein würde. Um einen Anhalt für die Größe des Fehlers zu bekommen, wurde die mittlere freie Weglänge auch aus der Druckabhängigkeit der Streuung bestimmt. Diese Bestimmung war schätzungsweise um 15% unsicher und führte zu demselben Werte wie die Schwächung des Primärstrahles. Wenn man hiernach den Unterschied der Λ zu 15% annimmt, so sind die unten angegebenen Zahlen für $f(\vartheta)$ um 7,5% zu klein. Der allgemeine Verlauf von $f(\vartheta)$ wird nicht beeinflußt.

Streuung des Strahles im gleichartigen Gase. Zur Messung der Streuung wurde der Auffänger in die verschiedenen Winkelstellungen gebracht und bei geöffneter Klappe I die Größe der Galvanometerausschläge beim Öffnen und Schließen der Klappe II beobachtet. Die Ausschläge betrugen bis zu 5 cm. Für jede Messung wurden fünf bis zehn Ausschläge nacheinander beobachtet, so daß die Ausschläge bei der Ablesung der Millimeter auf etwa $^1/_2$ mm und weniger genau wurden. Bei denselben Winkeln rechts und links vom Strahl waren die Ausschläge gleich groß.

Um die Strahlung des Abbildespaltes zu beseitigen, wurde p_2 so gewählt, daß bei geschlossener Klappe 1 in der Auffängerstellung $\vartheta = 0$ kein Ausschlag entstand. Die Druckeinstellung war sehr genau möglich. Da beim Öffnen der Klappe I der Streudruck wegen der vom Primärstrahl hereingebrachten Moleküle größer wurde, mußte er nachträglich mit Hilfe des Piranimanometers am Raume II wieder auf den Wert bei geschlossener Klappe I reguliert werden. Das Mac Leod ist umständlicher und weniger genau.

Durch eine besondere Untersuchung wurde festgestellt, daß die Empfindlichkeit der zur Intensitätsmessung benutzten Manometer bei den höchsten Drucken (0,001 mg Hg) noch ebenso groß war wie bei den kleineren Drucken. Ferner hat sich gezeigt, daß die Empfindlichkeit für ein bestimmtes Gas unabhängig davon ist, ob noch ein anderes Gas gleichzeitig im Manometer ist. Die Widerstandsänderung gegenüber dem Vakuum, im ganzen genommen, ist gleich der Summe der Widerstandsänderungen, die jedes Gas für sich allein hervorrufen würde.

Bei *Wasser* entstanden besondere Schwierigkeiten. Das Mac Leod zeigte den Dampfdruck des Wassers, offenbar wegen der starken Adsorption des Wasserdampfes an den Glaswänden des Mac Leod, gar nicht an. Man bekam bei einem Wasserdampfdruck von schätzungsweise 0,001 mg Hg noch mehrere Millimeter Hanglänge. Die starke Adsorption des Wassers an den Wänden des Meß- und Kompensationsmanometers vergrößerte die Einstelldauer der Manometer bei kleinen Drucken (ohne Streugas) auf das Drei- bis Vierfache im Vergleich zur Einstelldauer bei Gasen, die nicht stark adsorbiert werden, z. B. Sauerstoff. Bei höheren Drucken war die Einstelldauer normal. Vermutlich war bei diesen Drucken (0,001 mm Hg) die Glaswand der Manometer mit Wasser schon ziemlich gesättigt.

Die Galvanometerablesungen wurden in Gleichung (2) eingesetzt. Dabei war $R = 1{,}4$ cm, $q = 0{,}23$ cm^2 und $l = 0{,}2$ cm. q wurde rechnerisch ermittelt durch Multiplikation der Fläche des Abbildespaltes S_2 mit der zweiten Potenz des Verhältnisses der Entfernungen (Ofenspalt—Auffängerspalt) : (Ofenspalt—hinteres Ende des Abbildespaltes).

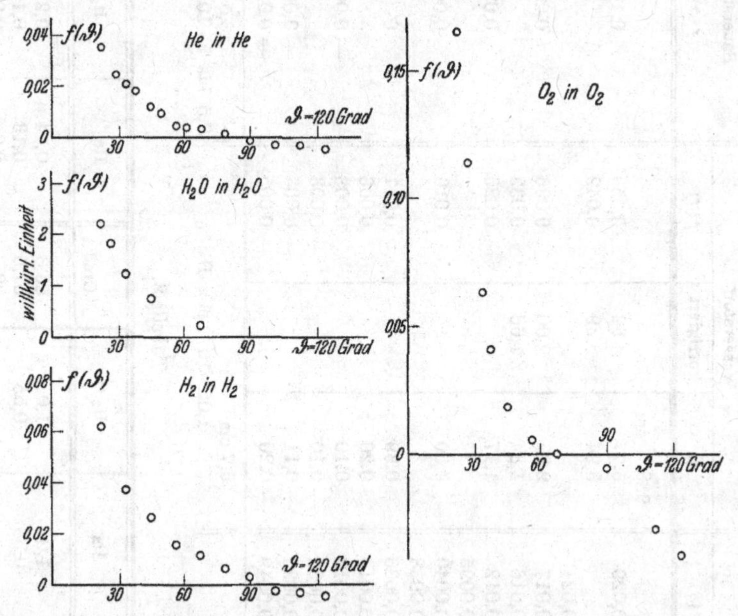

Fig. 7. Streuung im gleichartigen Gase für He, H_2O, H_2 und O_2.

Die Ablesungen der besten Messungen und die danach berechneten Streufunktionen für Helium, Wasserstoff, Sauerstoff und Wasserdampf sind in Tabelle 1 zusammengestellt. Die erste Spalte unter He, H_2, O_2 und H_2O enthält die Galvanometerablesungen, die zweite Spalte bei He und H_2 die wegen der falschen Streuung beim Druck $p_2 = 0$ (siehe unter *Proportionalität zwischen Streudruck und Streuintensität*, Absatz 4) korrigierten Ausschläge, die letzte Spalte die Werte der Streufunktion. Die letzte Zeile enthält die Streudrucke, bei denen die Zahlen der Tabelle gemessen sind, die zweitletzte Zeile die mittleren freien Weglängen der Strahlmoleküle

Tabelle 1.

ϑ	Helium			Wasserstoff			Sauerstoff	Wasserdampf
Grad	α_s'	korrigiert	$f(\vartheta)$	α_s'	korrigiert	$f(\vartheta)$	$f(\vartheta)$	$f(\vartheta)$
0	863 cm			968 cm				
22,5	2,83	2,32	0,029	5,71	4,92	0,059	0,16	0,25
27				3,94	3,39	0,049		0,20
29,3	1,55	1,32	0,021					
33,7	1,14	0,96	0,017	2,33	2,00	0,036	0,063	0,14
38,3	0,89	0,78	0,016	1,84	1,68	0,033		
45	0,52		0,012	1,17		0,026	0,020	0,095
49,5	0,38		0,0095					
53,6	0,17		0,0040	0,60		0,016	0,005	
60,8	0,14		0,0038					
67,5	0,13		0,0036	0,39		0,011	0	0,029
78,8	0,04		0,0013	0,20		0,006		
90	— 0,04		— 0,0013	0,10		0,003	— 0,008	0,013
101,5	— 0,10		— 0,0032	— 0,10		— 0,003		
112,8	— 0,08		— 0,0024	— 0,11		— 0,003	— 0,035	— 0,006
124	— 0,18		— 0,0049	— 0,20		— 0,005	— 0,040	— 0,013
Λ	11,2 cm			6,7 cm			3,5 cm	$\sim$ 1,1 cm
p_2	$1{,}15 \cdot 10^{-3}$ mm Hg			$1{,}05 \cdot 10^{-3}$ mm Hg			2,5 bis $5 \cdot 10^{-4}$ mm Hg	2 bis $10 \cdot 10^{-4}$ mm Hg

Tabelle 2.

ϑ Grad	He	H_2	O_2	H_2O	ϑ Grad	He	H_2	O_2	H_2O
22,5	1,0	1,0	1,0	1,0	56,3	0,14	0,27	0,12	0,37
33,7	0,60	0,61	0,38	0,55	67,5	0,13	0,19	0,03	0,11
45	0,41	0,44			90	— 0,045	0,05		

bei einem Druck von 1 Dyn/cm^2. Die Zahlen für Sauerstoff und Wasserdampf sind Mittelwerte aus Messungen bei verschiedenen Drucken. Der Absolutwert der Zahlen für Wasserdampf ist unsicher, weil der Streudruck unter der Annahme geschätzt wurde, daß die Empfindlichkeit des Hitzdrahtmanometers für Wasserdampf etwa gleich der Empfindlichkeit für Stickstoff ist. Die Eichung des Manometers würde bei den hier verlangten niedrigen Drucken schwierig sein und auch nicht sehr genau werden. In Fig. 7 sind die Beobachtungen graphisch dargestellt.

Diskussion der Streuung im gleichartigen Gase. Die Deutung der Ergebnisse bei der Streuung des Strahles im gleichartigen Gase stößt auf Schwierigkeiten, weil in den Messungen die verschiedenartigsten Stoßprozesse überlagert sind. Denn es gehen die Maxwellsche Geschwindigkeitsverteilung des Strahles und des Streugases und die räumliche Richtungsverteilung der Geschwindigkeiten des Streugases ein, und nach dem Stoße kann man nicht zwischen streuenden und gestreuten Molekülen unterscheiden. Man kann aber doch einiges aus den Kurven entnehmen.

Nur eine Folge der räumlichen Geschwindigkeitsverteilung der Moleküle des Streugases sind die negativen Werte der Streufunktion bei größeren Streuwinkeln. Sie entstehen folgendermaßen: Steht der Auffänger z. B. auf 150^0 und denkt man sich den Strahl durch die Klappe I abgeblendet, so wird auch jetzt noch eine durch den herrschenden Streudruck bestimmte Anzahl Moleküle des Streugases aus der Richtung von der Streustelle her in den Auffänger gelangen. Läßt man den Strahl eintreten, so wird ein Teil der betrachteten Gasmoleküle Zusammenstöße mit dem Strahl erleiden, einen Zusatzimpuls in der Strahlrichtung bekommen und mit einem kleineren Winkel ϑ weiterfliegen, so daß jetzt weniger Moleküle in den Auffänger gelangen. In der Stellung $\vartheta = 180^0$ ist dieser Vorgang voll wirksam, bei kleineren Winkeln werden jedoch noch Moleküle mit ursprünglich größerem ϑ nachgeliefert. Das Öffnen der Klappe II bewirkt dasselbe.

Gegen das Vorhandensein von wesentlichen Beugungsvorgängen spricht der sehr ähnliche Verlauf der Streufunktionen von Helium, Wasserstoff und Wasser im Bereich von 22,5 bis 45^0, der aus der Tabelle 2 zu erkennen ist. Die hier eingetragenen Zahlen geben die Streufunktion bei größeren Winkeln, wenn die Streufunktion bei 22,5^0 gleich 1 gesetzt ist. Sie sind für H_2, He und H_2O bis 45^0 nur wenig verschieden. Wenn Beugung in diesem Bereich wesentlich wäre, dann müßte man größere Unterschiede in den Streufunktionen erwarten, entsprechend der Verschiedenheit der

Quotienten von Wellenlänge zu Atomdurchmesser (bei He $0{,}57 \cdot 10^{-8}/2{,}0 \cdot 10^{-8} = 0{,}28$, bei H_2 $0{,}81 \cdot 10^{-8}/2{,}4 \cdot 10^{-8} = 0{,}34$, bei O_2 $0{,}20 \cdot 10^{-8}/2{,}9 \cdot 10^{-8} = 0{,}069$ und bei H_2O $0{,}27 \cdot 10^{-8}/2{,}9 \cdot 10^{-8} = 0{,}093$). Vermutlich wird die Beugung durch die dreifache Mittelung über Geschwindigkeitsverteilungen vollständig verdeckt.

Den Abweichungen von einem glatten Kurvenverlauf, die an den Kurven zu erkennen sind und die eine Andeutung von Beugung sein könnten, kann kein Wert beigelegt werden, weil sie nicht größer als die Beobachtungsfehler sind.

Ein Zusammenhang des Kurvenverlaufs der verschiedenen Gase mit ihren Sutherlandschen Konstanten ist nicht mit Sicherheit zu erkennen.

Die Streuung an Quecksilberatomen. Der erforderliche Druck des Quecksilberdampfes im Raume II wurde dadurch hervorgebracht, daß die Quecksilberfalle an der Pumpe des Raumes II anstatt mit flüssiger Luft mit Wasser von 0 bis 12° C beschickt wurde. Der Quecksilberdruck wurde aus der Widerstandsänderung bestimmt, die das Hitzdrahtmanometer beim Ausfrieren des Quecksilbers anzeigte. Das Manometer war für Quecksilberdampf geeicht. Der Druck ergab sich gleich dem Sättigungsdruck bei der Temperatur des Wasserbades.

Die Strahlung des Abbildespaltes wurde in derselben Weise wie bei der Streuung im gleichartigen Gase durch einen geeigneten Zusatzdruck des Strahlgases unschädlich gemacht. Die richtige Einstellung des Druckes wurde an dem Verschwinden des Strahles in der Stellung $\vartheta = 0$ bei geschlossener Klappe I kontrolliert. Die inverse Strahlung von dem Unterschied des Quecksilberdruckes in den Räumen I und II war unmeßbar klein.

Unter diesen Umständen wurde neben der Streuung an Quecksilber zugleich die Streuung am gleichartigen Gase gemessen. Um die beiden Streuungen trennen zu können, wurde angenommen, daß die gemessene Streuung sich additiv aus der Streuung am Quecksilber und am zugesetzten Gase zusammensetzt, nach der Gleichung

$$J_s = \frac{N L}{R^2} \cdot (p_a \cdot f_a(\vartheta) + p_b \cdot f_b(\vartheta)), \tag{3}$$

wo die Indizes a bzw. b andeuten sollen, daß die durch sie bezeichneten Größen sich auf das Quecksilber bzw. auf das Zusatzgas beziehen sollen. Führt man die bei der Streuung am gleichartigen Gas vorgenommene Umrechnung auch hier durch, so findet man

$$f_b(\vartheta) = \alpha_s' \cdot \sin \vartheta \cdot \frac{R^2}{\alpha_0' \cdot q \cdot p_b \cdot l} - \frac{p_a}{p_b} \cdot f_a(\vartheta). \tag{4}$$

Da $f_a(\vartheta)$ bekannt ist, kann $f_b(\vartheta)$ hiernach berechnet werden. Die so ermittelten Streufunktionen für He und H_2 sind in Fig. 8a und 8c dargestellt. Bei den kleinsten Streuwinkeln ist wieder wegen der Streuung bei $p_2 = 0$ eine Korrektion angebracht worden.

Die mittlere freie Weglänge ist aus der Schwächung des Primärstrahles durch den Quecksilberdampf bestimmt worden. Sie betrug für Helium in Hg-Dampf 6,2 cm, für Wasserstoff in Hg-Dampf 3,9 cm bei einem Druck von 1 Dyn/cm².

Diskussion der Streuung an Quecksilberatomen. Die Streukurven für Wasserstoff und Helium sind bei großen Winkeln ähnlich, bei kleinen Winkeln zeigt sich ein charakteristischer Unterschied. Der Unterschied tritt noch deutlicher hervor, wenn man die in eine ganze Kugelzone unter dem Winkel ϑ hineingestreute Menge in Abhängigkeit vom Streuwinkel aufträgt, was in Fig. 8b und 8d geschehen ist (dick gezeichnete Kurven). Die Heliumkurve besitzt bei 40° ein Maximum.

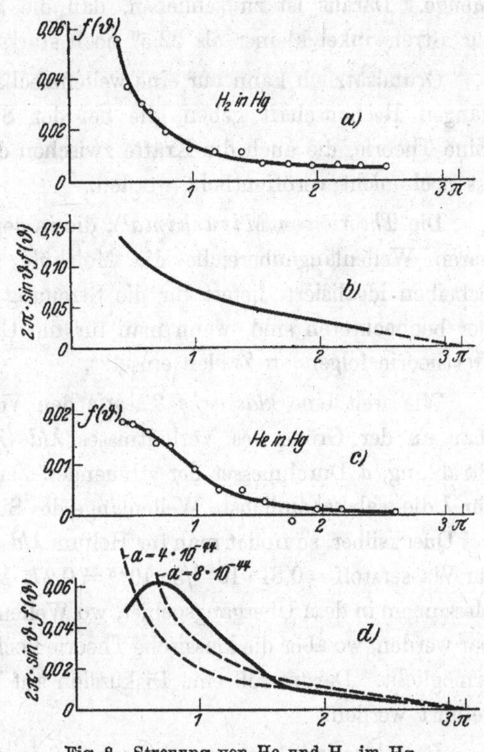

Fig. 8. Streuung von He und H_2 im Hg.

Auf den *Verlauf der Streukurven bei kleineren Winkeln* als den ausgemessenen kann man schließen, wenn man die in den Messungen erfaßte gestreute Menge, die numerisch durch $\int_{\vartheta_1}^{2\pi} 2\pi \cdot \sin\vartheta \cdot f(\vartheta)\, d\vartheta$ ermittelt werden kann, mit der Schwächung des Primärstrahles vergleicht. Die Schwächung des Primärstrahles liefert zunächst die mittlere freie Weglänge der Strahlmoleküle. Dabei gelten als gestreut nur solche Moleküle, die um mehr als einen Grenzwinkel ϑ_2 abgelenkt sind. ϑ_2 hängt von den Maßen des Strahles ab, ϑ_2 war etwa 10°. Aus der mittleren freien Weglänge kann man den Verlust berechnen, den der Primärstrahl auf 1 cm seines Weges erleidet, er ist $1 - e^{-1/A}$. Dieser Verlust muß aber gleich $\int_{\vartheta_2}^{2\pi} 2\pi \cdot \sin\vartheta \cdot f(\vartheta)\, d\vartheta$ sein, das ist die in den Winkelbereich von ϑ_2 bis 2π gestreute Menge. Die aus der Schwächung berechnete Menge ist bei Helium 2,5 mal so groß, bei Wasserstoff zweimal so groß wie die in den Streumessungen erfaßte Menge. Daraus ist zu schließen, daß die Streufunktionen beider Gase für Streuwinkel kleiner als $22{,}5^0$ noch stark ansteigen müssen.

Grundsätzlich kann nur eine wellenmechanische Theorie von den Vorgängen Rechenschaft geben, die bei der Streuung beobachtet werden. Eine Theorie, die auch die Kräfte zwischen den Molekülen berücksichtigt, ist noch nicht veröffentlicht worden.

Die *Theorie von Mizushima*[1]), die in dem durch die Messungen prüfbaren Wellenlängenbereiche die Moleküle zu runden, undurchlässigen Scheiben idealisiert, liefert für die Streuung Werte, die etwa ein Viertel der beobachteten sind, wenn man für die Größe der Atome die aus der Gastheorie folgenden Zahlen einsetzt.

Wie weit eine *klassische Theorie* den Vorgängen gerecht wird, kann man an der Größe des Verhältnisses λ/d (λ de Broglie-Wellenlänge der Strahlung, d Durchmesser der streuenden Zentren) übersehen. Setzt man für λ die wahrscheinlichste Wellenlänge des Strahles[2]), und $d = 3 \cdot 10^{-8}$ cm bei Quecksilber, so findet man für Helium $\lambda/d = 0{,}57 \cdot 10^{-8}/3 \cdot 10^{-8} = 0{,}13$, für Wasserstoff $= 0{,}81 \cdot 10^{-8}/3 \cdot 10^{-8} = 0{,}27$. Man befindet sich also bei den Messungen in dem Übergangsgebiet, wo Wellenerscheinungen schon bemerkbar werden, wo aber die klassische Theorie noch eine ungefähre Orientierung ermöglicht. Darum soll eine Diskussion auf klassischer Grundlage durchgeführt werden.

Rein klassisch kann der Streuprozeß in Analogie gesetzt werden zum Stoß zwischen elastischen Kugeln ohne oder besser mit einem Kraftfelde. Der Streuung von He- oder H_2-Molekülen an Hg-Atomen würde modellmäßig die Reflexion eines Bündels leichter, bewegter Kugeln an schweren Kugeln entsprechen. Bei Kugeln ohne Fernkräfte ist die Streuintensität in allen Richtungen gleich groß, es ist: $f(\vartheta) = \frac{(R_1 + R_2)^2}{2} \frac{\mathfrak{N}}{R\,T}$ (R_1, R_2 Radien der Kugeln, $\mathfrak{N} = 6 \cdot 10^{23}$ Anzahl der Moleküle im Mol, $R = 8{,}3 \cdot 10^7$ allgemeine Gaskonstante, T absolute Temperatur).

---

[1]) l. c.

[2]) I. Estermann u. O. Stern, ZS. f. Phys. **61**, 124, 1930.

Bei *großen Winkeln* zeigen die Messungen konstante Streuintensität (Fig. 8a und 8c). Das würde bedeuten, daß die stark abgelenkten Moleküle an einer sehr steilen Potentialfront fast wie elastische Kugeln reflektiert werden. Mit der angegebenen Gleichung kann man aus der gemessenen Streuintensität $R_1 + R_2$ berechnen. Man findet bei Wasserstoff $R_1 + R_2 = 2{,}4 \cdot 10^{-8}$ cm (aus Λ $4{,}8 \cdot 10^{-8}$ cm, gastheoretisch $2{,}7 \cdot 10^{-8}$ cm), bei Helium $R_1 + R_2 = 1 \cdot 10^{-8}$ cm (aus Λ $3{,}8 \cdot 10^{-8}$ cm, gastheoretisch $2{,}5 \cdot 10^{-8}$ cm).

Bei *kleinen Winkeln* geben die Messungen ein starkes Ansteigen der Intensität, im Gegensatz zum Verhalten elastischer Kugeln ohne Kraftfeld. Das Überwiegen der kleinen Ablenkungen ist auf die molekularen Kraftfelder zurückzuführen.

Bei einer *abstoßenden Kraft* von der Form $a \cdot r^{-5}$ (r Abstand der Mittelpunkte) würde eine Intensitätsverteilung bestehen, wie sie (mit $a = 4 \cdot 10^{-44}$ und $a = 8 \cdot 10^{-44}$) in Fig. 8c durch die punktierten Linien dargestellt ist. Für den Strahl wurde statt mit der Maxwellschen Geschwindigkeitsverteilung mit einer einheitlichen Geschwindigkeit gleich der mittleren gerechnet. Mit diesem einfachen Kraftgesetz kann man die gemessenen Kurven dem Charakter nach im wesentlichen wiedergeben. Man erhält den Anstieg bei kleinen Winkeln, allerdings zu stark, und auch die fast konstanten Werte bei großen Winkeln. Daß spezielle Einzelheiten — die richtige Steilheit des Anstieges, der Buckel der Heliumkurve — wiedergegeben werden, kann man nicht erwarten, unter anderem auch aus dem Grunde, weil sich zwei Atome in großer Entfernung anziehen und in kleiner Entfernung abstoßen, während in der Rechnung durchweg Abstoßung vorausgesetzt war. Bemerkenswert ist, daß die Intensität bei Kugeln mit Kräften (gleichgültig, ob anziehenden oder abstoßenden) für kleine Ablenkungen, auch in der Darstellung $2\pi \sin \vartheta f(\vartheta)$, immer mehr ansteigt.

M13

M13. Otto Robert Frisch und Emilio Segrè, Über die Einstellung der Richtungsquantelung. II, Z. Phys. 80, 610–616 (1933)

(Untersuchungen zur Molekularstrahlmethode aus dem Institut für Physikalische Chemie der Hamburgischen Universität, Nr. 22.)

Über die Einstellung der Richtungsquantelung. II[1]).

Von R. Frisch in Hamburg und E. Segrè[2]) in Rom, zurzeit in Hamburg.

H. Schmidt-Böcking, K. Reich, A. Templeton, W. Trageser, V. Vill (Hrsg.), *Otto Sterns Veröffentlichungen – Band 5*, DOI 10.1007/978-3-662-46958-3_9

(Untersuchungen zur Molekularstrahlmethode aus dem Institut für Physikalische Chemie der Hamburgischen Universität, Nr. 22.)

Über die Einstellung der Richtungsquantelung. II[1]).

Von **R. Frisch** in Hamburg und **E. Segrè**[2]) in Rom, zurzeit in Hamburg.

Mit 4 Abbildungen. (Eingegangen am 2. Dezember 1932.)

Im hiesigen Institut wurde in den letzten Jahren folgendes Problem bearbeitet, vgl. Teil I:

Schickt man einen Strahl von Kaliumatomen in ein inhomogenes Magnetfeld, so wird er in zwei Strahlen aufgespalten (Richtungsquantelung). Dann blendet man den einen der beiden Strahlen ab, so daß in dem übrigbleibenden Strahl alle Atome dieselbe Achsenrichtung haben (bzw. dieselbe Komponente des magnetischen Momentes in der Feldrichtung). Diesen Strahl schickt man in ein räumlich homogenes Magnetfeld, dessen Richtung sich mit der Zeit ändert (z. B. ein Drehfeld). Nachdem der Strahl dieses Drehfeld passiert hat, läuft er in ein zweites inhomogenes Feld, mit dessen Hilfe festgestellt wird, ob die Atome noch alle dieselbe Richtung haben, also nach derselben Seite abgelenkt werden, oder wie viele von den Atomen umgeklappt sind.

Maßgebend dafür ist das Verhältnis der Larmorperiode T_l der Atome zur Drehperiode T_f des Feldes. Ist T_f groß gegen T_l, d. h. führt das Atom viele Larmorpräzessionen aus während der Zeit, in der sich die Richtung des Feldes merklich ändert, so ist der Vorgang adiabatisch und es findet kein Umklappen statt. Wenn ein merklicher Teil der Atome umklappen soll, so müssen T_l und T_f von derselben Größenordnung sein.

Im allgemeinen ist unter den experimentell erreichbaren Bedingungen $T_f \gg T_l$, d. h. es ist der adiabatische Fall realisiert und man findet keine umgeklappten Atome. Um den nicht-adiabatischen Fall zu erreichen, muß man also die Larmorperiode T_l möglichst groß machen, d. h. bei möglichst schwachen Feldern arbeiten und T_f möglichst klein wählen.

Die experimentelle Realisierung des Drehfeldes erfolgte in der Weise, daß das Feld im Mittelraum zwar zeitlich konstant war, aber entlang der

---

[1]) T. E. Phipps u. O. Stern, ZS. f. Phys. **73**, 185, 1931. (Gleicher Titel, im folgenden als Teil I bezeichnet. Ein kurzer Auszug aus Teil I und II in Nature.

[2]) Fellow der Rockefeller Foundation.

Bahn des Atoms seine Richtung änderte; dadurch kam das Atom auf seinem Weg im Lauf der Zeit an Orte mit verschiedener Feldrichtung. Bei den ersten Versuchen[1]) wurde dieses Feld durch ein System von drei kleinen gegeneinander verdrehten Elektromagnetchen erzeugt, die sich im Innern eines Panzers aus drei konzentrischen Eisenhohlkugeln befanden als Schutz vor dem starken Streufeld der beiden inhomogenen Magnetfelder. Diese Anordnung ergibt einen der Theorie gut zugänglichen Fall, nämlich ein

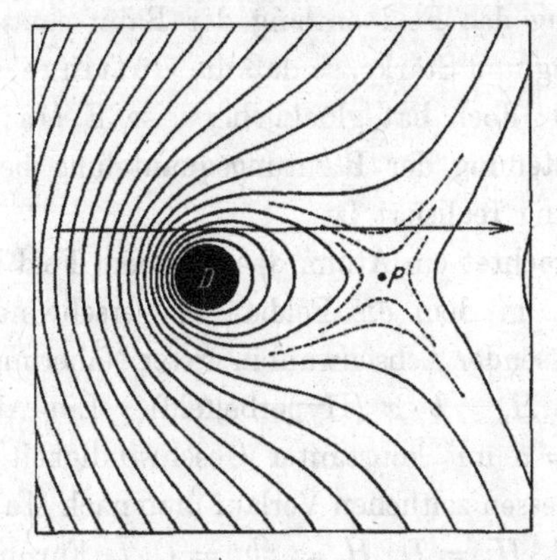

Fig. 1. Stromdurchflossener Draht im homogenen Magnetfeld: Verlauf der Kraftlinien. Der Pfeil deutet den hindurchgeschickten Molekularstrahl an.

Feld, das sich mit ziemlich gleichförmiger Winkelgeschwindigkeit und Stärke um 360° dreht. Dieser Fall, ein einfaches Drehfeld, ist von P. Güttinger[2]) berechnet worden; er findet für die Umklappwahrscheinlichkeit

$$W = \frac{(1/T_f)^2}{(g/T_l)^2 + (1/T_f)^2} \cdot \sin^2\left(\pi t \sqrt{(g/T_l)^2 + (1/T_f)^2}\right)$$

(t ist die Dauer der Einwirkung des Drehfeldes, im obigen Fall $= T_f$, da die Gesamtdrehung 360° beträgt; g ist der Landésche g-Faktor). Die Versuche mit dieser Anordnung ergaben keine reproduzierbaren Ergebnisse, wahrscheinlich infolge von Remanenzerscheinungen in den kleinen Magnetchen und in den Eisenkugeln. Leider konnte Phipps die Versuche nicht weiterführen, da er nach Amerika zurück mußte. Wir haben die Versuche

[1]) T. E. Phipps, u. O. Stern, ZS. f. Phys. **73**, 185, 1931.
[2]) P. Güttinger, ZS. f. Phys. **73**, 169, 1931.

fortgesetzt und zu einem gewissen Abschluß gebracht, worüber im folgenden berichtet werden soll.

In den vorliegenden Versuchen wurde das veränderliche Feld durch folgenden einfachen Kunstgriff erhalten: Im Innern des magnetischen Schutzes war senkrecht zu den Kraftlinien des Restfeldes und senkrecht zum Molekularstrahl in geringem Abstand von diesem ein Draht gespannt. Wurde Strom durch diesen Draht geschickt, so wurden die Kraftlinien des Restfeldes in der in Fig. 1 ersichtlichen Weise deformiert. Allerdings ändert bei dieser Anordnung das Feld entlang der Bahn eines Atoms ungleichförmig seine Richtung und Stärke, so daß die Güttingersche Formel nicht mehr anwendbar ist; doch hat glücklicherweise E. Majorana[1]) kürzlich einen Fall der Einstellung der Richtungsquantelung behandelt, der hier mit guter Annäherung realisiert ist.

Majorana betrachtet ein Atom, das in einem Feld in der Nähe eines Punktes vorbeiläuft, in dem die Feldstärke verschwindet. Ein solches Feld läßt sich bei passender Achsenwahl in erster Näherung darstellen durch $H_x = b \cdot z$, $H_y = 0$, $H_z = b \cdot x$ (Hyperbelfeld). Ein Atom, das auf der Geraden $y = 0$, $z = a$ mit konstanter Geschwindigkeit v läuft, befindet sich in einem Feld, dessen zeitlichen Verlauf man nach Majorana schreiben kann: $H_x = ab = A$, $H_y = D$, $H_z = vbt = C \cdot t$. Für die Wahrscheinlichkeit, daß das Atom umklappt, findet Majorana:

$$W = e^{-\frac{k\pi}{2}},$$

wobei

$$k = \frac{2\pi g \mu A^2}{hC}$$

(μ Bohrsches Magneton, h Wirkungsquantum). Nun laufen in unserem Falle die Atome an dem Punkt P vorbei (siehe Fig. 1), in dem tatsächlich das Feld in der betrachteten Weise verschwindet. Entwickelt man das Feld in der Umgebung von P, so findet man wie oben $H_x = b \cdot z$, $H_y = D$, $H_z = b \cdot x$, wobei $b = H_0^2/2\,i$ (H_0 Feld ohne Strom, i Strom im Draht), also

$$A = ab = \frac{aH_0^2}{2i}, \quad C = vb = \frac{vH_0^2}{2i},$$

somit (da $g = 2$)

$$K = \frac{2\pi\mu}{h} \cdot \frac{a^2 H_0^2}{iv}.$$

---

[1]) E. Majorana, Nuovo Cim. 9, 43, 1932.

Z. B. für $a = 10^{-2}$ cm, $i = 0{,}05$ Amp. $= 5 \cdot 10^{-3}$ el. magn. E., $H_0 = 0{,}5$ Gauß und $v = 5 \cdot 10^4$ cm/sec (runde Zahlen, die den experimentellen Bedingungen ungefähr entsprechen) wird $k = 0{,}89$, $W = 0{,}25$; es sollten also 25 % der Atome umklappen.

Daß wir hier nur Umklappvorgänge in der Nähe des Punktes P berücksichtigen, läßt sich so rechtfertigen: Die Feldrichtung dreht sich zwar in der Nähe des Drahtes D etwa ebenso rasch, wie in der Nähe des Punktes P; doch ist die Feldstärke in der Nähe des Drahtes wesentlich größer, so daß dort die Abweichung vom adiabatischen Fall und damit die Umklappwahrscheinlichkeit viel kleiner ist.

Experimentelles. Wir haben den alten Apparat von Phipps (Teil I) benutzt, mit einer Reihe von kleinen Verbesserungen. Der Selektorspalt wurde

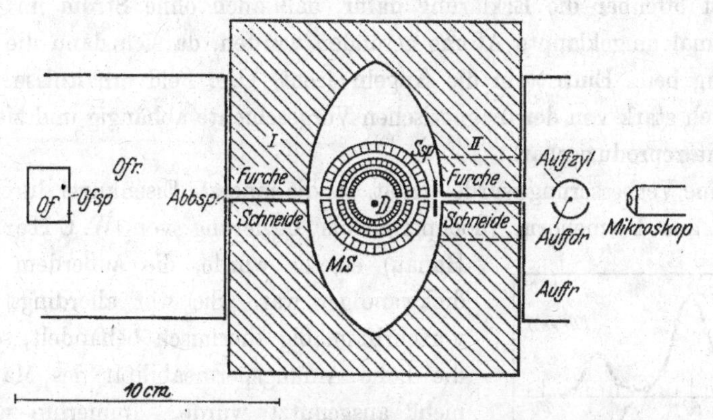

Fig. 2. *Of* Ofen; *Ofsp* Ofenspalt; *Ofr* Ofenraum: I., II. Erstes, zweites Magnetfeld; *Ssp* Selektorspalt; *MS* Magnetischer Schutz; *D* Draht zur Erzeugung des Zusatzfeldes; *Auffzyl* Auffängerzylinder; *Auffdr* Auffängerdraht; *Auffr* Auffängerraum.

versetzt, so daß er jetzt unmittelbar vor dem zweiten Feld (Analysatorfeld) steht, wodurch die Ausblendung schärfer wurde. (Früher befand er sich zwischen dem ersten Feld und dem Mittelraum.) Ein Querspalt am zweiten Feld beschränkte die Höhe des hindurchtretenden Strahles und eliminierte die sehr lästigen Feldstörungen in der Nähe der Kanten der Polschuhfurche. Die Lage des Auffängerdrahtes (ein gelbglühender Wolframdraht) wurde in einem mit dem Apparat starr verbundenen Ablesemikroskop mit Okularskale direkt abgelesen, was sich als zuverlässiger erwies als die frühere Zeigerablesung. Es wurden Strahlen aus Kalium statt Natrium verwendet, was die Sensibilisierung des W-Drahtes mit einer Sauerstoffschicht überflüssig machte. Der Auffängerstrom wurde mit einem Elektrometer in Kompensationsschaltung gemessen (größere Empfindlichkeit und raschere Einstellung als Galvanometer). Fig. 2 gibt einen Überblick über die Anordnung. Die Spalte waren alle etwa 0,1 mm breit; die Ablenkung der Atome durch eines der beiden inhomogenen Magnetfelder betrug etwa 10^{-2} im Bogenmaß. Die wesentliche Änderung bezüglich der Realisierung des Drehfeldes wurde schon im vorigen Abschnitt besprochen.

Besondere Aufmerksamkeit erforderte die magnetische Abschirmung des Mittelraumes. Ohne Panzerung herrscht dort ein Feld von etwa 4000 Gauß. Durch den Einbau der drei Eisenhohlkugeln wird es auf weniger als ein Gauß herabgedrückt. Das Feld wurde mit einer kleinen ballistischen Spule gemessen, die um eine Achse parallel zum Strahl drehbar war; eine etwaige Feldkomponente in Richtung des Strahles konnte also nicht gemessen werden. Von den beiden anderen Feldkomponenten war die vertikale manchmal nicht viel kleiner als die horizontale, d. h. das Feld stand schief; das ist offenbar die Erklärung dafür, daß auch ohne Strom im Draht manchmal umgeklappte Atome gefunden wurden, da sich dann die Feldrichtung beim Eintritt in die Kugeln dreht. Die Feldverhältnisse waren natürlich stark von der magnetischen Vorgeschichte abhängig und ziemlich schlecht reproduzierbar.

Eine Verbesserung wurde erzielt, als die innerste Eisenkugel durch eine solche aus Permenorm (hochpermeable Legierung von W. C Heraeus, Hanau) ersetzt wurde, die außerdem etwas dickwandiger war. Sie war allerdings nicht vorschriftsmäßig thermisch behandelt, so daß die hohe Anfangspermeabilität des Materials nicht ausgenutzt wurde. Immerhin war es nunmehr möglich, das Feld hinreichend herabzudrücken, ohne daß es allzu schief wurde, d. h. ohne daß spontan umgeklappte Atome auftraten ($H_{\text{hor.}}/H_{\text{vert.}}$ von der Größenordnung 10).

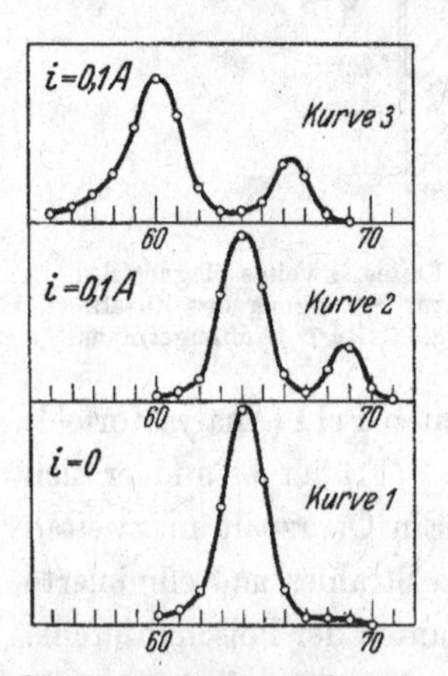

Fig. 3. Intensitätsverteilung im Strahl; das kleinere Maixmum in Kurve 2 und 3 rührt von umgeklappten Atomen her; i = Strom im Draht D.

Ergebnisse. Kurve 1 (Fig. 3) zeigt die Intensitätsverteilung im Strahl, der die beiden inhomogenen Felder und den Mittelraum durchlaufen hat; Ordinate ist der Auffängerstrom (proportional der Zahl der auf den Wolframdraht auftreffenden Atome), Abszisse die Auffängerstellung. Wurde nun durch den Draht D im Mittelraum ein Strom von 0,1 Amp. geschickt, so erhielt man eine Intensitätsverteilung, die durch Kurve 2 wiedergegeben ist. Das neue Maximum bei Teilstrich 69 rührt von umgeklappten Atomen her, das alte

Maximum ist entsprechend schwächer geworden. Der Abstand der beiden Maxima ist, wie zu erwarten, das Doppelte der (gemessenen und berechneten) Ablenkung durch das zweite Feld; verschiebt man den Selektorspalt, so daß langsamere, stärker ablenkbare Atome ausgesondert werden, so wird auch der Abstand der beiden Maxima entsprechend größer (siehe Kurve 3).

Die Umklappwahrscheinlichkeit als Funktion der Stromstärke im Draht D ist in Fig. 4a aufgetragen. Die prozentuelle Zahl der umgeklappten Atome wurde doppelt bestimmt, erstens aus der Verminderung der Zahl der

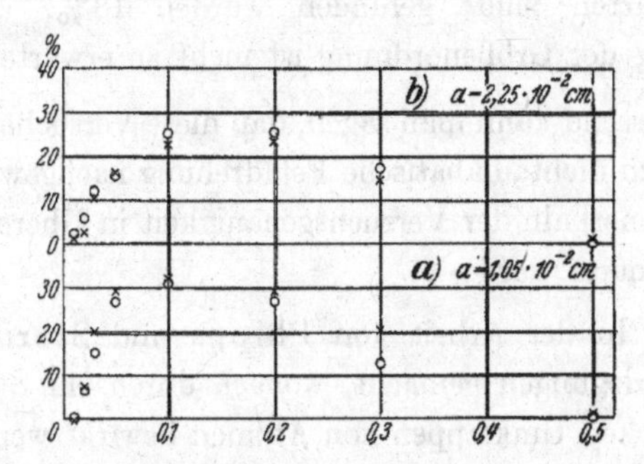

Fig. 4. Umklappwahrscheinlichkeit in Proz. als Funktion der Stromstärke (in Amp.) im Draht D; a = Abstand des Molekularstrahles vom Draht D.

nichtumgeklappten (×), zweitens aus der Zahl der umgeklappten Atome (○). Nach der Majoranaschen Formel müßte die Umklappwahrscheinlichkeit mit wachsendem Strom dauernd zunehmen und dem Wert Eins zustreben. In Wirklichkeit haben wir nie mehr als etwa 35% umgeklappte Atome beobachtet; bei weiterer Erhöhung der Stromstärke nahm die Zahl der umgeklappten wieder ab. Das rührt offenbar daher, daß die Voraussetzungen der Majoranaschen Rechnung nicht ganz erfüllt waren. Vor allem war die Vertikalkomponente des Feldes nicht, wie dort vorausgesetzt, gleich Null, so daß also das Feld im Punkte P nicht verschwand. Das muß nach Majorana (freundliche persönliche Mitteilung) den Verlauf in der tatsächlich gefundenen Weise beeinflussen. Außerdem rückt bei höheren Strömen der Punkt P immer näher an die Wand der Kugel, so daß auch dadurch Störungen entstehen konnten.

Dagegen entspricht bei kleinen Strömen, wo alle diese Störungen zurücktreten, der gefundene Verlauf durchaus der Theorie. Die Zahl der umgeklappten Atome steigt mit zunehmendem Strome erst langsam, dann rascher, wie es die exponentielle Gestalt der theoretischen Formel verlangt.

Bei Vergrößerung des Abstandes a zwischen dem Strahl und dem Draht D sank, wie zu erwarten, die Zahl der umgeklappten, was man beim Vergleich der beiden Fig. 4a und 4b deutlich sehen kann. Auch die Abhängigkeit von v, der Geschwindigkeit der Strahlatome, konnte dem Sinne nach sichergestellt werden.

Auch zahlenmäßig besteht Übereinstimmung; z. B. ergibt sich für den Drahtstrom $i = 0{,}03$ Amp., das Restfeld $H_0 = 0{,}42$ Gauß, a (Abstand des Strahles vom Draht) $= 1 \cdot 10^{-2}$ cm, $v = 8 \cdot 10^4$ cm/sec (wahrscheinlichste Geschwindigkeit der K-Atome) aus der Formel, daß 37% umgeklappte Atome zu erwarten sind; gefunden wurden 18%. Mehr als diese Übereinstimmung der Größenordnung ist nicht zu erwarten.

Zusammenfassend kann man sagen, daß diese Versuche das Umklappen von Atomen durch nichtadiabatische Felddrehung nachgewiesen haben und daß der Effekt innerhalb der Versuchsgenauigkeit in Übereinstimmung mit der Theorie gefunden wurde.

Gaseinfluß. In der Arbeit von Phipps und Stern wurden einige theoretische Überlegungen gemacht, wonach durch ein Störgas schon bei sehr kleinen Drucken Umklappen von Atomen bewirkt werden sollte. Von theoretischer Seite (Fermi, freundliche persönliche Mitteilung) wurde darauf hingewiesen, daß bei Atomen ohne Bahnmoment (wie z. B. das K-Atom) Umklappen wesentlich nur durch einen Austausch zwischen einem Elektron des Strahlatoms und einem Elektron entgegengesetzter Spinrichtung eines Störatoms erfolgen könnte; dieser Effekt kann aber nur einen merklichen Betrag erreichen, wenn die Atome einander ziemlich nahe kommen (einige Ångström, Größenordnung Stoßradius) und müßte vor allen Dingen feldunabhängig sein. Wir haben deshalb versucht, bei hohen Feldstärken (4000 Gauß) ein derartiges Umklappen zu finden, wobei als Störgase Luft, Hg und Na-Dampf benutzt wurden. Es ist uns in keinem Falle gelungen, einen merklichen Effekt nachzuweisen, obwohl wir bis zu so hohen Drucken gingen, daß der Strahl beträchtlich geschwächt wurde. Die Versuche sollen bei schwachen Feldern unter Variation des Strahlgases und des Störgases fortgeführt werden.

Herrn Prof. O. Stern möchten wir für sein dauerndes Interesse an der Arbeit unseren Dank aussprechen.

M14

M14. Bernhard Josephy, Die Reflexion von Quecksilber-Molekularstrahlen an Kristallspaltflächen, Z. Phys. 80, 755–762 (1933)

(Untersuchungen zur Molekularstrahlmethode aus dem Institut für physikalische Chemie der Hamburgischen Universität Nr. 21.)

Die Reflexion von Quecksilber-Molekularstrahlen an Kristallspaltflächen.

Von **B. Josephy** in Hamburg.

H. Schmidt-Böcking, K. Reich, A. Templeton, W. Trageser, V. Vill (Hrsg.), *Otto Sterns Veröffentlichungen – Band 5*, DOI 10.1007/978-3-662-46958-3_10

(Untersuchungen zur Molekularstrahlmethode aus dem Institut für physikalische Chemie der Hamburgischen Universität Nr. 21.)

Die Reflexion von Quecksilber-Molekularstrahlen an Kristallspaltflächen.

Von **B. Josephy** in Hamburg.

Mit 4 Abbildungen. (Eingegangen am 1. Dezember 1932.)

Es wurde die Reflexion von Hg-Molekularstrahlen an Spaltflächen von NaCl und LiF untersucht, wobei die Intensität der Hg-Strahlen mit dem Hitzdrahtmanometer gemessen wurde.

Die Reflexion von Molekularstrahlen an Kristallspaltflächen von Alkalihalogeniden ist mehrfach untersucht worden[1]). Hierbei ergab sich, daß zwei Arten von Reflexion zu unterscheiden sind.

1. Die exakte spiegelnde Reflexion[2]) und

2. die „diffuse Reflexion“[3]), bei der das Maximum der Strahlintensität ungefähr in die Richtung des gespiegelten Strahles fällt.

Die erste Art spiegelnder Reflexion wurde im hiesigen Institut (l. c.) an Strahlen von He- und H_2-Molekülen gefunden, sowie von Johnson (l. c.) an H-Atomen. Charakteristisch für diese Art Reflexion ist, daß die Strahlen nach der Reflexion nicht verbreitert sind und streng den geometrischen Dimensionen entsprechen (innerhalb einer Versuchsgenauigkeit von etwa $^1/_{10}{}^0$ bei den letzten Versuchen im hiesigen Institut), wobei die Intensität des reflektierten Strahles bis über 20% des einfallenden Strahles beträgt, natürlich abhängig von der Substanz, dem Einfallswinkel und der Temperatur. Die Strahlen werden vom Kristall in diesem Falle wie ein Lichtstrahl von einem Spiegel reflektiert, d. h. der Vorgang ist ein reines Wellenphänomen (Beugung nullter Ordnung). Wie zu erwarten, erfolgt eine solche Reflexion nur bei Strahlen von schwer adsorbierbaren Substanzen

[1]) Zusammenfassende Darstellung siehe den Artikel Beugung von Materiestrahlen v[on] R. Frisch und O. Stern im Handb. d. Phys. XXII, Teil II, S. 351—354. Berlin, Julius Springer, 1933. II. Auflage.

[2]) F. Knauer u. O. Stern, ZS. f. Phys. **53**, 779, 1929; I. Estermann u. O. Stern, ebenda **61**, 95, 1930; I. Estermann, R. Frisch u. O. Stern, ebenda **73**, 348, 1931 (U. z. M. Nr. 11, 15, 18); Th. H Johnson, Phys. Rev. **31**, 1122, 1928; **35**, 1432, 1930.

[3]) A. Ellett u. H. F. Olson, Phys. Rev. **31**, 643, 1928; A. Ellett, H. F. Olson u. H. A. Zahl, ebenda **34**, 493, 1929; H. A. Zahl, ebenda **36**, 894, 1930; A. Ellett u. H. A. Zahl, ebenda **38**, 977, 1931; R. R. Hancox u. A. Ellett, Bull. Amer. Phys. Soc. **7**, 29, 1932; I. M. B. Kellogg, Bull. Amer. Phys. Soc. **7**, 30, 1932; R. M. Zabel, ebenda **7**, 29, 1932.

(He, H_2, H) mit verhältnismäßig großer de Broglie-Wellenlänge (Größenordnung 10^{-8} cm).

Die zweite Art, die „diffuse Reflexion", wurde von Ellett und seinen Mitarbeitern bei Strahlen von Zn, Hg usw. gefunden und näher untersucht. Typisch für diese Art Reflexion ist die große Diffusität des reflektierten Strahles (10 bis 20°). Es handelt sich hier durchweg um Substanzen, die stark adsorbierbar sind, mit ziemlich kleiner de Broglie-Wellenlänge (Größenordnung 10^{-9} cm, also etwa zehnmal kleiner als die obige). Ellett und seine Mitarbeiter fanden ferner, daß die Richtung der maximalen Intensität bei dem diffusen reflektierten Strahl etwas (Größenordnung 10°) von der Spiegelungsrichtung abweicht, im allgemeinen zum Lot hin.

Bei der „diffusen Reflexion" handelt es sich offenbar um eine Art von „klassischer" Reflexion, das Strahlmolekül wird von der Kristallspaltfläche reflektiert wie ein Ball von einer Wand.

Die ersten Versuche von Ellett und seinen Mitarbeitern wurden so ausgeführt, daß der Strahl durch Kondensation auf einer gekühlten Fläche aufgefangen wurde. Später wurde die Intensität des Strahles mit einem Ionisationsmanometer gemessen.

Zweck der vorliegenden Arbeit war, die zweite Art von Reflexion zu untersuchen, und zwar wurden Hg-Strahlen an LiF- und NaCl-Spaltflächen reflektiert. Zur Intensitätsmessung wurden die im hiesigen Institut vielfach verwendeten Hitzdrahtmanometer[1]) benutzt, nachdem ihre Brauchbarkeit für Hg-Strahlen in Vorversuchen festgestellt worden war. Die Anordnung war die im hiesigen Institut übliche. Der Strahl fiel in das Auffangröhrchen eines im übrigen geschlossenen Gefäßes und erzeugte dort einen Druck, der seiner Intensität proportional war. Der Druck wurde in der üblichen Weise mit Hitzdrahtmanometern in Kompensation gemessen[1]).

Prüfung der Eignung der Manometer für Hg-*Dampf*. Die Gefäßwand der Manometer konnte bei diesen Messungen an Hg nicht auf die Temperatur der flüssigen Luft gebracht werden, sondern wurde auf Zimmertemperatur gehalten. Das Manometer stand in Verbindung mit einem größeren Gefäß mit gesättigtem Hg-Dampf. Der Dampfdruck wurde dann durch Temperaturänderung des Hg-Reservoirs um kleine Beträge ($^1/_2$ bis $4 \cdot 10^{-4}$ mm Hg) geändert. Die Messungen sind in der Tabelle 1 zusammengestellt.

T_1 ist die Anfangstemperatur des Hg-Reservoirs, T_2 die Endtemperatur, p_1 und p_2 die dazugehörigen Drucke, ihre Differenz Δp, also die Druckänderung und Δs der dadurch verursachte Galvanometerausschlag. Wie

[1]) F. Knauer u. O. Stern, ZS. f. Phys. **53**, 766, 1929 (U. z. M. Nr. 10).

Tabelle 1.

Anfangs-temperatur T_1	p_1 mm · 10^{-4}	End-temperatur T_2	p_2 mm · 10^{-4}	Δp mm · 10^{-4}	Δs Ausschlag des Galvanometers cm	Ausschlag für eine Druck-änderung von $1 \cdot 10^{-6}$ mm cm
288,5	8,831	282,8	5,285	3,546	42,5[1]	$1{,}5_4$
282,8	5,285	288,0	8,531	3,246	35,3	$1{,}3_9$
283,0	5,370	287,8	8,299	2,929	31,2	$1{,}3_6$
287,8	8,299	279,8	3,999	4,300	48,3	$1{,}4_4$
280,0	4,064	273,0	2,075	1,989	21,7	$1{,}4_0$
287,9	8,375	281,9	4,864	3,511	39,0	$1{,}4_2$
281,9	4,864	287,0	7,709	2,845	31,0	$1{,}3_9$
287,4	7,998	280,1	4,102	3,896	44,6	$1{,}4_6$
280,5	4,266	273,0	2,075	2,191	23,6	$1{,}3_8$
273,0	2,075	263,6	0,792	1,282	14,8	$1{,}4_7$
264,0	0,826	100	—	0,826	10,4	$1{,}6_1$
260,0	0,537	100	—	0,537	6,7	$1{,}6_0$

aus der letzten Spalte der Tabelle 1 ersichtlich ist, ergab sich Proportionalität zwischen Druck und Ausschlag und eine Empfindlichkeit der Manometer von durchschnittlich $1{,}4_6$ cm bei $1 \cdot 10^{-6}$ mm Druckänderung. Da diese Manometer zur Messung von Hg-Drucken brauchbar sind, wurden sie in die Molekularstrahlapparatur eingebaut.

Beschreibung der Apparatur (Fig. 1). Der linke Teil der Glasapparatur ist der Ofen, eine oben und unten zugeschmolzene Glasröhre, die im unteren Teil eine kleine Menge Hg enthält. Über diesen Teil ist von unten ein elektrisch heizbarer Metallblock, der eine zweite Bohrung für ein Thermometer trägt, zu schieben. Der mittlere Teil des Ofens ist mit einem Kupferblech bedeckt, über das von oben ein elektrisch beheiztes Rohr geschoben wird. Der Ofenspalt hat die Form einer Kapillare, die ebenfalls mit Kupfer und einer darüber befindlichen elektrischen Heizung umwickelt ist. Alle erwärmten Teile sind nach außen durch Asbest gut isoliert. Der aus der Kapillare austretende Strahl passiert ein Kupferrohr, das von oben her durch flüssige Luft kühlbar ist, zwecks Kondensation eines Teils der nicht parallel der Strahlachse austretenden Moleküle und zur Verminderung des Druckes in diesem Raum. Hierzu dient auch das darunter angebrachte Ausfriergefäß. Der Strahl tritt dann durch den Abbildespalt, eine kreisförmige Öffnung in einer Messingkappe. Die Kappe trägt ferner eine magnetisch von außen zu betätigende Klappe, die nach Belieben in den Weg des direkten Strahles gebracht werden kann. Bei geöffneter Klappe fällt der

[1]) Die Zahlen dieser Kolonne sind alle mit 12,8 zu multiplizieren, da die Messungen mit einer auf den 12,8-ten Teil verminderten Galvanometerempfindlichkeit ausgeführt wurden.

Strahl dann auf den Kristall, der auf dem Kristallhalter durch eine Feder befestigt ist. Der Kristallhalter ist durch eine auf der Rückseite angebrachte elektrische Heizung zu erwärmen, seine Temperatur wird durch ein Thermo-

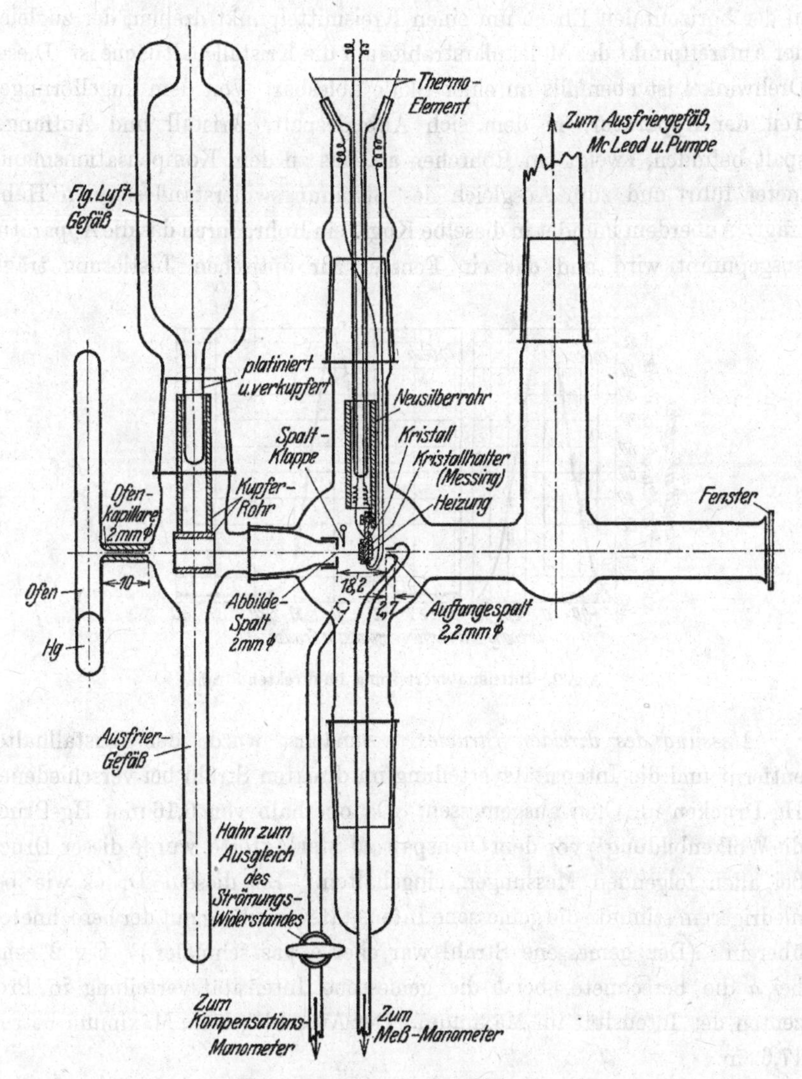

Fig. 1. Apparatur (1 : 3 verkleinert).

element gemessen. Er ist an einem Neusilberrohr befestigt, das über ein zugeschmolzenes Glasrohr gesteckt ist. Dieses Glasrohr ist durch den oberen Schliff drehbar; der Drehwinkel wird auf einer Skale durch einen Zeiger, der am Schliff befestigt ist, angezeigt. Hebt man diesen

Schliff mit dem daran befestigten Kristallhalter heraus, so fällt der Molekularstrahl in den Auffangespalt des Manometergefäßes. Der Auffangespalt läßt sich aus dieser Stellung, durch Drehung des unteren Schliffes, in der horizontalen Ebene um einen Kreismittelpunkt drehen, der zugleich der Auftreffpunkt des Molekularstrahles auf die Kristallspaltfläche ist. Dieser Drehwinkel ist ebenfalls an einer Skale ablesbar. Von dem kugelförmigen Teil der Apparatur, in dem sich Abbildespalt, Kristall und Auffangespalt befinden, zweigt ein Röhrchen ab, das zu dem Kompensationsmanometer führt und zum Ausgleich des Strömungswiderstandes einen Hahn trägt. Außerdem mündet in dieselbe Kugel ein Rohr, durch das die Apparatur ausgepumpt wird und das ein Fenster zur optischen Justierung trägt.

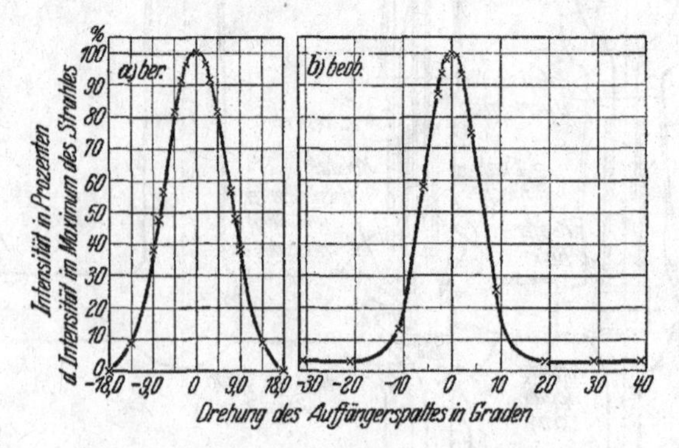

Fig. 2. Intensitätsverteilung im direkten Strahl.

Messung des direkten Strahles. Zunächst wurde der Kristallhalter entfernt und die Intensitätsverteilung im direkten Strahl bei verschiedenen Hg-Drucken im Ofen ausgemessen. Da oberhalb von 0,16 mm Hg-Druck die Wolkenbildung[1]) vor dem Ofenspalt zu stark störte, wurde dieser Druck bei allen folgenden Messungen eingehalten. Bei diesem Druck wie bei niedrigerem stimmte die gemessene Intensitätsverteilung mit der berechneten überein. (Der gemessene Strahl war eher etwas schmaler.) Fig. 2 zeigt bei *a* die berechnete, bei *b* die gemessene Intensitätsverteilung in Prozenten der Intensität im Maximum. Der Ausschlag beim Maximum betrug 17,6 cm.

Montierung und Justierung des Kristalls. Es wurde nun der Kristallhalter eingesetzt, und nachdem er bei 210° C im Hochvakuum einen Tag lang ausgeheizt worden war, ein frisch gespaltener Kristall (etwa 6 × 6 × 1,8 mm³) eingesetzt und mehrere Stunden bei etwa 200° C gehalten. In der gleichen

[1]) F. Knauer u. O. Stern, ZS. f. Phys. **39**, 764, 1926 (U. z. M. Nr. 2).

Weise wurde jeder weitere Kristall behandelt. Vor dem Spalten wurden die Kristalle bei etwa 70° C getempert. Da Ellett und Mitarbeiter Abweichungen vom Spiegelungsgesetz gefunden hatten, wurde besonderer Wert auf die Kontrolle der Lage der Kristalloberfläche gelegt und jeder einzelne Kristall vor und nach dem Versuch optisch justiert. Diese Justierungen stimmten innerhalb der Meßgenauigkeit von etwa 1° überein. Der Unterschied war in jedem Fall kleiner als 1,5°.

Messung des reflektierten Strahles. LiF *und* NaCl. Die ersten Reflexionsversuche wurden am LiF vorgenommen, da dieses nach den Arbeiten im hiesigen Institut besonders großes Reflexionsvermögen für H_2 und He besitzt. Auch bei unseren Versuchen mit Hg war sein Reflexionsvermögen größer als das des NaCl. In der Fig. 3 sind die Intensitäten des am LiF reflektierten Strahles in Polarkoordinaten wiedergegeben, in Fig. 4 das gleiche für NaCl.

Die Versuche sind an mehreren Kristallen durchgeführt und reproduziert worden und ergaben stets die gleichen Resultate, nur das Reflexionsvermögen variierte etwas und nahm bei allen Kristallen langsam ab, wenn sie mehrere Tage in der Apparatur verblieben. Der letzte NaCl-Kristall aber blieb drei Wochen lang brauchbar. Da der am LiF reflektierte Strahl bei den Einfallswinkeln von 30 bis 45° nahezu in die Richtung der Spiegelung fiel, bis auf eine kleine Abweichung zum Lot (siehe Diskussion weiter unten), gingen wir bald zum NaCl über, um zu sehen, ob sich dieses anders verhält. Wie aus dem Vergleich von Fig. 3 und 4 hervorgeht, ist dies nicht der Fall. Zahl und Ellett hatten gefunden, daß die Abweichung von der spiegelnden Reflexion zum Lot bei kleineren Einfallswinkeln anwächst. Es wurde daher mehrmals der Versuch bei einem Einfallswinkel von 30° wiederholt (Fig. 4), bei dem diese Abweichung nach Ellett etwa 12° sein sollte, ohne daß aber die Abweichung zu finden war. Es wurde dann noch zu einem Einfallswinkel von 20° übergegangen. Die hier auftretende Abweichung von der Spiegelung ist zwar die größte bei den obigen Versuchen gefundene (etwa 7°), aber nicht entfernt so groß, wie Zahl und Ellett sie gefunden haben (etwa 14°). Außerdem war bei diesem Versuch der Anteil der Kosinusstrahlung groß im Verhältnis zur Reflexion, weil der Kristall schon über drei Wochen in der Apparatur verwendet worden war. Es wurde versucht, die Kosinusstrahlung nach dem Vorgange von Ellett auf folgende Weise zu korrigieren. Nimmt man an, daß die bei 50° gefundene Intensität reine Kosinusstrahlung ist und korrigiert danach die Intensität des reflektierten Strahles, so verschiebt sich das Maximum in Richtung nach 20° hin. Im gleichen Sinne geht die Korrektur für alle Versuche; stets muß infolge der Kosinusstrahlung von den Intensitäten bei größeren Winkeln mehr abgezogen werden als von denjenigen bei kleineren Winkeln, d. h. also, die aus den Kurven ersichtliche kleine Abweichung (im allgemeinen 2 bis 3⁰) vom Spiegelungsgesetz wird durch diese Korrektur praktisch zum Ver-

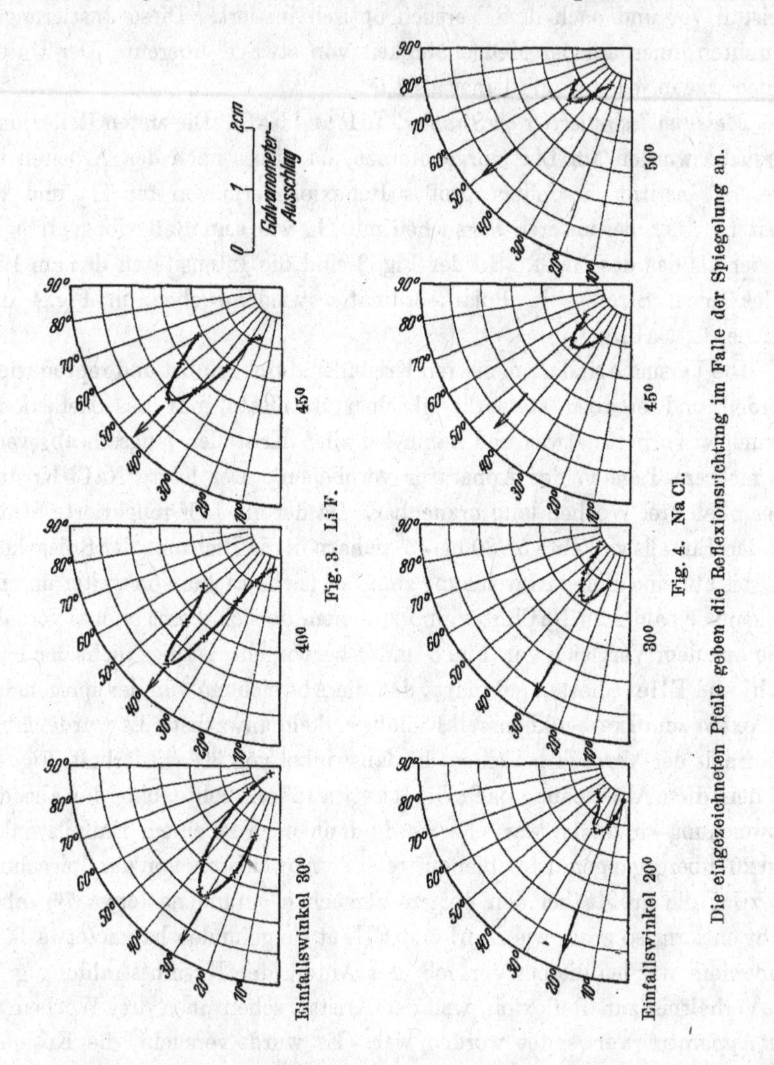

Fig. 3. Li F.

Fig. 4. Na Cl.

Die eingezeichneten Pfeile geben die Reflexionsrichtung im Falle der Spiegelung an.

schwinden gebracht. Natürlich ist diese Korrektur etwas unsicher, weil die Kosinusstrahlung aus räumlichen Gründen mit der Apparatur nicht direkt gemessen werden konnte. Sie kann aber in jedem Fall nur in dem Sinne wirken, die gefundenen kleinen Abweichungen vom Spiegelungsgesetz noch zu verkleinern.

Als Ergebnis dieser Untersuchung ergibt sich also: Die Beobachtungen von Ellett und Mitarbeitern, daß eine „diffuse Reflexion" von Hg-Strahlen an LiF und NaCl vorhanden ist, wurden bestätigt, doch konnten die von diesen Forschern gefundenen Abweichungen vom Spiegelungsgesetz nicht wiedergefunden werden. Die Ursache dieser Diskrepanz ist nicht ersichtlich, liegt aber vielleicht an einer anderen Vorbehandlung der Kristalle.

Herrn Prof. O. Stern danke ich für die Anregung zu dieser Untersuchung und sein förderndes Interesse.

M15

M15. Robert Otto Frisch, Anomalien bei der Reflexion und Beugung von Molekularstrahlen an Kristallspaltflächen II, Z. Phys. 84, 443–447 (1933)

(Untersuchungen zur Molekularstrahlmethode aus dem Institut für Physikalische Chemie der Hamburgischen Universität. Nr. 25.)

Anomalien bei der Reflexion und Beugung von Molekularstrahlen an Kristallspaltflächen. II.

Von **R. Frisch** in Hamburg.

H. Schmidt-Böcking, K. Reich, A. Templeton, W. Trageser, V. Vill (Hrsg.), *Otto Sterns Veröffentlichungen – Band 5*, DOI 10.1007/978-3-662-46958-3_11

(Untersuchungen zur Molekularstrahlmethode aus dem Institut für Physikalische Chemie der Hamburgischen Universität. Nr. 25.)

Anomalien bei der Reflexion und Beugung von Molekularstrahlen an Kristallspaltflächen. II.

Von **R. Frisch** in Hamburg.

Mit 1 Abbildungen. (Eingegangen am 20. Juni 1933.)

Für die vor kurzem beschriebene merkwürdige Erscheinung, nämlich das Auftreten von scharfen Einsattelungen („Dellen") in den Reflexions- und Beugungskurven[1]), wird aus den Experimenten folgende Gesetzmäßigkeit entnommen: Eine Delle tritt dann auf, wenn die den Kristall verlassenden Moleküle bestimmte Impulskomponenten relativ zum Kristallgitter besitzen; und zwar kommt es bei passender Achsenwahl nur auf zwei dieser Komponenten an, während die dritte keinen Einfluß hat.

In einer kürzlich erschienenen Arbeit des gleichen Titels[1]) wurde eine merkwürdige Erscheinung beschrieben, nämlich das Auftreten von scharfen Einsattelungen („Dellen") in den Reflexions- und Beugungskurven bei der Reflexion und Beugung von Molekularstrahlen aus He (oder H_2) an LiF (oder NaF). Im folgenden möchte ich auf eine Gesetzmäßigkeit hinweisen, die sich aus diesen Versuchen hat herauslesen lassen und die möglicherweise den Schlüssel zur Deutung dieser Erscheinungen liefern kann.

Die folgenden Erörterungen beziehen sich auf den hauptsächlich untersuchten Fall der Beugung und Reflexion von He an LiF. In den anderen Fällen gelten wahrscheinlich ähnliche Gesetze, doch reichen die bisherigen Beobachtungen nicht aus, um das sicherzustellen.

LiF hat ein Gitter vom NaCl-Typus. Für uns ist vor allem die Anordnung der Ionen auf der Spaltfläche (Würfelfläche) wichtig; sie entspricht der der weißen und schwarzen Felder auf einem Schachbrett, so daß jede Ionengattung für sich ein Kreuzgitter bildet, dessen Achsen den *Diagonalen* der Würfelfläche entsprechen. Wir wählen diese zur X- und Y-Achse; die Z-Achse steht dann senkrecht zur Kristallfläche.

Dellen wurden immer nur bei ziemlich spitzem Winkel zwischen der Strahlrichtung und der einen Gitterachse beobachtet; wir wollen diese immer als X-Achse bezeichnen. Dann gilt folgende Gesetzmäßigkeit: *Eine Delle tritt dann auf, wenn die den Kristall verlassenden (gespiegelten oder gebeugten) Strahlmoleküle bestimmte Werte der Impulskomponenten* p_y *und* p_z *besitzen, während es auf* p_x *nicht ankommt.*

---

[1]) U. z. M. Nr. 23; R. Frisch u. O. Stern, ZS. f. Phys. **84**, 430, 1933.

I. Dellen in der Beugungskurve. Betrachten wir zunächst den einfachsten Fall: Einfallsrichtung fest und in der XZ-Ebene. Dann liegen die intensiven Beugungsspektren der Ordnung $(0, \pm 1)$ zu beiden Seiten des gespiegelten Strahls auf einem Kegel um die X-Achse (vgl. Teil I, Fig. 5). Wird ein Auffänger um die X-Achse gedreht, so daß er sich auf dem Kegel bewegt, so kann man die Intensitätsverteilung in den Beugungsspektren, d. h. die Intensität als Funktion des Drehwinkels ψ bestimmen. Diese „Beugungskurve" entspricht, wie zu erwarten, im wesentlichen der Maxwellverteilung im Strahl; aber sie zeigt eine ausgeprägte Delle, und zwar unabhängig vom Einfallswinkel immer bei $\psi = 50^0$; eine zweite, schwächere Delle ist bei $\psi = 35^0$ (vgl. Teil I, Fig. 6).

Wir wollen nun die zugehörigen Impulskomponenten berechnen. Die Wellenlänge eines gebeugten Strahles finden wir aus der Beugungsgleichung $\lambda = | d \cdot \cos\beta |$ (β = Winkel des gebeugten Strahls mit der Y-Achse). Als *Einheit des Impulses* wählen wir den Impuls, der einer Wellenlänge gleich der Gitterkonstante d des Oberflächengitters gleichnamiger Ionen entspricht, also den Impuls h/d. Dann gehört zu einer Wellenlänge λ der Impuls d/λ; der Impuls der Atome in einem gebeugten Strahl wird $p = 1/\cos\beta$. Die Komponente $p_y = p \cdot \cos\beta$ wird daher gleich 1, für alle gebeugten Strahlen und unabhängig vom Einfallswinkel. Die Komponente p_z finden wir gleich $p_y \cdot \operatorname{cotg}\psi = \operatorname{cotg}\psi$, also ebenfalls unabhängig vom Einfallswinkel. Nur die dritte Komponente p_x hängt außer von ψ auch vom Einfallswinkel α ab ($p_x = \operatorname{cotg}\alpha/\sin\psi$); daß die Delle unabhängig von α stets bei demselben ψ auftritt, entspricht unserer Behauptung, daß es nicht auf p_x ankommt, sondern nur auf p_y und p_z.

Es wurden dann auch Beugungskurven ausgemessen, wenn der Kristall in seiner Ebene verdreht war, also die Einfallsebene nicht mit der XZ-Ebene zusammenfiel. Die Beugungskurve wird dabei unsymmetrisch, die Dellen rücken auf der einen Seite nach größeren, auf der anderen Seite nach kleineren Werten von ψ (I., Fig. 7). Sodann wurden für jede beobachtete Delle die drei Impulskomponenten p_x, p_y und p_z der Moleküle im gebeugten Strahl berechnet. Die so gefundenen Werte sind (als schwarze Punkte) in das p_y-p_z-Diagramm Fig. 1 eingetragen; der Wert von p_x ist neben jeden Punkt dazugeschrieben.

Wie man sieht, ordnen sich die Punkte zu zwei Kurven. Daß es nicht auf p_x ankommt, wird bestens bestätigt; Punkte mit sehr verschiedenem p_x fügen sich glatt in eine Kurve.

II. Dellen bei der spiegelnden Reflexion. Dreht man den Kristall in seiner Ebene, so zeigt die „Reflexionskurve" (Intensität des gespiegelten

Strahls als Funktion des Drehwinkels) ebenfalls ausgeprägte „Dellen" (vgl. Teil I, Fig. 11 und 12). Wegen der Maxwellverteilung kann man nicht von einem bestimmten Impuls der reflektierten Atome sprechen (bei der Reflexion findet ja nicht, wie bei der Beugung, eine spektrale Zerlegung statt); dadurch wird die Prüfung unserer Gesetzmäßigkeit erschwert. Um diese Schwierigkeit zu umgehen, können wir die Messungen mit Strahlen einheitlicher Geschwindigkeit heranziehen (vgl. Teil I). Bei diesen Messungen wurden die Strahlen nach der Reflexion durch Beugung an einem zweiten Kristall „monochromasiert". Aus der Lage der so gefundenen Reflexionsdellen in Verbindung mit der aus dem Beugungswinkel berechneten Wellenlänge wurden wiederum, wie oben, die Impulskomponenten berechnet und in das Diagramm Fig. 1 eingetragen (als leere Kreise). Wie man sieht, liegen sie offenbar auf denselben Kurven, wie die aus den Beugungsdellen ermittelten Punkte.

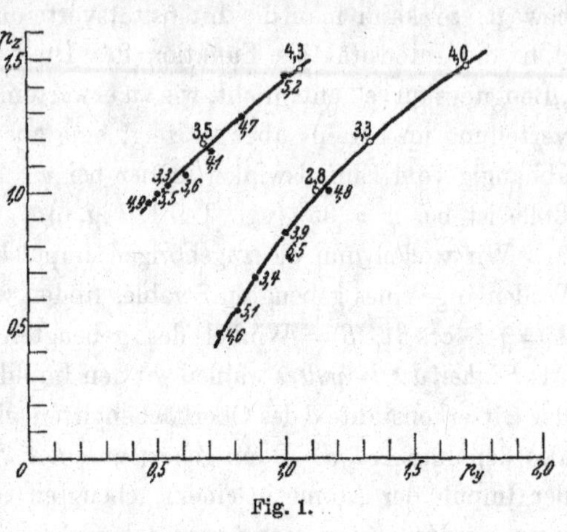

Fig. 1.

Damit ist gezeigt, daß tatsächlich die Beugungsdellen und die Reflexionsdellen derselben Gesetzmäßigkeit folgen. Gleichzeitig können wir aber jetzt begründen, warum wir immer die Impulskomponenten der den Kristall *verlassenden* Moleküle berechnet haben. Würden wir nämlich statt dessen die der *auftreffenden* Moleküle nehmen, so würde das bei der Spiegelung keinen Unterschied machen (abgesehen vom Vorzeichen), wohl aber bei der Beugung, so daß die Einheitlichkeit verlorenginge.

Im folgenden möchte ich zeigen, wie sich einige charakteristische Züge der *Reflexionsdellen* aus unserer Gesetzmäßigkeit bei Berücksichtigung der Maxwellverteilung einfach erklären lassen.

1. Temperatureinfluß. Heizt man den Ofenspalt von T_1 auf T_2, so vergrößert man dadurch alle im Strahl vertretenen Geschwindigkeiten um den Faktor $\sqrt{T_2/T_1}$. Die Form der Reflexionskurve wird dabei verändert (vgl. Teil I, Fig. 13). Dieselbe Veränderung sollten wir erwarten, wenn wir, anstatt den Ofenspalt zu heizen, den Einfallswinkel ζ (genau genommen $\sin \zeta$) um denselben Faktor vergrößern, und ebenso alle Werte von η (genau genommen $\sin \eta \cos \zeta$) vergrößern, d. h. den Abszissenmaßstab in diesem Verhältnis verkürzen. Denn dadurch werden die Impulskomponenten $p_y = p \sin\eta \cos \zeta$ und $p_z = p \sin \zeta$ in derselben Weise geändert wie durch die Heizung des Strahles, und auf p_x kommt es ja nicht an. Tatsächlich wurde in Teil I darauf hingewiesen, daß durch Heizung des Strahles die Reflexionskurve ihre Form in ähnlicher Weise ändert, wie wenn der Einfall steiler wird, der Abstand der Dellen sich aber nicht wesentlich ändert, während er bei Vergrößerung des Einfallswinkels zunimmt.

2. Verschiedene Schärfe der Dellen; die „verbotene Ebene“. Die wirklich gemessene Delle setzt sich aus unendlich vielen Dellen zusammen, die den verschiedenen im Strahl vertretenen Geschwindigkeiten entsprechen. Eine scharfe Delle wird dann zustandekommen, wenn die Lage nur wenig von der Geschwindigkeit (im Bereich der Maxwellverteilung) abhängt. Konstante Lage bedeutet konstantes Verhältnis der Impulskomponenten; wenn p_y/p_z größer wird, rückt die Delle nach außen (nach größeren Werten von η). Durchlaufen wir nun den rechten Kurvenzweig in Fig. 1 von unten nach oben, so wandert die Delle erst nach innen, bleibt dann stehen und bewegt sich wieder nach außen. Aus der Überlagerung all dieser Dellen ergibt sich also eine außen verlaufende, innen scharf begrenzte „Bande“, deren Kante immer demselben Wert von p_y und p_z entspricht, nämlich dem Berührungspunkt der durch den Ursprung an die Kurve gelegten Tangente. Das ist die Erklärung für die Tatsache (Teil I), daß die Delle dann auftritt, wenn der Strahl in eine Ebene zu liegen kommt, die durch die X-Achse geht und mit der XZ-Ebene einen Winkel von 49^0 einschließt. In dieser Ebene muß nämlich jeder Strahl liegen, in dem die Moleküle Impulskomponenten p_y und p_z entsprechend dem oben genannten Berührungspunkt haben, da seine Verbindung mit dem Ursprung einen Winkel von 49^0 mit der p_z-Achse bildet. Die nahe Übereinstimmung dieses Winkels mit dem bei der *Beugung* auftretenden Winkel von 50^0, dem Winkel zwischen der p_z-Achse und der Verbindungslinie des Ursprungs mit dem Punkt $p_y = 1$ des rechten Kurvenzweiges, ist im Grunde genommen ein Zufall.

Geht man zu immer kleineren Einfallswinkeln, so entspricht schließlich dem p_z des Berührungspunktes ein so großer Wert des Gesamtimpulses, daß nur noch wenig so rasche Moleküle vorkommen. Die Delle liegt dann bei größerem η, als der verbotenen Ebene entsprechen würde, und wird unscharf, genau wie es nach dem Verlauf der Impulskurve zu erwarten ist.

In ähnlicher Weise kann man auch das Verhalten der anderen Delle (linker Kurvenzweig) diskutieren.

Schluß. Es liegt also offenbar folgender Sachverhalt vor: Wenn die an einer LiF-Spaltfläche spiegelnd reflektierten oder gebeugten He-Atome die Kristallfläche so verlassen, daß ihre Impulskomponenten, bezogen auf das Oberflächengitter, bestimmte „verbotene" Werte haben, so wird ein Teil von ihnen zurückgehalten (oder abgelenkt). Es liegt nahe, anzunehmen (Teil I), daß diese Atome adsorbiert und nach sehr kurzer Adsorptionszeit (He wird ja nur schwach adsorbiert) wieder in beliebiger Richtung reemittiert werden. Es wäre also dann so, daß solche Atome besonders leicht adsorbiert werden, *die im Begriffe sind, den Kristall mit bestimmter Richtung und Geschwindigkeit zu verlassen.* Eine Deutungsmöglichkeit für ein solches Verhalten wäre vielleicht folgende: Die adsorbierten Atome, die sich in dem zweifach periodischen Kraftfeld der Kristalloberfläche bewegen, sind gequantelt (ähnlich wie die Elektronen im Metallgitter). Dann kann es sein, daß der Übergang aus dem freien in den adsorbierten Zustand dann besonders wahrscheinlich ist, wenn das Atom vor dem Übergang eine geeignete Richtung und Geschwindigkeit hat. Diese Hypothese scheint einige Züge des Phänomens wiedergeben zu können; doch stößt sie auch auf allerlei Schwierigkeiten und hat sich bisher nicht richtig durchführen lassen.

Weitere Messungen zwecks genauer Prüfung der obigen Gesetzmäßigkeit und Festlegung der verbotenen Impulswerte über einen größeren Bereich und für andere Kristalle und Gase sind in Vorbereitung. Auch soll versucht werden, Quantitatives über die wahre Breite und Tiefe der Dellen zu ermitteln.

Zusatz bei der Korrektur. Nach neuen Messungen, bei denen der einfallende Strahl bewegt wurde, tritt eine Delle in der Beugungskurve auch dann auf, wenn nicht der gebeugte, sondern der auftreffende Strahl verbotene Impulskomponenten erhält. Damit fällt die Auszeichnung der den Kristall verlassenden Moleküle vor den auftreffenden fort. Das wesentliche Ergebnis der vorstehenden Arbeit, nämlich daß es auf die Impulskomponenten ankommt, und zwar nur auf zwei von ihnen, bleibt unberührt.

M16

M16. Robert Schnurmann, Die magnetische Ablenkung von Sauerstoffmolekülen, Z. Phys. 85, 212–230 (1933)

(**Untersuchungen zur Molekularstrahlmethode aus dem Institut für physikalische Chemie der Hamburgischen Universität. Nr. 26.**)

Die magnetische Ablenkung von Sauerstoffmolekülen.

Von **Robert Schnurmann** in Hamburg.

H. Schmidt-Böcking, K. Reich, A. Templeton, W. Trageser, V. Vill (Hrsg.), *Otto Sterns Veröffentlichungen – Band 5*, DOI 10.1007/978-3-662-46958-3_12

212

(Untersuchungen zur Molekularstrahlmethode aus dem Institut für physikalische Chemie der Hamburgischen Universität. Nr. 26.)

Die magnetische Ablenkung von Sauerstoffmolekülen.

Von **Robert Schnurmann** in Hamburg.

Mit 22 Abbildungen. (Eingegangen am 30. Juni 1933.)

Die magnetische Ablenkung von Molekülen (O_2) wurde zum ersten Male untersucht. Die Versuchsergebnisse stimmen mit der Annahme überein, daß das Sauerstoffmolekül ein magnetisches Moment von zwei Bohrschen Magnetonen hat und daß eine Kopplung zwischen dem Spinimpuls der Elektronen und dem Drehimpuls des Moleküls besteht.

Der Sauerstoff ist eines der wenigen paramagnetischen Gase. Von den 16 Elektronen des Moleküls tragen zwei zum magnetischen Moment bei. Die Summe ihrer Spinimpulsmomente ist $S = 2 \cdot \frac{1}{2} \cdot \frac{h}{2\pi}$. Ein Bahnmoment ist nicht vorhanden. Der Grundzustand ist also ein $^3\Sigma$-Zustand. Das macht die Mullikensche Bandenanalyse[1]) wahrscheinlich. Außerdem geht das aus den Suszeptibilitätsmessungen hervor.

Das magnetische Moment des Sauerstoffmoleküls beträgt zwei Bohrsche Magnetonen. Das ist der Wert für die Komponente des Moments in der Feldrichtung. Da die Komponente des Bahnimpulses der Elektronen parallel zur Figurenachse den Wert $L = 0$ hat und der Spinimpuls $S = 1$ ist (in Einheiten $h/2\pi$), ist der Gesamtimpuls $J = L + S = 1$. Damit ergibt sich für den Betrag des magnetischen Moments

$$\mu = \sqrt{J(J+1)} \cdot 2\mu_0 = \sqrt{2} \cdot 2\mu_0 \tag{1}$$

(μ_0 = Bohrsches Magneton). Die klassische Langevin-Debyesche Formel zur Berechnung der Suszeptibilität kann auch in der neuen Quantentheorie angewandt werden, wenn für das magnetische Moment nicht die Komponente in der Feldrichtung eingesetzt wird, sondern der Betrag, der in (1) angegeben ist. Dann wird die Suszeptibilität pro Mol

$$\chi_{\mathrm{mol}} = \frac{8}{3} \cdot \frac{L\mu_0^2}{kT} = \frac{0{,}993}{T} \,{}^{2)} \tag{2}$$

---

1) R. S. Mulliken, Phys. Rev. **32**, 880, 1928.

2) J. H. van Vleck, The theory of electric and magnetic susceptibilities. Oxford 1932. S. 266.

(L = Loschmidtsche Zahl, k = Boltzmannsche Konstante). Bei 20° C wird

$$\chi_{\mathrm{mol}} = 3{,}39 \cdot 10^{-3}. \tag{3}$$

Die experimentellen Ergebnisse stimmen mit diesem Wert innerhalb von 3% überein. In Tabelle 1 sind die von verschiedenen Beobachtern bei verschiedenen Feldstärken gemessenen molaren Suszeptibilitäten zusammengestellt. Eine Feldstärkeabhängigkeit dieser Werte ist nicht vorhanden.

Tabelle 1.

$10^3 \chi$	Druck Atm.	Feldstärke Gauß	Beobachter
3,45	—	12 600—27 400	Bauer u. Piccard[1])
3,35	5 und 18	100— 1 350	P. Curie[2])
3,31	100	10 000—18 000	K. Onnes u. Oosterhuis[3])
3,33	1	22 000	T. Soné[4])
3,48	—	—	Wills u. Hector[5])
3,34	< 1	5 740—11 600	Lehrer[6])
3,42	—	—	Woltjer, Coppoolse u. Wiersma[7])
3,45	1	15 000	Weiss, Piccard u. Bauer[8])

Wir erwarteten, daß ein Stern-Gerlach-Experiment eine Aufspaltung in drei Strahlen ergeben würde, falls mit Molekülen einheitlicher Geschwindigkeit gearbeitet würde. Mit der Maxwellverteilung sollte der Sauerstoffmolekularstrahl im inhomogenen Magnetfeld ein Aufspaltungsbild mit drei Maxima ergeben. Das mittlere sollte an derselben Stelle liegen wie das Maximum des Strahles ohne Feld. An dieser Stelle sollte die Intensität des Strahles mit Magnetfeld ein Drittel derjenigen des Strahls ohne Magnetfeld betragen. Außerdem sollten die Ablenkungen der Maxima in der üblichen Weise berechenbar sein.

Die Versuchsergebnisse stimmen mit diesen Erwartungen keineswegs überein. Die Verhältnisse liegen beim Sauerstoff wesentlich verwickelter. Zwischen dem resultierenden Spinimpuls und dem Drehimpuls des Moleküls besteht eine Kopplung. Der Drehimpuls überwiegt beim Sauerstoff den

[1]) E. Bauer u. A. Piccard, Journ. de phys. et le Radium **1**, 97, 1920.
[2]) P. Curie, Ann. chim. phys. **5**, 289, 1895.
[3]) H. Kamerlingh Onnes u. E. Oosterhuis, Comm. Leiden Nr. 134d, 1913.
[4]) T. Soné, Phil. Mag. **39**, 305, 1920.
[5]) A. P. Wills u. L. G. Hector, Phys. Rev. **23**, 209, 1924.
[6]) E. Lehrer, Ann. d. Phys. **81**, 229, 1926.
[7]) H. R. Woltjer, C. W. Coppoolse u. E. C. Wiersma, Comm. Leiden Nr. 201, 1929.
[8]) P. Weiss, A. Piccard u. E. Bauer, C. R. **177**, 484, 1918.

Spinimpuls beträchtlich. Der Spinimpuls beträgt nur $S = 2 \cdot \frac{1}{2} \cdot \frac{h}{2\pi}$, während der Drehimpuls den Betrag $l \cdot \frac{h}{2\pi}$ hat. Bei Zimmertemperatur ist die wahrscheinlichste Rotationsquantenzahl $l = 9$. Die Resultierende beider Impulse ist der Gesamtimpuls J (Fig. 1a). Dieser zeigt seines großen Wertes wegen bei sehr schwachen Magnetfeldern näherungsweise klassische Verteilung (Fig. 1b). Zu einer vollständigen Entkopplung zwischen Spin und Rotation würden außerordentlich starke Felder nötig sein. Bei Feldern von etwa 25000 Gauß ist schon eine weitgehende Entkopplung vorhanden. Bei schwächeren Feldern ist man im Zwischengebiet des Paschen-Back-Effektes und hat sehr unübersichtliche Verhältnisse.

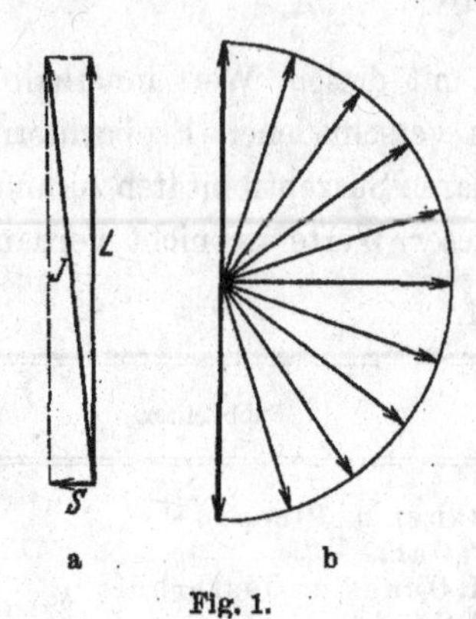

Fig. 1.

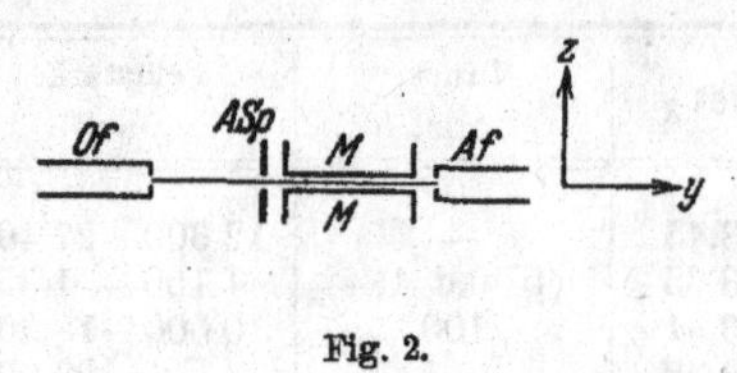

Fig. 2.

Versuchsanordnung. Der Versuch wurde in der üblichen Weise gemacht. Der aus dem Ofenspalt *Of* (Fig. 2) austretende Strahl ging durch Abbildespalt *ASp* und inhomogenes Magnetfeld *M* in den Auffänger *Af*. Die ganze Anordnung war in einem Messingrohr von 60 mm lichter Weite und 5 mm Wandstärke untergebracht. Das Innere des Rohres war in drei Räume unterteilt (Fig. 3). Der „Ofenraum" enthielt die Gaszuführung. Der Mittelraum diente zur Herabsetzung des Streudruckes. In dem Strahlraum befanden sich die Magnetpolschuhe und der Auffänger für den Strahl. Jeder dieser drei Räume war mit einer besonderen Quecksilberdiffusionspumpe verbunden. Bei den Abmessungen der Leitungen zu den Pumpen wurde darauf geachtet, daß die Sauggeschwindigkeiten noch ausreichend waren. Die größte Anforderung wurde an die „Ofenraumpumpe" gestellt. Der Apparat wurde deshalb mit einem 50 cm langen Messingrohr mit 60 mm innerem Durchmesser als Zwischenstück auf eine Stahlpumpe von etwa 15 Liter/sec Sauggeschwindigkeit für Luft gesetzt. In das Messingrohr war zum Wegfangen des Quecksilberdampfes zentrisch ein Neusilberrohr mit 15 mm Durchmesser als Gefäß für flüssige Luft eingelötet. Unter diesen Bedingungen betrug die Sauggeschwindigkeit der Ofenraumpumpe für Wasserstoff 38,2 Liter/sec und für Sauerstoff 13,1 Liter/sec.

Jeder der drei Räume des Apparates hatte eine Verbindung zum Mac Leod.

Die Justierung des Apparats war sehr vereinfacht. Die Spalte wurden nicht auf einer optischen Bank angebracht. Als Bezugssystem diente vielmehr das kreiszylindrisch ausgedrehte Innere der Apparathülle. In diese Hülle waren zwei Eisenklötze an den Stellen eingelötet, an die die Magnet-

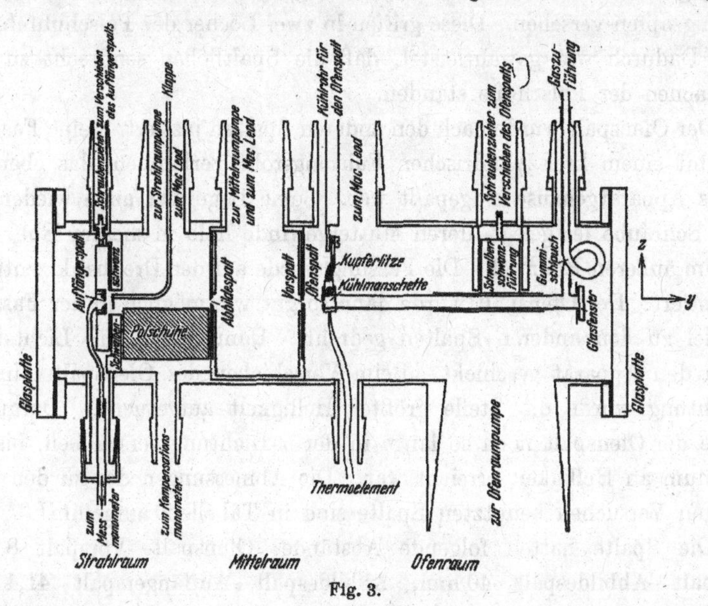

Fig. 3.

polschuhe kamen. Die Polschuhe waren in einen in das Apparatgehäuse eingepaßten Messingring eingelötet. Eine Schraube, deren Muttergewinde halb in die äußere Hülle, halb in das innere Rohr eingeschnitten ist, sorgt dafür, daß die gegenseitige Lage beider Rohre und damit die Lage der Polschuhe im Apparat genau festliegt. Der Luftspalt zwischen den Polschuhen betrug 2 mm. Mit der Lage der Polschuhe war die der Spalte, mit Ausnahme des Ofenspalts, fest gegeben. In das Führungsrohr der Polschuhe war eine Schwalbenschwanzführung so eingepaßt, daß der Auffänger mit ihr quer durch den Strahl geschoben werden konnte. An einer Kreisteilung konnten Verschiebungen des Auffängers von $^1/_{60}$ mm abgelesen werden.

Vorspalt und Abbildespalt waren starr miteinander verbunden. In die beiden Endflächen eines in das Apparatinnere eingepaßten Rohres war genau parallel und jeweils in der Mitte der Fläche eine Schwalbenschwanzführung eingefräst. Beide Endflächen hatten eine zentrische Durchbohrung mit 2 mm Durchmesser. Die Spaltbacken wurden unter dem Mikroskop auf die gewünschte Spaltbreite eingestellt. Die beiden Spalte lagen zentrisch. Durch eine besondere Verschraubung wurde dafür Sorge getragen, daß die Spaltbacken nachträglich nicht mehr verrutschen konnten.

Die Lage von Vor- und Abbildespalt gegenüber den Polschuhen war fest gegeben. Die den Abbildespalt tragende Endfläche war mit zwei Messingzapfen versehen. Diese griffen in zwei Löcher der Polschuhführung ein. Dadurch war gewährleistet, daß die Spalthöhen senkrecht zu den Endflächen der Polschuhe standen.

Der Ofenspalt wurde nach den anderen Spalten justiert. Seine Fassung war mit einem kreiszylindrischen Führungsrohr verbunden, das ebenfalls in das Apparatgehäuse eingepaßt war. Seine Lage war auch wieder mit einer Schraube festgelegt, deren Muttergewinde halb in diesem Rohr und halb im äußeren Rohr saß. Die Fassung wurde auf der Drehbank zentrisch vorjustiert. Der Ofenspalt wurde dann so gut wie möglich in der Fassung parallel zu den anderen Spalten gedreht. Dann wurde ein Lichtstrahl durch den Apparat geschickt. Beim Verschieben des Ofenspaltes in der z-Richtung wurde die Stelle größter Helligkeit aufgesucht. Daraufhin wurde der Ofenspalt noch so lange in der x-Richtung verschoben, bis das Optimum an Helligkeit erreicht war. Die Abmessungen der zu den endgültigen Versuchen benutzten Spalte sind in Tabelle 2 aufgeführt.

Die Spalte hatten folgende Abstände: Ofenspalt—Vorspalt 8 mm, Vorspalt—Abbildespalt 40 mm, Abbildespalt—Auffängerspalt 41,4 mm.

Tabelle 2.

	Länge mm	Breite mm	Kanallänge mm
Ofenspalt	1,5	2,1 $\cdot 10^{-2}$	0,2
Vorspalt	2,0	vorn 0,19 hinten 0,20	1,6
Abbildespalt . . .	2,0	4,0 $\cdot 10^{-2}$	—
Auffängerspalt . .	2,0	vorn 4,25 $\cdot 10^{-2}$ hinten 1,15 $\cdot 10^{-1}$	0,5

Magnetfeld. Anfänglich wurde die Rabische Anordnung[1]) in ihrer ursprünglichen Form benutzt, bei der die Moleküle schräg ins Interferrikum hineinlaufen. Später wurde die Abänderung getroffen, daß der Strahl parallel zur Polschuhkante lief.

[1]) J. J. Rabi, ZS. f. Phys. **54**, 190, 1929.

Die Anordnung, bei der der Strahl parallel zur Polschuhkante läuft, ist vorteilhaft, wenn bei konstanter Inhomogenität des Magnetfeldes verschiedene Feldstärken benutzt werden sollen. Die Kraftlinien verlaufen bis in die Nähe der Ränder des Interferrikums parallel und mit konstanter Dichte (Fig. 4). Beim Herausgehen aus dem Luftspalt kommt man wenig unterhalb der Polschuhkante ins inhomogene Gebiet. Die Kraftliniendichte nimmt hier ab. Der Verlauf und die Größe der Inhomogenität dieses Feldes wurden ermittelt, indem ein Wismutdraht, der an einem Kathetometer befestigt war, durch die Symmetrieebene des Feldes geführt wurde. Aus dieser punktweisen Messung der Feldstärke wurde die Inhomogenität gewonnen (Fig. 5a und 5b).

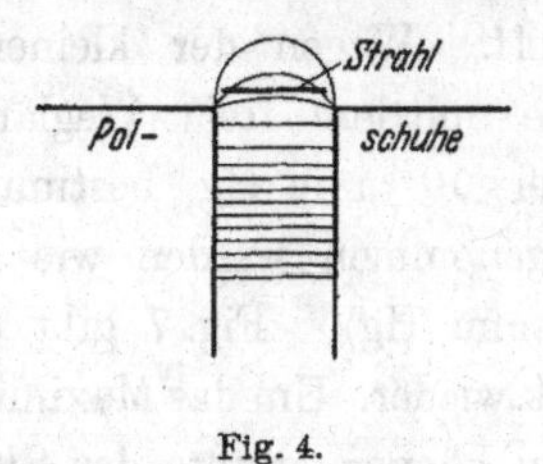

Fig. 4.

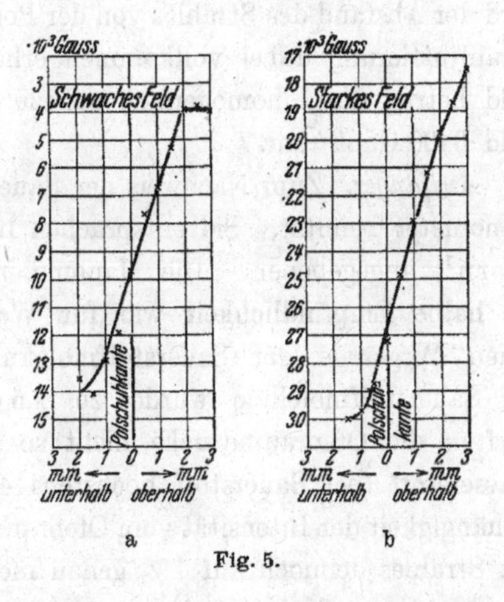

Fig. 5.

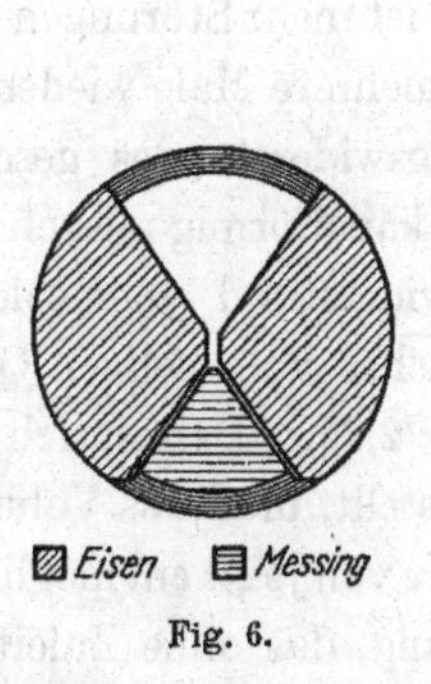

Fig. 6.

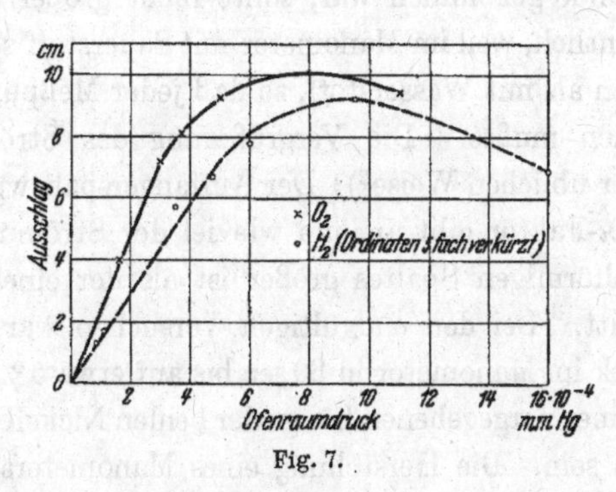

Fig. 7.

Zur Erzeugung der Felder um 10000 Gauß wurde der kleine Hartmann und Braun-Elektromagnet verwendet. Für die Felder zwischen 20000 und 30000 Gauß wurde der große Hartmann und Braun-Magnet benutzt. Für die starken Felder waren die Polschuhe im Apparat gegen die Endflächen unter 55° abgeschrägt (Fig. 6).

Der experimentelle Vorgang zur Veränderung der Feldstärke bei konstanter Inhomogenität war sehr einfach. Auf die Polschuhe wurden nur aufgeschliffene Eisenplatten aufgeschraubt bzw. abgenommen. Dadurch wird der Abstand des Strahles von der Polschuhkante geändert, während die Strahljustierung dabei vollkommen erhalten bleibt. Bei dem schwachen Feld betrug die Inhomogenität nahezu 3000 Gauß/mm, bei dem starken Feld 3400 Gauß/mm.

Auffänger. Zum Nachweis der Sauerstoffmoleküle wurden Hitzdrahtmanometer benutzt. Sie entsprachen im Prinzip den von Knauer und Stern[1]) angegebenen. Die Manometer haben für Sauerstoff nur etwa die halbe Empfindlichkeit wie für Wasserstoff. Wegen der kleineren freien Weglänge der Sauerstoffmoleküle (die mittlere freie Weglänge der Sauerstoffmoleküle wurde zu 1,5 cm bei 10^{-3} mm Hg bestimmt) durften die Ofenraumdrucke nicht so groß genommen werden wie bei Wasserstoff (bei Sauerstoff höchstens $4 \cdot 10^{-4}$ mm Hg). Fig. 7 gibt die Abhängigkeit der Intensität vom Ofenraumdruck wieder. Um das Maximum des Strahles dennoch auf 1 % genau messen zu können, mußte der Strömungswiderstand des Auffängerspalts möglichst groß gemacht werden. Dabei ist man beim Sauerstoff an ziemlich enge Grenzen gebunden. Die Dauer, bis der Druckausgleich im Manometer bis auf wenige Prozente zustande gekommen war, sollte nicht größer als 30 sec werden. Das war wesentlich, weil im Manometer mit Sauerstoff sehr viel mehr Störungen auftraten als mit Wasserstoff, so daß jeder Meßpunkt mehrere Male wiederholt werden mußte. Die Vergrößerung des Strömungswiderstandes geschah in der üblichen Weise[2]): Der Auffängerspalt wurde kanalförmig ausgeführt. Der $\varkappa$-Faktor gibt an, um wieviel der Strömungswiderstand eines solchen kanalförmigen Spaltes größer ist als der eines Loches vom selben Querschnitt. Bei den endgültigen Versuchen war $\varkappa = 2,63$. Damit sich der Druck im Manometer in 30 sec bis auf etwa 5 % einstellt, muß das Volumen bei einer vorgegebenen Länge der beiden Nickelbänder von je 10 cm möglichst klein sein. Die Herstellung eines Manometers gelang, das ohne Zuleitung zum Auffängerspalt 10,6 cm³ Inhalt hatte. Die Zuleitung machte weitere 5,9 cm³ aus. Der Gesamtinhalt betrug also 16,5 cm³.

Beide Manometer, das Meßmanometer und das zur Unschädlichmachung von Druckschwankungen im Apparat mit dem Strahlraum in Verbindung stehende Kompensationsmanometer, wurden in der üblichen Weise in eine Wheatstonesche Brücke geschaltet. Gemessen wurde mit einem Zernicke-

---

[1]) F. Knauer u. O. Stern, ZS. f. Phys. **53**, 766, 1929.
[2]) F. Knauer u. O. Stern, l. c. S. 771.

Galvanometer Type B. Bei etwa 3,5 m Skalenabstand wurde die Empfindlichkeit des Meßmanometers für 10^{-6} mm Hg Wasserstoff zu 40 cm bestimmt.

Zwischen den Polschuhen und dem Auffängerspalt befand sich eine elektromagnetisch betätigbare Klappe zum Absperren des Strahles.

Die Herstellung des Gases. Der Sauerstoff wurde elektrolytisch aus Kalilauge gewonnen. Der Elektrolyseur enthielt Nickelelektroden. Der erzeugte Sauerstoff enthält ein paar Prozent Wasserstoff als Verunreinigung. Um den Wasserstoff zu entfernen, wurde das Gas vor dem Eintritt in die Vorratskugel über Platinasbest geleitet, der in einem Felsenglasrohr auf 300° C gehalten wurde. Das Wasser wurde in einem mit flüssiger Luft gekühlten U-Rohr ausgefroren. Die Analyse des Gases mit Natriumhydrosulfit ergab, daß der Sauerstoff mindestens 99,5%ig war.

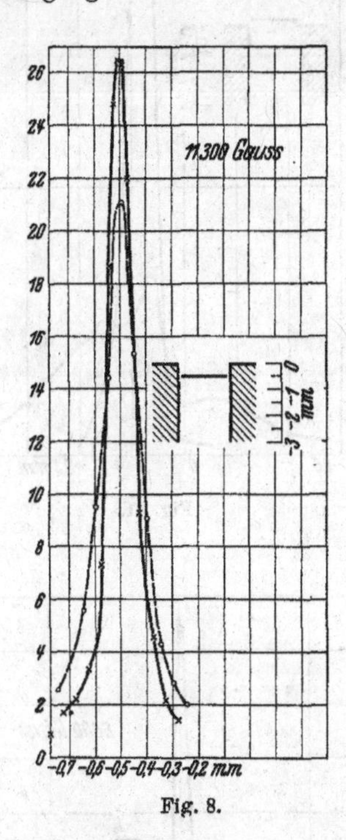

Fig. 8.

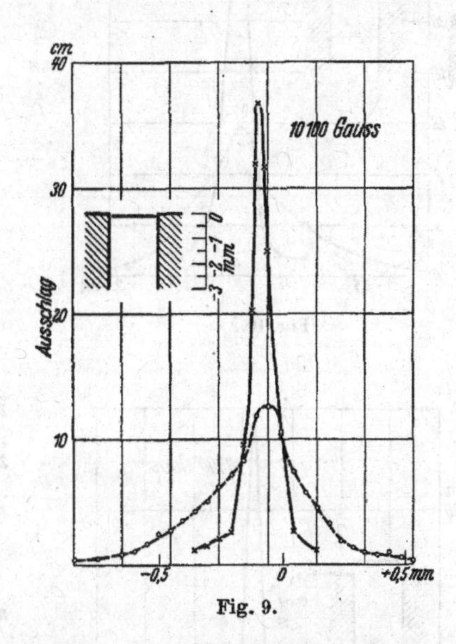

Fig. 9.

Versuchsergebnisse. 1. Versuche mit kleinen Feldstärken bei 200° abs. Im Bereich schwacher Felder (Größenordnung 10000 Gauß) wurde einmal bei konstanter Inhomogenität und bei konstanter Temperatur die Feldstärke verändert. Andererseits wurden Versuche angestellt, bei denen Inhomogenität und Feldstärke konstant gehalten wurden, während der Strahl verschiedene Temperaturen hatte (100, 200 und 300° abs.).

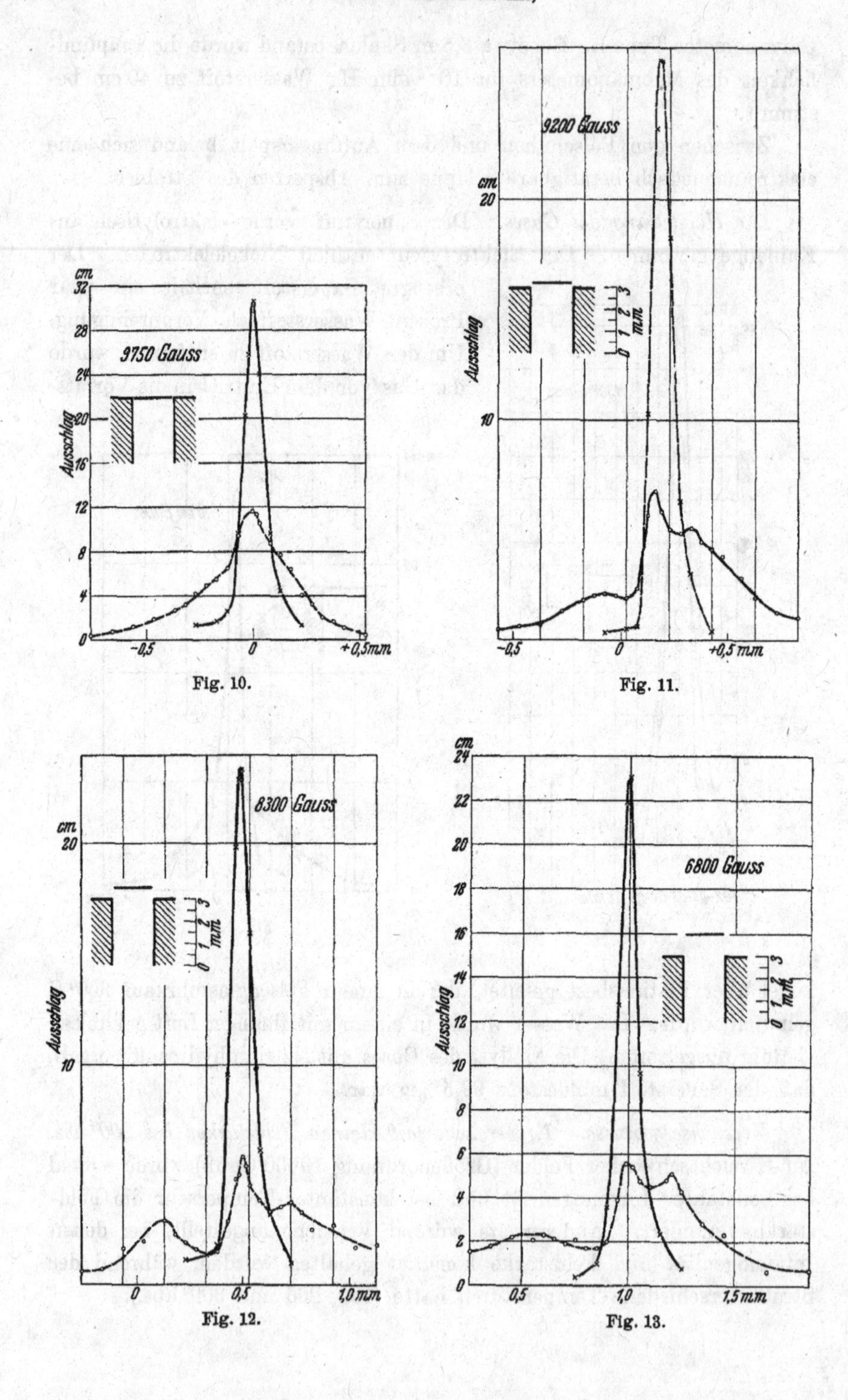

Fig. 10.

Fig. 11.

Fig. 12.

Fig. 13.

Die Fig. 8 bis 14 zeigen die Ergebnisse von Versuchen mit verschiedenen Feldstärken. Die angegebenen Feldstärken sind die Werte der mittleren Feldstärken am Ort des Maximums des unabgelenkten Strahles. Bei jeder Figur ist angegeben, an welcher Stelle unterhalb oder oberhalb der Polschuhkante der Strahl lief. Mit Kreuzen sind die Meßpunkte der Strahlen ohne Magnetfeld, mit Punkten die der Strahlen mit Magnetfeld angegeben.

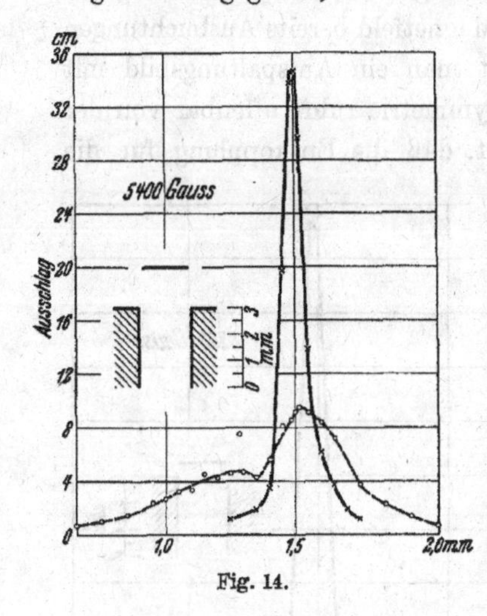

Fig. 14.

Die Aufspaltungsbilder sind stark unsymmetrisch. Das Verhältnis der Intensitäten der Maxima des Strahles

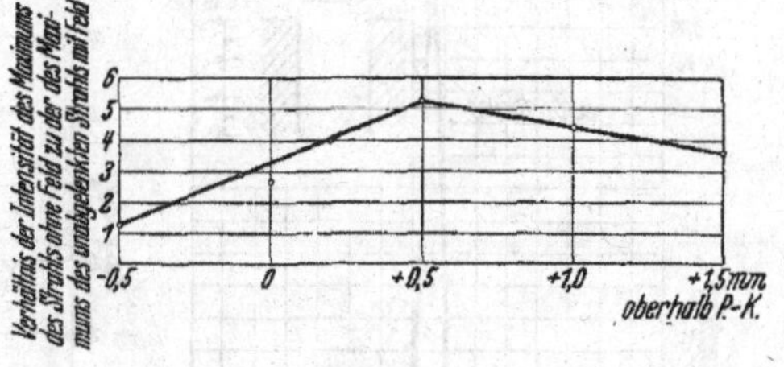

Fig. 15.

ohne Feld und der des unabgelenkten Strahles mit Feld ist nicht konstant[1]).

Die an den Grenzen des *inhomogenen* Gebiets erhaltenen Kurven sind schwierig zu deuten. Man sieht, daß bei 11300 Gauß (Fig. 8) lediglich eine schwache Verbreiterung des Strahles durch das Magnetfeld bewirkt wird und die entsprechende Schwächung der Intensität des Maximums gegenüber der des Maximums ohne Feld. Woher die stärkere Verbreiterung links kommt, ist nicht einfach zu verstehen. Einerseits ist die Inhomogenität auf dieser Seite schwächer, so daß eine geringere Verbreiterung als auf der

[1]) Eine Abhängigkeit des Verhältnisses der Maxima von dem Typus des Aufspaltungsbildes ergibt die Tabelle 3.

Tabelle 3.

Feldstärke (Gauß)	5400	6800	8300	9200	9750	10 100	11 300
Verhältnis der Maxima . .	3,61	4,4	5,23	3,97	2,64	2,91	1,28

Bei der graphischen Darstellung der Tabelle (Fig. 15) kann man merkwürdigerweise durch die sieben Punkte zwei Gerade legen (als Abszisse ist die Höhe des Strahls oberhalb der Polschuhkante gewählt), die sich in dem Punkt 0,5 mm oberhalb der Polschuhkante schneiden. Bei dieser Darstellung fällt nur der Punkt in der Höhe der Polschuhkante heraus. Die Deutung dieses möglicherweise nur zufälligen Befundes dürfte sehr verwickelt sein.

anderen Seite zu erwarten wäre. Andererseits ist das Feld stärker, so daß auch die Entkopplung stärker ist. Ob das Zusammenwirken dieser beiden Einflüsse die stärkere Verbreiterung bewirkt, ist schwer zu übersehen. Bei 10100 Gauß (Fig. 9) ist die Verbreiterung wesentlich stärker, ebenso bei 9750 Gauß (Fig. 10), wo das Bild mit Magnetfeld bereits Ausbuchtungen hat. Bei 9200 Gauß (Fig. 11) bekommt man ein Aufspaltungsbild mit zwei seitlichen Maxima. Die starke Unsymmetrie rührt offenbar von der Variation der Feldstärke her, die bedingt, daß die Entkopplung für die

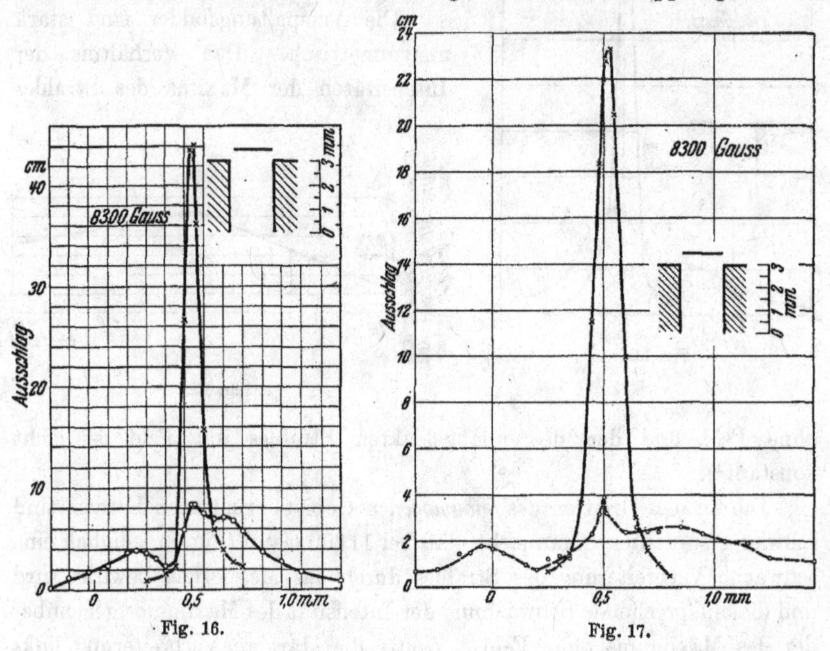

Fig. 16. Fig. 17.

beiden abgelenkten Strahlen verschieden stark ist. Bei 8300 Gauß (Fig. 12) ist die Auflösung in eine Kurve mit drei Maxima noch besser entwickelt. Bei 6800 Gauß (Fig. 13) rückt das rechte seitliche Maximum wieder näher zu dem unabgelenkten Strahl hin, weil hier sowohl Inhomogenität als auch Feldstärke kleiner sind als auf der linken Seite. Bei 5400 Gauß (Fig. 14) ist das rechte Maximum verschwunden, das linke ist ebenfalls näher an den unabgelenkten Strahl herangerückt. Bei dieser Justierung ist man bereits an die andere, auf der Seite kleiner Feldstärke liegende Grenze des Gebiets konstanter Inhomogenität gelangt.

Das Wesentliche, das man diesen Aufspaltungsbildern ansehen kann, ist, daß eine Abhängigkeit des Typus des Aufspaltungsbildes von der Stärke des magnetischen Feldes besteht.

2. Versuche mit konstanter Feldstärke und veränderlicher Temperatur. Mit 8300 Gauß wurde ein Versuch ohne Strahlkühlung, d. h. bei etwa 300⁰ abs. durchgeführt (Fig. 16). Dabei rücken in der zu erwartenden Weise die drei Maxima näher zusammen, gegenüber der mit der gleichen Feldstärke bei 200⁰ abs. gemessenen Kurve in Fig. 12. Umgekehrt wurde noch ein Versuch mit Strahlkühlung auf etwa 100⁰ abs. unternommen (Fig. 17), bei dem die drei Maxima weiter auseinanderrücken.

Eine Reihe von Kontrollversuchen wurde ausgeführt. Mit ihnen wurde sichergestellt, daß weder die Polschuhe einen Teil des ins Feld gezogenen Strahles wegblendeten, noch daß die Unsymmetrie daher rührt, daß Teile des Strahles zu nahe an den Polschuhen vorbeigingen, wo das Feld unregelmäßig war. Diese Versuche stellten sicher, daß sowohl die gefundene Unsymmetrie der Aufspaltungsbilder als auch die Abweichung der Intensitäten der Maxima des Strahles ohne Feld und des unabgelenkten Strahles mit Feld vom Verhältnis 3 : 1 keinen apparativen Grund haben.

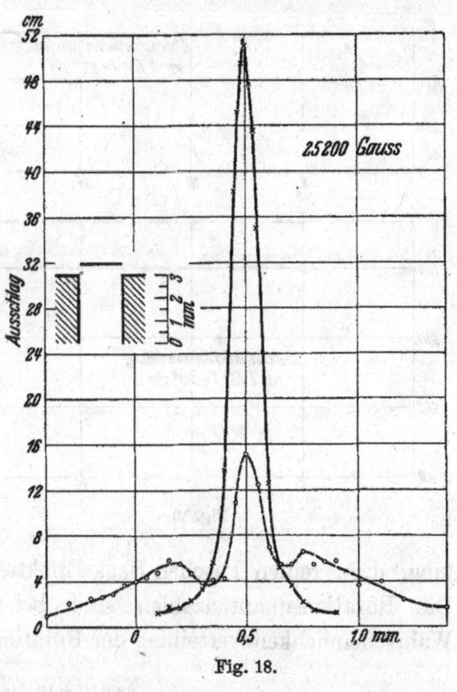

Fig. 18.

3. Versuche mit starkem Feld. Die Feldstärkeabhängigkeit der Versuche mit schwachem Feld ließ vermuten, daß das Aufspaltungsbild mit möglichst starkem Feld sich vereinfachen würde. Die Feldstärkeabhängigkeit der Aufspaltungsbilder deutet auf einen Kopplungseffekt hin. Ein Versuch mit starkem Magnetfeld (25000 Gauß) gab in der Tat ein wesentlich anderes Aufspaltungsbild. Die Unsymmetrie ist hier fast ganz verschwunden. Der unabgelenkte Mittelstrahl wird wesentlich stärker als die beiden abgelenkten und hat nahezu ein Drittel der Intensität des Strahles ohne Magnetfeld (Fig. 18). Das gefundene Maximum des Mittelstrahles beträgt 15,2 cm, das des Strahles ohne Feld 51,1 cm. Der Versuch wurde ohne Strahlkühlung gemacht, weil die früheren Versuche mit schwachem Feld gezeigt hatten, daß die Strahlkühlung nur in der zu erwartenden Weise das Aufspaltungsbild auseinanderzieht (größere

Ablenkung bei kleinerer Geschwindigkeit der Moleküle) und ohne Einfluß auf die Unsymmetrie ist.

Diskussion. Auf unsere Bitte hat Herr Prof. Fermi in Rom Herrn Dr. R. Einaudi[1]) veranlaßt, die magnetische Ablenkung der Sauerstoffmoleküle unter der Annahme einer Kopplung zwischen Spinimpuls und Rotationsimpuls des Moleküls zu rechnen.

Wie oben erwähnt, hätte man ohne diese Kopplung im Gebiet konstanter Inhomogenität nur die ursprünglich gesuchte symmetrische Aufspaltung in drei Strahlen erwarten können. Durch die Kopplung werden die Verhältnisse jedoch verwickelter. Die Molekülrotation liefert selbst keinen merklichen Beitrag zum magnetischen Moment. Dieser Beitrag ist nur von der Größenordnung Kernmoment.

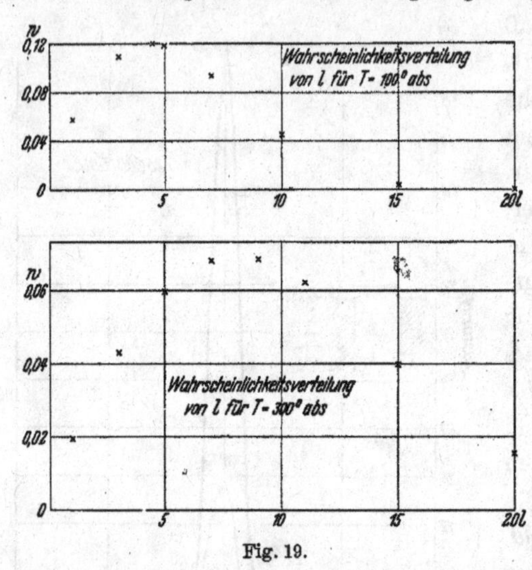

Fig. 19.

Die beiden Grenzfälle vollkommener Kopplung der Impulsmomente von Spin und Rotation und vollkommener Entkopplung, d. h. reinen Paschen-Back-Effektes, lassen sich leicht übersehen. Die Rotationsquantenzahlen sind beim Sauerstoff beträchtlich. Die Wahrscheinlichkeitsverteilung der Rotationsquantenzahlen l ergibt sich aus

$$W = \frac{(2l+1)\cdot e^{-\frac{hcBl(l+1)}{kT}}}{\sum\limits_{l=1}^{\infty}{}'(2l+1)\cdot e^{-\frac{hcB}{kT}l(l+1)}} \qquad \left(B = \frac{h}{8\pi^2 c I}\right). \tag{4}$$

Die wahrscheinlichste Rotationsquantenzahl bei 100^0 abs. ist 5, bei 300^0 abs. 9 (Fig. 19).

Die Resultierende aus Spin- und Drehimpuls, der Gesamtimpuls J, zeigt in schwachen Feldern eine nahezu klassische Verteilung (Fig. 1b).

[1]) R. Einaudi, Rend. Linc. 16, 133, 1932.

Das bedeutet, daß man beim Arbeiten mit Molekülen einheitlicher Geschwindigkeit ein Band konstanter Höhe von Strahlen bekommt und mit der Maxwellverteilung einen verbreiterten Strahl. Der andere Grenzfall der vollkommenen Entkopplung wird in sehr starken Feldern erreicht. Hier herrscht reiner Paschen-Back-Effekt. Man erhält die drei Strahlen, die von den beiden Magnetonen herrühren. Im Zwischengebiet zwischen schwachem Feld und reinem Paschen-Back-Effekt sind die Verhältnisse viel verwickelter. Hier treten $\sum_l' 3 \cdot (2l+1)$-Strahlen[1]) auf, bei Zimmertemperatur bis $l = 15$ gerechnet also mindestens 136 Strahlen (beim Sauerstoffmolekül kommen nur die ungeraden Rotationsquantenzahlen in Betracht). Herr Einaudi hat darauf hingewiesen, daß das Aufspaltungsbild *unsymmetrisch* sein *muß*. Denn die $\sum_l' 3 \cdot (2l+1)$-Strahlen laufen durch verschieden starke Magnetfelder. Sie sind darum verschieden stark entkoppelt.

Herr Einaudi hat einen Fall numerisch durchgerechnet, der den experimentellen Bedingungen mit schwachem Feld entsprach. Zur Vereinfachung betrachtet er die jeweils zu einer Gruppe gehörenden $(2l+1)$-Strahlen als einen Strahl. Man kann sich leicht überzeugen, daß bei einem Feld von größenordnungsweise 10000 Gauß bereits eine Andeutung der Verteilung der Momente auf drei Gruppen vorhanden ist. Er nahm weiter an, daß jeder dieser drei Strahlen durch ein bestimmtes mittleres Feld ging, der ins Feld gezogene durch ein mittleres Feld von 10^4 Gauß, der „unabgelenkte" durch $7 \cdot 10^3$ Gauß und der abgestoßene durch $5 \cdot 10^3$ Gauß. Mit diesen vereinfachenden Annahmen fand Herr Einaudi rechnerisch die ausgezogene Kurve (Fig. 20), die den experimentellen Bedingungen entsprach, unter denen ich die gestrichelte Kurve ausgemessen hatte. Die Übereinstimmung der beiden Kurven ist recht befriedigend. Die Lagen der Maxima und der Charakter der Unsymmetrie stimmen in beiden Kurven überein.

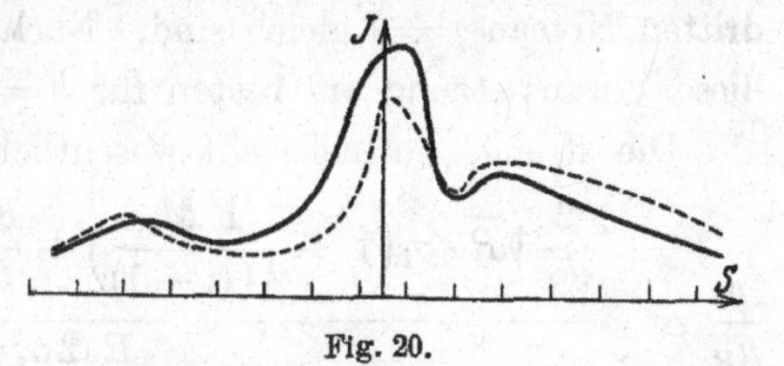

Fig. 20.

Herr Prof. Gordon[2]) hat die Rechnung noch einmal auf eine andere Weise ausgeführt. Er hat unter Berücksichtigung der Kopplung zwischen

[1]) $\sum_l'$ bedeutet in (4), hier und im folgenden, daß nur über die ungeraden l zu summieren ist.

[2]) Die Rechnung ist nicht veröffentlicht.

Spinimpuls und Drehimpuls die Momente in erster und zweiter Näherung und streng berechnet. In erster Näherung findet Herr Gordon für die Momente

$$\left.\begin{aligned}\frac{\mu_1}{\mu_B} &= 2 - \frac{F^2}{4\,l^2\,(l+1)^2}\{l\,(l+1) - (m_l+1)\,m_l\} \\ &\qquad \cdot \{l\,(l+1) + (m_l+1)\,(3\,m_l+2)\}, \\ \frac{\mu_2}{\mu_B} &= 0 + \frac{2\,F^2\,m_l^3}{l^2\,(l+1)^2}, \\ \frac{\mu_3}{\mu_B} &= -2 + \frac{F^2}{4\,l^2\,(l+1)^2}\{l\,(l+1) - (m_l-1)\,m_l\} \\ &\qquad \cdot \{l\,(l+1) + (m_l-1)\,(3\,m_l-2)\}\cdot \end{aligned}\right\} \quad (5)$$

(m_l = Komponente von l in der Feldrichtung).

Dabei ist $F = \dfrac{\varepsilon^{l+1} - \varepsilon^l}{2\,\mu_B\,H}$, wobei ε^j das Energieniveau mit der Quantenzahl j ist. Ferner ist $2\,\mu_B = 0{,}939 \cdot 10^{-4}$. Tabelle 4 enthält die von Mulliken[1]) angegebenen experimentellen Werte für $\varepsilon^{l+1} - \varepsilon^l$. Bei der Gordonschen Rechnung ist angenommen, daß die beiden Niveaus $j = l \pm 1$ dicht nebeneinander liegen und daß ihre Abstände von dem dritten Niveau $j = l$ gleich sind. Nach den Angaben bei Kramers[2]) ist diese Voraussetzung am besten für $l = 5$ erfüllt.

Die strenge Formel sieht wesentlich unangenehmer aus.

$$\frac{\mu}{\mu_B} = 2\,\frac{\frac{2}{\sqrt{3}}\sqrt{R}\cdot\sigma_i\left(1 + \frac{F\,M}{2\,l\,(l+1)}\right) + \frac{F}{3}\left(1 + \frac{F\,M}{2\,l\,(l+1)} - \frac{3\,M^2}{l\,(l+1)}\right)}{R\,(2\,\sigma_i^2 - \frac{1}{2})}, \quad (6)$$

wobei ist

$$M = m_l + m_s,$$

$$R = 1 + \frac{F\,M}{l\,(l+1)} + \frac{F^2}{3},$$

$$\sigma_1 = \cos\left(30^0 - \frac{\Psi}{3}\right),$$

$$\sigma_2 = -\sin\frac{\Psi}{3},$$

$$\sigma_3 = -\cos\left(30^0 + \frac{\Psi}{3}\right),$$

$$\sin\Psi = \frac{\sqrt{3}}{2}\,\frac{F}{R^{3/2}}\left(R - \frac{3\,M^2}{l\,(l+1)} - \frac{F^2}{9}\right) \text{ mit } 0 \leqq \Psi \leqq \frac{\pi}{2}$$

Diese Beziehung gilt mit Ausnahme der Fälle $M = \begin{cases} \pm\,(l+1) \\ \pm\,l \\ 0 \end{cases}$.

[1]) R. S. Mulliken, Phys. Rev. **32**, 885, 1928.
[2]) H. A. Kramers, ZS. f. Phys. **53**, 426, 1929.

Tabelle 4.

l	$s_{l+1} - s_l$	l	$s_{l+1} - s_l$	l	$s_{l+1} - s_l$
1	1,88	11	2,09	21	2,13
3	1,94	13	2,15	23	2,19
5	2,01	15	2,31	25	2,19
7	2,01	17	2,29	27	2,21
9	2,07	19	2,13		

Mit der ersten Näherung habe ich das Aufspaltungsbild, das mit dem starken Feld erhalten wurde, nachgerechnet. Dabei wurde angenommen,

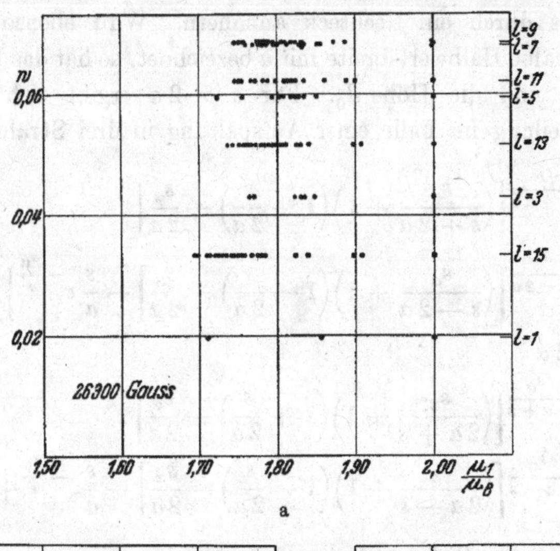

a

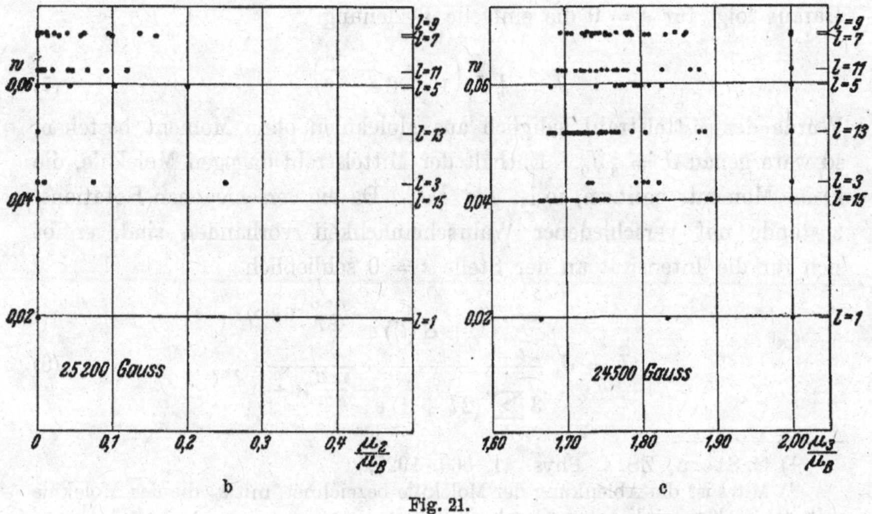

b c

Fig. 21.

daß der ins Feld gezogene Strahl durch ein mittleres Feld von 26300 Gauß läuft, der unabgelenkte durch 25200 Gauß und der abgestoßene durch 24500 Gauß. Der Versuch war ohne Strahlkühlung ausgeführt worden. Alle Momente des angezogenen Strahles liegen zwischen $1{,}69_5$ und 2,00 Magnetonen, die des Mittelstrahles zwischen 0,32 und — 0,32 Magnetonen und die des abgestoßenen Strahles zwischen $-1{,}66_5$ und — 2,00 Magnetonen (Fig. 21a, b, c).

Zur Berechnung des Aufspaltungsbildes muß die Form des Strahles ohne Feld irgendwie idealisiert werden[1]). Sie läßt sich hier besser durch ein Dreieck als durch ein Rechteck annähern. Wird ebenso wie beim Rechteck die halbe Halbwertsbreite mit a bezeichnet, so hat das Dreieck die Grundlinie $4a$ und die Höhe J_0. Für $s > 2a$ ergibt sich dann die Intensitätsverteilung im Falle einer Aufspaltung in drei Strahlen

$$J = \frac{1}{3} J_0 \left\{ e^{-\frac{s_\alpha}{s+2a}} \left[\left(\frac{s_\alpha}{s+2a} + 1 \right) \left(1 + \frac{s}{2a} \right) - \frac{s_\alpha}{2a} \right] - e^{-\frac{s_\alpha}{s-2a}} \left[\left(\frac{s_\alpha}{s-2a} + 1 \right) \left(1 - \frac{s}{2a} \right) + \frac{s_\alpha}{2a} \right] - \frac{s}{a} e^{-\frac{s_\alpha}{s}} \right\}^{2)}$$

und für $s < 2a$

$$J = \frac{1}{3} J_0 \left\{ e^{-\frac{s_\alpha}{2a+s}} \left[\left(\frac{s_\alpha}{2a+s} + 1 \right) \left(1 + \frac{s}{2a} \right) - \frac{s_\alpha}{2a} \right] + e^{-\frac{s_\alpha}{2a-s}} \left[\left(\frac{s_\alpha}{2a-s} + 1 \right) \left(1 - \frac{s}{2a} \right) - \frac{s_\alpha}{2a} \right] - \frac{s}{a} e^{-\frac{s_\alpha}{s}} + 1 - \frac{s}{2a} \right\}.$$

Daraus folgt für $s = 0$ die einfache Beziehung

$$J = \tfrac{1}{3} J_0 \left(1 + 2 e^{-\frac{s_\alpha}{2a}} \right). \tag{7}$$

Würde der Mittelstrahl lediglich aus Molekülen ohne Moment bestehen, so wäre genau $J = \frac{1}{3} J_0$. Enthält der Mittelstrahl dagegen Moleküle, die kleine Momente besitzen, so ist $J < \frac{1}{3} J_0$. Da die verschiedenen Rotationszustände mit verschiedener Wahrscheinlichkeit vorhanden sind, ergibt sich für die Intensität an der Stelle $s = 0$ schließlich

$$J = J_0 \frac{\sum_l' (1 + S(l))\, e^{-\frac{hcB}{kT} l(l+1)}}{3 \sum_l' (2l+1)\, e^{-\frac{hcB}{kT} l(l+1)}}, \tag{8}$$

[1]) O. Stern, ZS. f. Phys. **41**, 563, 1927.

[2]) Mit s ist die Ablenkung der Moleküle bezeichnet, mit s_α die der Moleküle mit der wahrscheinlichsten Geschwindigkeit.

wobei entsprechend (7)

$$S(l) = (2\,l+1)\cdot 2\,e^{-\frac{s_a}{2\,a}} \tag{8a}$$

ist. Für die beiden abgelenkten Strahlen wird

$$J = \tfrac{1}{3} J_0 \frac{\sum_l' S(l)\, e^{-\frac{h c B}{k T} l(l+1)}}{\sum_l' (2\,l+1)\, e^{-\frac{h c B}{k T} l(l+1)}}, \tag{9}$$

wobei

$$S(l,s) = \sum_{\mu>0} \left[e^{-\frac{s_a}{s+2\,a}} \left(\frac{s_a}{s+2\,a} + 1 \right) - e^{-\frac{s_a}{s-2\,a}} \left(\frac{s_a}{s-2\,a} + 1 \right) \right].$$

Die Intensität an der Stelle $s=0$ wurde streng ausgerechnet. Alle Momente, die zu den Rotationsquantenzahlen $l = 1$ bis 15 gehören, wurden benutzt. Unter Benutzung des experimentellen Wertes $2\,a = 1{,}72 \cdot 10^{-2}$ cm ergab sich für den Zähler der Gleichung (8) 55,74, für den Nenner 185,94. Die Rechnung lieferte somit für J/J_0 den Wert 0,299. Dieser Wert ist mit der Erfahrung zu vergleichen. Das Maximum des Strahles ohne Feld hatte die Intensität 51,1 cm. Das ist der direkt ohne Berücksichtigung der Remanenzkompensation gemessene Wert. Die Intensität des Maximums des unabgelenkten Strahles mit Feld betrug 15,2 cm. Daraus würde sich $J/J_0 = 0{,}297$ ergeben. In Wirklichkeit ist die Übereinstimmung des gerechneten und des gemessenen Wertes nicht ganz so gut, weil bei der Intensität des Strahles ohne Feld die Remanenzkompensation berücksichtigt werden muß. Damit wird

$$\frac{J}{J_0} = \frac{15{,}2}{53{,}0} = 0{,}287.$$

Das Ergebnis der Rechnung ändert sich um weniger als 1%, wenn die Rotationsquantenzahlen bis $l = 21$ genommen werden.

Zur Abkürzung der Berechnung des ganzen Aufspaltungsbildes wurden die $\sum_l' (2\,l+1)$-Momente eines Strahles in wenige Gruppen (z. B. fünf) eingeteilt. Daß man das ohne große Willkür tun kann, zeigen die Fig. 21a, b, c. Aus jeder Gruppe wurde ein Moment ausgewählt und zur Rechnung benutzt. Die sich so ergebenden Kurven (z. B. fünf) wurden unter Berücksichtigung der Gewichtsfaktoren superponiert.

Unter den positiven Momenten hat die Gruppe mit dem Moment 1,82 Bohrsche Magnetonen den Gewichtsfaktor 0,5. Zusammen mit den anderen positiven Momenten erhält man bei Berücksichtigung ihrer Gewichtsfaktoren dasselbe Ergebnis, wie wenn das Moment 1,82 allein mit dem Gewichtsfaktor 1 genommen wird.

Fig. 22 zeigt das gemessene und das berechnete Aufspaltungsbild. Die Übereinstimmung ist nicht vollkommen. Das dürfte zwei Gründe haben. Erstens ist die für die Rechnung vorgenommene Idealisierung der Strahlform durch ein Dreieck nicht ganz zutreffend. Zweitens hat der ursprüngliche Strahl „Schwänze" (vgl. Fig. 18.) Diese rühren teils von der Streuung des Strahles her, teils von der mangelhaften Kompensation des Magnetfeldes. Für die Rechnung wurde angenommen, daß nur der letztere Grund vorliegt, d. h. daß die Schwänze durch das schwache noch vorhandene Magnetfeld abgelenkte Moleküle darstellen. Abgesehen von dieser kleinen Unsicherheit ist die Übereinstimmung der gemessenen und der berechneten Kurve so gut, daß man die Versuche als hinreichende Bestätigung der Theorie ansehen kann.

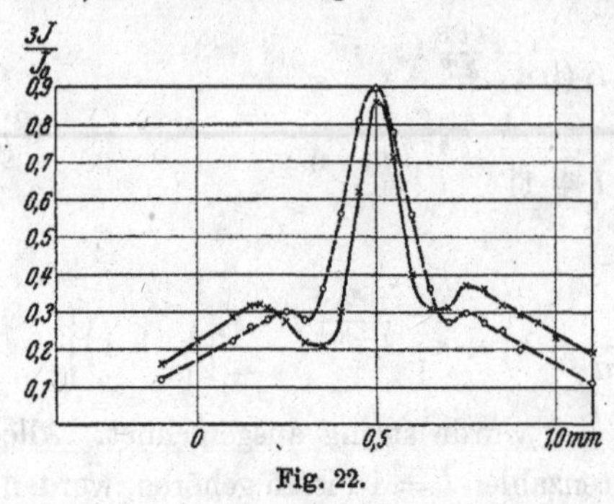

Fig. 22.

Herrn Prof. Otto Stern bin ich zu herzlichem Dank verpflichtet für die Anregung zu dieser Arbeit, für sein dauerndes Interesse an ihrem Fortschreiten und für zahlreiche Ratschläge. Herrn Prof. Gordon habe ich für seine Rechnungen und für lehrreiche Unterhaltungen ebenfalls herzlich zu danken.

M17

M17. Robert Otto Frisch, Experimenteller Nachweis des Einsteinschen Strahlungsrückstoßes, Z. Phys. 86, 42–48 (1933)

(Untersuchungen zur Molekularstrahlmethode aus dem Institut für physikalische Chemie der Hamburgischen Universität. Nr. 30.)

Experimenteller Nachweis des Einsteinschen Strahlungsrückstoßes.

Von **R. Frisch** in Hamburg.

H. Schmidt-Böcking, K. Reich, A. Templeton, W. Trageser, V. Vill (Hrsg.), *Otto Sterns Veröffentlichungen – Band 5*, DOI 10.1007/978-3-662-46958-3_13

42

(Untersuchungen zur Molekularstrahlmethode aus dem Institut für physikalische Chemie der Hamburgischen Universität. Nr. 30.)

Experimenteller Nachweis des Einsteinschen Strahlungsrückstoßes.

Von **R. Frisch** in Hamburg.

Mit 6 Abbildungen. (Eingegangen am 22. August 1933.)

Ein langer dünner Strahl von Na-Atomen wird mit Resonanzlicht bestrahlt; die Ablenkung der Atome infolge der Impulsübertragung bei der Absorption und Emission wird nachgewiesen.

Schon vor langer Zeit hat O. Stern darauf hingewiesen[1]), daß die Molekularstrahlmethode die Möglichkeit gibt, den Strahlungsrückstoß, also den Rückstoß, den ein Atom bei Emission eines Lichtquants erfährt, direkt nachzuweisen. Über derartige Versuche soll im folgenden kurz berichtet werden.

Der Impuls eines Lichtquants von der Frequenz ν beträgt $h\nu/c$ (h = Plancksches Wirkungsquantum, c = Lichtgeschwindigkeit). Infolge des Impulssatzes erhält ein Atom, das ein solches Lichtquant emittiert, einen Rückstoßimpuls der gleichen Größe. Da die Masse des Atoms sehr groß ist (verglichen mit der „Masse" $h\nu/c^2$ des Lichtquants), so entspricht dem eine sehr kleine Geschwindigkeit. Die Versuche wurden mit Natriumatomen und mit Licht der D-Linien ($\lambda = 5890$ und 5896 Å) ausgeführt. Die Rückstoßgeschwindigkeit errechnet sich dabei zu $v_R = h\nu/m_{\mathrm{Na}} \cdot c = 2{,}93$ cm/sec.

Das ist sehr wenig im Vergleich mit der Geschwindigkeit der Atome im Strahl, die im Mittel etwa $9 \cdot 10^4$ cm/sec beträgt. Ein Atom, das den Rückstoß senkrecht zur Strahlrichtung erfährt, wird um einen Winkel von $2{,}93/9 \cdot 10^4 = \sim 3 \cdot 10^{-5}$, also nur um etwa 6 Sekunden abgelenkt. Um derartig kleine Ablenkungen nachweisen zu können, mußte ein sehr langer und schmaler Strahl benutzt werden. Die Technik der Herstellung derartiger Strahlen ist in den letzten Jahren im hiesigen Institut entwickelt worden[2]).

[1]) U. z. M. Nr. 1, O. Stern, ZS. f. Phys. **39**, 751, 1926.
[2]) U. z. M. Nr. 2, F. Knauer u. O. Stern, ZS. f. Phys. **39**, 764, 1926 u. ff.

Prinzip der Anordnung. Aus dem Ofenspalt (siehe Fig. 1) treten die Na-Atome aus; durch den Abbildespalt wird der eigentliche Strahl ausgeblendet. Zur Messung des Strahles dient in der üblichen Weise ein glühender Wolframdraht[1]), der quer durch den Strahl verschoben werden kann, um die Intensitätsverteilung im Strahl (die „Form" des Strahles) zu messen.

Wird nun ein Teil der Atome dicht hinter dem Abbildespalt angeregt, so werden diese Atome bei der Emission des Lichtquants Rückstöße nach

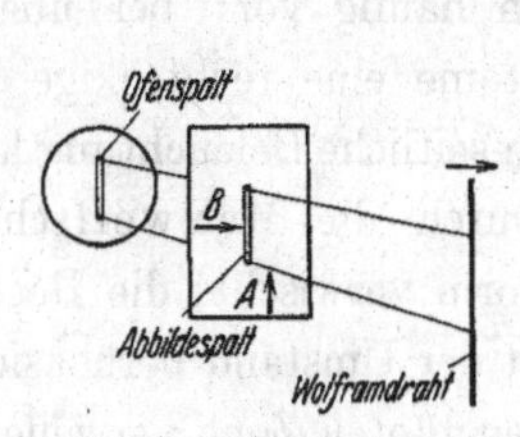

Fig. 1.
Schematische Darstellung der Versuchsanordnung.

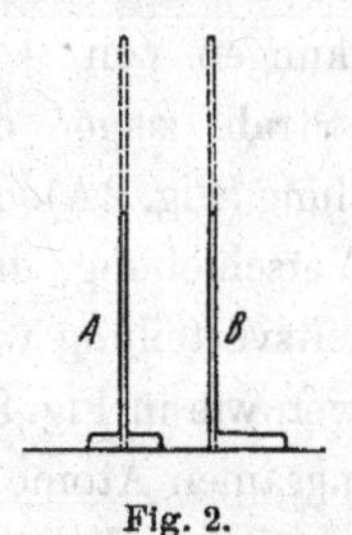

Fig. 2.
Beeinflussung eines unendlich schmalen Strahles
A) durch Hochkantbeleuchtung,
B) durch Querbeleuchtung.
(Gestrichelt: Strahlform ohne Beleuchtung, ausgezogen: Strahlform mit Beleuchtung.)

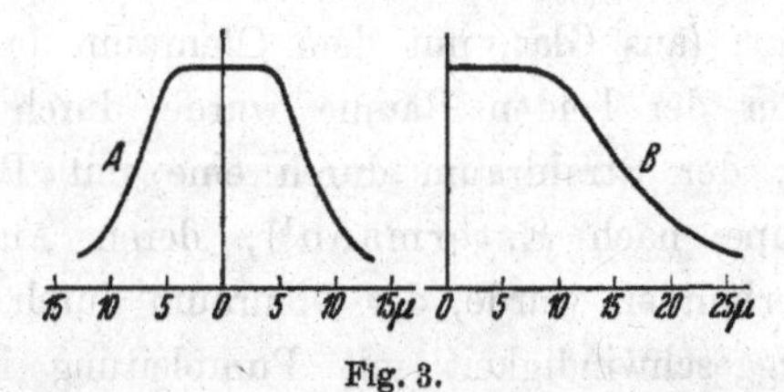

Fig. 3.
Intensitätsverteilung der abgelenkten Atome mit Berücksichtigung der Maxwellverteilung
A) bei Hochkantbeleuchtung, B) bei Querbeleuchtung.

allen möglichen Richtungen erfahren; der Strahl wird verbreitert. Der Nachweis dieser Verbreiterung kann als experimenteller Nachweis des Einsteinschen Strahlungsrückstoßes angesehen werden.

Die Anregung erfolgte durch Einstrahlung von *D*-Licht aus einer Na-Lampe. Bei der Absorption eines Lichtquants bekommt ein Na-Atom natürlich den gleichen Impuls wie bei der Emission. Das stört aber nicht

[1]) J. B. Taylor, ZS. f. Phys. **57**, 242, 1929.

weiter, wenn man die Einstrahlung „hochkant" erfolgen läßt (siehe Fig. 1, Pfeil *A*); denn dann werden die Atome bei der Absorption nur in der Spaltebene abgelenkt, was wegen der relativ großen Länge der Spalte gar keine Rolle spielt. Strahlt man dagegen „quer" ein, so erfolgt diese Ablenkung senkrecht zur Spaltebene; der Strahl wird also nicht nur verbreitert, sondern auch im Sinne des Lichteinfalles verschoben.

Quantitatives. Hätten alle Atome im Strahl die gleiche Geschwindigkeit v, so wäre die maximale Ablenkung $s_v = l \cdot v_R/v$ (l = Länge des Strahls). Nimmt man an, daß die Emission kugelsymmetrisch erfolgt, so kommen alle Ablenkungen von $+ s_v$ bis $- s_v$ gleich häufig vor; bei unendlich schmalem Strahl zeigen die abgelenkten Atome eine rechteckige Intensitätsverteilung (Fig. 2A). Bei Anregung durch seitliche Beleuchtung kommt noch die Verschiebung dazu (Fig. 2B). Durch die Maxwellsche Geschwindigkeitsverteilung wird die Rechtecksform verwischt; die Rechnung ergibt Kurven wie in Fig. 3 gezeigt. Dabei ist der Umstand berücksichtigt, daß die langsamen Atome länger in der beleuchteten Zone verweilen und daher mit größerer Wahrscheinlichkeit angeregt werden.

Beschreibung des Apparats (vgl. Fig. 4).

Das *Gehäuse* bestand wie üblich aus dem *Ofenraum* (aus Messing) und dem *Strahlraum* (aus Glas, mit dem Ofenraum durch Piceinkittung verbunden). Jeder der beiden Räume wurde durch eine Diffusionspumpe evakuiert; der Strahlraum durch eine mit Butylphthalat betriebene Glaspumpe nach Estermann[1]), deren Auspuffstutzen mit dem Ofenraum verbunden wurde, der Ofenraum durch eine Gaedesche Stahlpumpe (Sauggeschwindigkeit mit Pumpleitung in beiden Fällen etwa 1 Liter/sec). In dem relativ hohen Druck (einige 10^{-5} mm, Gasabgabe des Ofens) im Ofenraum lief der Strahl nur etwa 6 cm; dann gelangte er durch den Vorspalt in den Strahlraum, in dem der Druck etwa zehnmal niedriger war; das war wesentlich, denn in dem Strahlraum mußte der Strahl etwa 54 cm laufen.

Der *Ofen* bestand aus einem ausgedrehten Zylinder aus Eisen, der vorn ein kleines Loch hatte, vor das die Spaltbacken aufgeschraubt wurden

---

[1]) I. Estermann u. H. T. Byck, Rev. Scient. Instr. 3, 482, 1932. Für die Überlassung der von ihm selbst hergestellten Pumpe sei Herrn Estermann auch an dieser Stelle herzlich gedankt.

(Spaltbreite etwa 0,01 mm, Spalthöhe 2 mm); hinten wurde er durch einen Deckel mit Kupferringdichtung verschlossen. Zwei Wolframwendeln dienten zur Heizung (etwa 20 Watt), ein Thermoelement (Kupfer-Konstantan) zur Temperaturkontrolle. Der Ofen wurde von einem weiten dünnwandigen Neusilberrohr gehalten, das ihn umschloß und als Strahlungsschutz diente; dieses Rohr war in den Ofenträger eingeschraubt. Der Ofenträger wurde hinten durch einen Schliff verschlossen; vorn hatte er einen abgedrehten Flansch, mit dem er mittels Fett auf dem Ofenraum

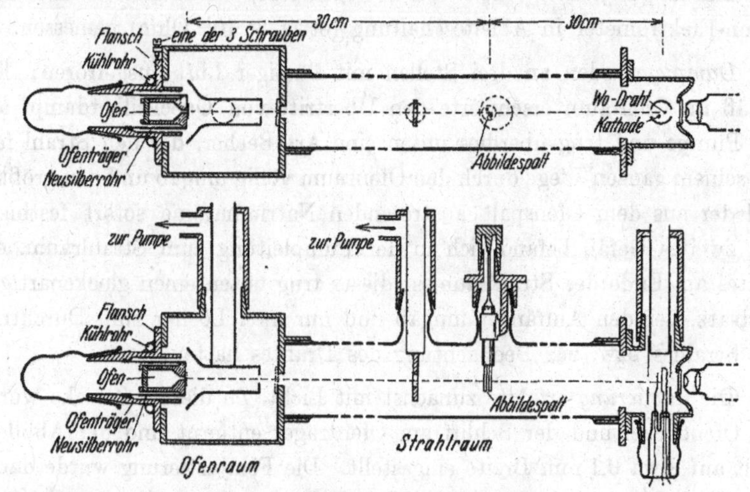

Fig. 4. Längsschnitt durch den Apparat
unten: in der Spaltebene (vertikal), oben: senkrecht zur Spaltebene (horizontal).

aufgesetzt wurde; dort konnte er gedreht und verschoben und durch drei Schrauben in jeder Stellung festgehalten werden. Ein wasserdurchströmtes Kühlrohr am Ofenträger sorgte für Wärmeabfuhr.

Der *Vorspalt* war relativ breit (0,1 mm) und hoch (6 mm); zur Erhöhung des Strömungswiderstandes war er kanalförmig ausgebildet, mit 1 mm Kanallänge. Vor dem Vorspalt stand eine elektromagnetisch zu bewegende Klappe zum Absperren des Strahles.

Der *Abbildespalt* wurde von zwei parallelen zylindrischen Stiften gebildet und konnte durch Verdrehen schmäler und breiter gestellt, sowie durch Drehen des großen Schliffes seitlich verschoben werden.

Der *Auffänger* war ein thorfreier Wolframdraht von 0,01 mm Dicke, der auf schwache Rotglut geheizt wurde. Zum Auffangen der Ionen diente nicht wie bisher eine den Draht umgebende zylindrische Elektrode, sondern nur ein kleiner Drahtstift; das erwies sich als hinreichend bei den kleinen Strömen und 20 Volt Saugspannung. Der Wolframdraht saß in bekannter Weise etwas exzentrisch an einem Schliff, parallel zu dessen Achse, und konnte durch Drehen dieses Schliffes durch den Strahl hindurchbewegt werden. Seine Lage wurde durch ein Mikroskop mit Okularskale direkt beobachtet und auf etwa 2 μ genau abgelesen. Der Auffängerschliff saß an dem Auffängerträger, der ebenso wie der Ofenträger durch einen gefetteten Flansch justierbar mit dem Apparat verbunden wurde.

Der *Auffängerstrom* (10^{-10} bis 10^{-12} Ampere) wurde mit einem Lindemann-Elektrometer in Ableiteschaltung (etwa $3 \cdot 10^{10}$ Ohm) gemessen.

Dämpfe wurden an drei Stellen mit flüssiger Luft ausgefroren: Ein Gefäß im Ofenraum erschwerte den Übertritt von Quecksilberdampf aus der Pumpe und trug überdies unten eine Art Becher, der den Strahl fast auf seinem ganzen Wege durch den Ofenraum völlig umgab und den größten Teil der aus dem Ofenspalt austretenden Natriumatome sofort festhielt. Ein zweites Gefäß befand sich in der Pumpleitung zum Strahlraum, ein drittes am Ende des Strahlraumes; dieses trug unten einen glockenartigen Fortsatz, der den Auffänger umgab und nur zwei Löcher zum Durchtritt des Strahles bzw. zur Beobachtung des Drahtes hatte.

Die *Justierung* erfolgte zunächst mit Licht. Zu diesem Zwecke wurde der Ofendeckel und der Schliff am Ofenträger entfernt und der Abbildespalt auf etwa 0,1 mm Breite eingestellt. Die Feinjustierung wurde dann, wie üblich, mit den Molekularstrahlen selbst vorgenommen. Nach jedem Versuche wurde der Ofen mit Alkohol gereinigt und dann einen Tag lang bei 500^0 im Vakuum ausgeheizt, um ihn zu entgasen. Das *Natrium* wurde ebenfalls im Vakuum geschmolzen und in kleine Glaskugeln gefüllt und dort fast auf Rotglut erhitzt, dann abgeschmolzen; eine solche Kugel wurde, nach Abbrechen der Spitze, in den Ofen getan.

Zur *Anregung* der Strahlatome diente eine Natrium-Kleinlampe von Osram, das ist eine Na-Edelgaslampe mit zwei Glühkathoden (für Wechselstrom) nach Pirani. Sie wurde mit einem Kondensor in natürlicher Größe auf den Strahl abgebildet, bei einem Öffnungswinkel von etwa 1 : 1,5. In einem Vorversuch wurde eine Resonanzlampe (evakuierte Glaskugel mit etwas Na) in den Strahlenkegel gebracht; die Helligkeit der Resonanz wurde ganz roh photometriert, die Dichte des Na-Dampfes aus der Temperatur entnommen; daraus wurde berechnet, daß ein Atom etwa 5000 mal in der Sekunde angeregt wird, also einmal in $2 \cdot 10^{-4}$ sec. Da ein Strahlatom in dieser Zeit etwa 20 cm zurücklegt, die beleuchtete Strecke aber nur 6 cm lang war (entsprechend der Länge der Na-Lampe), sollte etwa ein Drittel der Atome angeregt werden.

Ergebnisse.

1. Seitliche Beleuchtung. Nachdem der Strahl richtig justiert, d. h. auf größte Intensität und geringste Breite eingestellt war, wurde der eigentliche Versuch in folgender Weise ausgeführt: Der Auffänger wurde in kleinen Schritten (etwa 0,01 mm) durch den Strahl hindurchbewegt. In jeder Stellung wurde erstens die Intensität gemessen, zweitens ihre Änderung bei Beleuchten des Strahles. Fig. 5 zeigt das Ergebnis einer solchen Messung. Durch Addition der Ordinaten beider Kurven findet man die dem beleuchteten

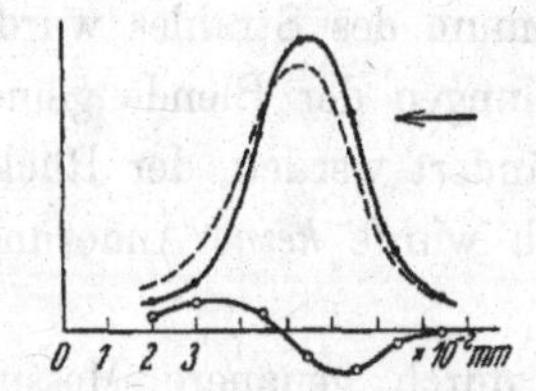

Fig. 5. Versuch mit seitlicher Beleuchtung.
Abszisse: Stellung des Auffängers.
Ordinate: Elektrometerausschlag.
—●— Intensität ohne Beleuchtung.
—○— Wirkung der Beleuchtung.
- - - - Summe dieser beiden, also Intensität mit Beleuchtung.
Der Pfeil deutet die Richtung des Lichteinfalls an.

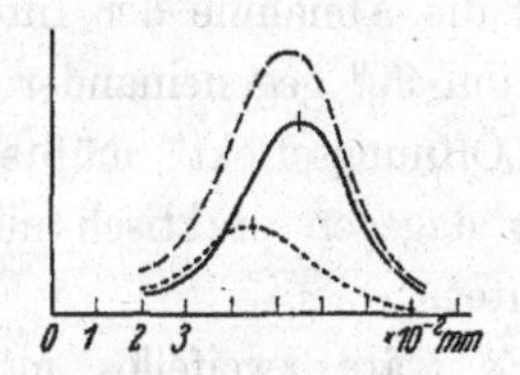

Fig. 6.
- - - - Strahl mit Beleuchtung.
——— $^2/_3$ vom Strahl ohne Beleuchtung.
...... Differenz dieser beiden, also Verteilung der abgelenkten Atome.

Strahl entsprechende Kurve. Man sieht, daß tatsächlich der Strahl im Sinne des Lichteinfalles etwas verschoben wird. Nimmt man an, daß entsprechend dem Vorversuch ein Drittel der Atome angeregt wird und zieht demgemäß von dem verschobenen Strahl den unverschobenen Anteil gleich zwei Drittel des ursprünglichen Strahles ab, so findet man die Intensitätsverteilung der abgelenkten Atome (Fig. 6); sie sind, wie erwartet, im Mittel um 0,01 mm abgelenkt.

2. Hochkantbeleuchtung. Die erwartete Verbreiterung des Strahles konnte nachgewiesen werden; der Effekt war aber so klein, daß genaue Messungen in der kurzen dafür zur Verfügung stehenden Zeit nicht durchgeführt werden konnten. Die Abnahme der Intensität im Maximum des Strahles betrug nur etwa 2%, die entsprechende Zunahme an den beiden Strahlrändern war absolut genommen noch kleiner. Eine Überschlagsrechnung, bei der sowohl die Strahlform als auch die „Verbreiterungsfunktion" (Fig. 3 A) durch passende Gaußsche Fehlerkurven approximiert wurden, lieferte 2,5 % für die Abnahme, also hinreichende Übereinstimmung.

Auf einen Einwand muß noch kurz eingegangen werden. Man könnte nämlich sagen, daß aus der Verbreiterung des Strahles noch nicht notwendig die Existenz des Strahlungs*rückstoßes* (bei der *Emission*) folgt, da infolge der endlichen Öffnung des zur Anregung benutzten Lichtbündels die Atome bereits bei der Absorption verschiedene Impulse bekommen, der Strahl also etwas verbreitert wird. Darauf ist folgendes zu erwidern: Erstens ist dieser Effekt nur etwa ein Drittel des Rückstoßeffektes; es wurde aber (siehe vorigen Absatz) ein Effekt nahezu in der Größe des vollen Rückstoßeffektes gefunden. Zweitens wurde folgender Kontrollversuch gemacht: vor den Kondensor der Na-Lampe wurde eine rechteckige Blende gesetzt; die Abnahme der Intensität im Maximum des Strahles wurde bei zwei um 90° gegeneinander verdrehten Stellungen der Blende gemessen. Der „Öffnungseffekt" müßte dabei stark geändert werden, der Rückstoßeffekt dagegen praktisch nicht. Tatsächlich wurde *keine* Änderung beobachtet.

Es wäre zweifellos möglich gewesen, durch genauere Messungen, eventuell mit noch schmäleren Strahlen, wesentlich sauberere und einwandfreiere Ergebnisse zu erhalten, doch mußten die Versuche aus äußeren Gründen vorzeitig abgebrochen werden.

M18

M18. Otto Robert Frisch und Emilio Segrè, Ricerche Sulla Quantizzazione Spaziale (Investigations on spatial quantization), Nuovo Cimento 10, 78–91 (1933)

RICERCHE SULLA QUANTIZZAZIONE SPAZIALE

Nota di R. Frisch ed E. Segrè [1]

H. Schmidt-Böcking, K. Reich, A. Templeton, W. Trageser, V. Vill (Hrsg.), *Otto Sterns Veröffentlichungen – Band 5*, DOI 10.1007/978-3-662-46958-3_14

RICERCHE SULLA QUANTIZZAZIONE SPAZIALE

Nota di R. Frisch ed E. Segrè (1)

Sunto. - *In questo lavoro studiamo sperimentalmente il cambiamento della quantizzazione spaziale (ribaltamento degli atomi) provocato dalla rotazione di un campo magnetico sia nel caso adiabatico che in quello non adiabatico.*

Si dimostra, pel caso non adiabatico, in cui si hanno ribaltamenti, che questi sono governati dall'equazione fondamentale della meccanica quantistica dei sistemi non stazionari.

Da ultimo discutiamo alcuni processi d'urto che potrebbero portare anch'essi ad un ribaltamento degli atomi per scambio di elettroni.

§ 1. Fin da quando Stern e Gerlach col loro celebre esperimento riuscirono a provare la quantizzazione spaziale degli atomi in un campo magnetico, sorse il problema del come questa quantizzazione avveniva. In altre parole l'esperienza di Stern e Gerlach ci mostra un atomo in uno stato stazionario, orientato. Come viene raggiunto questo stato stazionario? L'esperimento di Stern e Gerlach nulla ci dice su questo punto e la questione presentava per la quantistica di Bohr-Sommerfeld gravi difficoltà teoriche connesse essenzialmente col fatto che in essa l'impostazione delle questioni, invece che avvenire dal punto di vista probabilistico, avveniva nello schema classico, il quale proprio per lo studio di problemi di questo tipo è inadeguato.

La nuova meccanica è invece in grado di rispondere a questioni di tal genere, purchè impostate correttamente (2).

Tuttavia mancava una conferma sperimentale della teoria, conferma che si è avuta solo negli ultimi tempi per mezzo di esperienze eseguite da vari autori nell'istituto di Chimica fisica dell'Università di Amburgo diretto da O. Stern (3).

(1) Fellow of the Rockefeller Foundation.

(2) W. Heisenberg, *Die Physikalischen Prinzipien der Quantentheorie.* Leipzig, 1930, pag. 45.

(3) T. E. Phipps e O. Stern, « ZS. f. Phys. », **78**, 185, 1931; R. Frisch ed E. Segrè, Ibidem, **80**, 610, 1933.

Scopo di questa Nota è appunto riferire con alquanto maggior dettaglio dei lavori citati, gli esperimenti conclusivi, da noi eseguiti, e di svolgere alcune considerazioni teoriche ad essi attinenti.

§ 2. La meccanica quantistica degli stati stazionari è stata applicata a numerosissimi problemi concreti e la sua equazione fondamentale,

$$H\psi = E\psi, \tag{1}$$

è stata verificata sperimentalmente in modo tale da poter essere considerata come una delle meglio assodate nel campo della fisica. Basta pensare per esempio ai soli controlli spettroscopici innumerevoli che essa ha subito.

Non altrettanto può dirsi dell'equazione

$$H\psi = \frac{h}{2\pi i} \cdot \frac{\partial\psi}{\partial t}, \tag{2}$$

caratteristica dei fenomeni non stazionari, che è stata assai meno studiata. Era interessante quindi realizzare sperimentalmente un caso particolarmente semplice in cui la (2) trovasse diretta applicazione. Ciò avviene appunto nelle esperienze riferite nei primi 6 paragrafi di questa nota. L'ultimo tratta un problema d'urto.

Per le velocità in giuoco non si fà luogo a considerare nessun effetto relativistico, e del resto l'equazione (2) non è relativistica così che a rigor di termini dovrebbe parlarsi piuttosto di stati « quasi stazionari ».

In linea di principio per controllare l'equazione (2), o in altre parole i risultati teorici della meccanica quantistica dei sistemi non stazionari occorre procurarsi un sistema in uno stato stazionario e poi farlo passare ad un'altro stato stazionario che viene infine nuovamente osservato. Il passaggio del primo al secondo stato stazionario è appunto retto dall'equazione (2).

Sicchè un esperimento diretto al controllo della (2) consta di 3 parti fondamentali

1) realizzazione di un primo stato stazionario.

2) realizzazione di un fenomeno non stazionario che agisce sul sistema.

3) nuova osservazione del sistema dopo 2) e analisi del suo stato finale.

Nelle nostre ricerche questi 3 momenti vengono realizzati così:

1) un raggio di atomi di potassio viene sottoposto a un primo esperimento di STERN e GERLACH. Il raggio si sdoppia e nelle due

componenti si trovano atomi orientati, ossia gli atomi con $M = + \frac{1}{2}$ vengono separati da quelli con $M = -\frac{1}{2}$, $\left(M \text{ è, in unità } \frac{h}{2\pi}, \text{ la componente nella direzione del campo del momento dell'impulso totale } J\right)$. Ognuno dei due raggi consta quindi di atomi in uno stato stazionario. Un diaframma, con una sottile fenditura, scherma p. es. il raggio di atomi con $M = -\frac{1}{2}$ e lascia passare solo quello con $M = +\frac{1}{2}$. È così realizzato il 1° punto, avendosi ormai un raggio di atomi in uno stato stazionario ben definito.

2) Il raggio atomico attraversa una zona con un campo magnetico rapidamente variabile, nello spazio, ma costante nel tempo. Tale campo riferito all'atomo appare variabile col tempo, e la legge di variazione dipende naturalmente dalla configurazione del campo e dalla legge del moto dell'atomo. Combinandole opportunamente si potrà p. es. ottenere un campo ruotante. In questo secondo tempo lo stato del sistema si altera conformemente all'equazione (2).

3) Il raggio atomico subisce un secondo esperimento di STERN e GERLACH in un campo diretto come quello di 1).

Per mezzo di questo viene analizzato lo stato finale del sistema. Se gli atomi hanno ancora tutti $M = + \frac{1}{2}$ il raggio viene nuovamente deviato dalla stessa parte che in 1), ma non diviso. Se alcuni degli atomi hanno cambiato il loro stato e sono passati da $M = +\frac{1}{2}$ a $M = -\frac{1}{2}$, questi vengono deviati dalla parte opposta, e il raggio si scinde nuovamente in due. Dall'intensità dei due raggi è possibile misurare se e quanti atomi hanno cambiato orientazione, o come diremo per brevità, si sono ribaltati.

Per mezzo della (2) viene calcolata la percentuale degli atomi ribaltati, o, che è lo stesso, la probabilità di ribaltamento di un atomo. Essa naturalmente dipende in modo essenziale dalla configurazione del campo variabile, tuttavia, per orientarsi, è bene osservare che HEISENBERG ha dimostrato che comunque sia realizzato il campo variabile il parametro da cui viene a dipendere la probabilità di ribaltamento è dato, all'ingrosso, dal quadrato del rapporto tra la frequenza di LARMOR ν_L corrispondente all'intensità locale del campo, moltiplicata pel numero g di LANDÉ, e la frequenza di rotazione del campo variabile ν_c. Per avere una forte probabilità di ribaltamento è da rendersi per quanto possibile grande il parametro $\frac{\nu_c}{g\nu_L}$ che dà sostanzialmente il rapporto tra la velocità angolare del campo e quella del momento dell'impulso totale J intorno alla direzione del campo stesso. Se tale rapporto è piccolo, la direzione di J si mantiene, pur eseguendo rapide precessioni intorno alla direzione lentamente variabile di H, sostanzialmente parallela ad H e non si hanno ribaltamenti (caso adiabatico). Se invece nel tempo in cui J esegue una precessione, H ha cambiato notevolmente direzione, si ha un'elevata probabilità di ribaltamento. Questo schema puramente qualitativo va precisato, naturalmente, sia considerando in dettaglio la struttura del campo, sia eseguendo effettivamente i calcoli per mezzo della (2).

Per il caso di un campo uniformemente rotante i calcoli sono stati eseguiti da GÜTTINGER (1) e l'esperimento tentato da T. E. PHIPPS e O. STERN che però non sono giunti a un risultato conclusivo e per ragioni personali hanno dovuto interrompere le ricerche.

§ 3. La principale difficoltà sperimentale è la realizzazione di un campo debole e rapidamente ruotante: in generale ci si trova, nelle condizioni sperimentali ordinarie, nel caso adiabatico e non si osservano atomi ribaltati; per passare al caso non adiabatico occorre per un campo dell'ordine di grandezza di alcuni decimi di gauss una velocità di rotazione tale che colla ordinaria velocità di un raggio atomico il campo faccia un giro nel tempo in cui un atomo percorre circa 1 mm. Inoltre è assai difficile realizzare un campo magnetico debole nella spazio in cui si trova il campo ruotante perchè per il primo e secondo esperimento di STERN e GERLACH sono necessari campi dell'ordine di grandezza di 10^4 gauss e questi si devono necessariamente trovare nelle immediate adiacenze, sicchè è d'uopo schermare assai accuratamente il campo ruotante.

Le ricerche di PHIPPS e STERN sono state riprese da R. FRISCH e dallo scrivente colla seguente essenziale modificazione:

Il campo ruotante è stato realizzato invece che col dispositivo di PHIPPS e STERN con un semplice artificio: un filo percorso da corrente si trova in un debole campo magnetico uniforme ad esso perpendicolare H_0. Le linee di forza del campo risultante sono disegnate nella fig. 1 (2). Il raggio molecolare corre perpendicolare al filo e alla direzione del campo uniforme. Gli atomi orientati si trovano in un campo

(1) P. GÜTTINGER, « ZS. f. Phys. », **73**, 169, 1931.

(2) J. C. MAXWELL, *Treatise on electricity*, 1878, Tav. XVII.

magnetico che cambia, nel tempo, grandezza e direzione come si vede chiaramente dalla figura. Questo dispositivo è più facile a realizzarsi sperimentalmente di quello di PHIPPS e STERN perchè esige solo uno

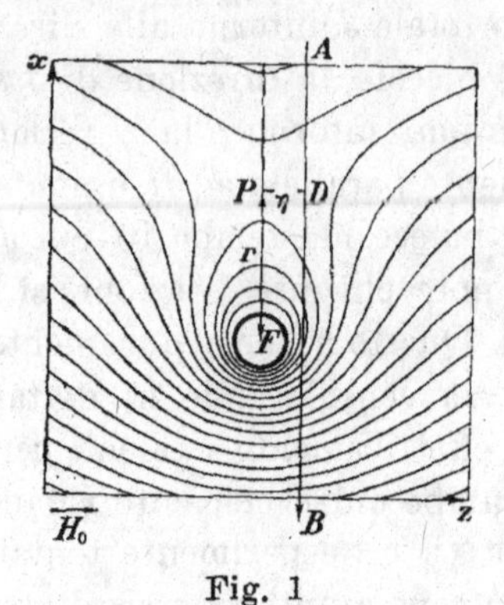

Fig. 1

schermo efficace della regione in cui si trova il campo variabile ma non un dispositivo magnetico delicato e complicato.

Anche teoricamente E. MAJORANA (1) ha, per fortunata combinazione, calcolato un fenomeno di quantizzazione spaziale che approssima questo caso.

§ 4. Consideriamo più da vicino il nostro dispositivo sperimentale: facendo astrazione dal filo percorso da corrente nella zona a campo variabile, troviamo che il raggio di atomi orientati, lungo la sua traiettoria, traversa zone con campi magnetici di diversa intensità, ma sempre diretti allo stesso modo. Ciò dipende dal fatto che anche nella zona schermata c'è del magnetismo residuo, e precisamente diretto parallelamente a quello dei campi principali dei due esperimenti di STERN e GERLACH. Questo campo residuo è dell'ordine di grandezza di alcuni decimi di gauss. Esso è essenziale per evitare dei ribaltamenti incontrollabili degli atomi. Sul tratto di traiettoria in cui il campo è debole viene generato un campo supplementare in modo che in un punto il campo totale si annulla. Nella fig. 1 questo punto è notato colla lettera P. Il filo F è perpendicolare al piano del disegno, in cui si trovano il campo dovuto al magnetismo residuo H_0 e il raggio molecolare AB. La distanza $PF = r$ è $\frac{2i}{H_0}$ in cui i è l'intensità di corrente nel filo in u. e. m. In prossimità del punto P il campo

(1) E. MAJORANA, « Nuovo Cimento », **9**, 43, 1932.

magnetico totale ha le componenti.

$$H_x = \frac{2i}{r^2} z \backsim \frac{H_0^2}{2i} z$$

$$H_y = 0$$

$$H_z = -\frac{2i}{r^2} x + H_0 \backsim -\frac{H_0^2}{2i} \xi$$

in cui $\xi = x - r$. Un atomo del raggio molecolare segue una traiettoria rettilinea con z = costante $= \eta$ e con moto uniforme. Relativamente all'atomo pertanto il campo magnetico avrà l'equazione

$$H_x = \frac{H_0^2}{2i} \eta = A$$

(3) $$H_y = 0$$

$$H_z \backsim -\frac{H_0^2}{2i} \xi = -\frac{H_0^2 v}{2i} t = -Ct$$

se si cominciano a contare i tempi dall'istante in cui l'atomo si trova in D, e con v si indica la velocità degli atomi.

Ora proprio per un campo del tipo (3) sono stati eseguiti i calcoli da E. MAJORANA ed egli ha trovato, per atomi con $J = \frac{1}{2}$, la probabilità di ribaltamento

$$W = exp\left(-\frac{\pi^2 g \mu A^2}{hC}\right) = exp\left(-\frac{\pi^2 g \mu H_0^2 \eta^2}{2hiv}\right)$$

in cui μ è il magnetone di BOHR.

La grandezza $\frac{\pi g \mu H_0^2 \eta^2}{hiv}$ dà il rapporto fra la frequenza di precessione dell'atomo e la frequenza di rotazione della direzione del campo quando questo rapporto ha il valore minimo, cioè per $t = 0$.

Per farsi un'idea degli ordini di grandezza poniamo, conformemente alle condizioni dell'esperienza, in cifre tonde,

$$\eta = 10^{-2} \text{ cm.}, \quad i = 0{,}05 \text{ amp} = 5.10^{-3} \text{ u. e. m.}$$

$$H_0 = 0{,}5 \text{ gauss}, \quad v = 5.10^4 \text{ cm/sec.}$$

Si ottiene $W = 0{,}25$ ossia il 25 % degli atomi dovrebbero ribaltarsi.

È ancora da osservarsi che la teoria di E. MAJORANA non corrisponde esattamente alle condizioni sperimentali poichè nelle nostre ricerche H_0 aveva anche sempre una componente H_{0y} parallela all'asse y. L'influenza di tale campo ulteriore verrà discussa in seguito. Notiamo infine che una considerazione attenta delle condizioni sperimentali induce a ritenere che non avvengano ribaltamenti altro che nella regione prossima a P, il che è necessario per l'applicabilità della teoria suaccennata.

§ 5. L'apparecchio da noi usato è schematicamente rappresentato in fig. 2.

Esso è allogato completamente tra le espansioni polari di un grosso elettromagnete di HARTMANN e BRAUN ed è diviso in tre parti: spazio della stufa, spazio centrale, in cui si trova il campo variabile,

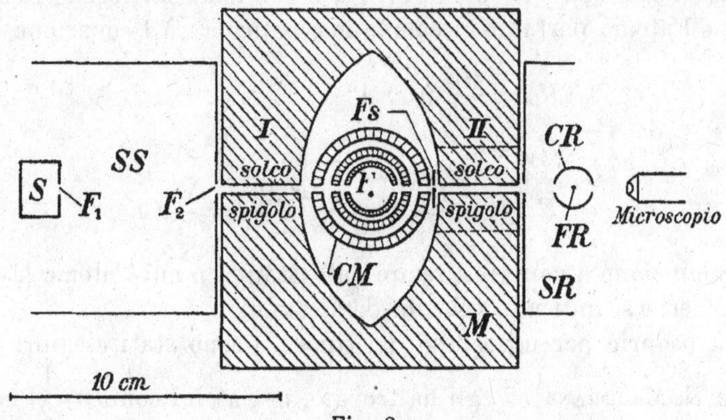

Fig. 2

S stufa - *SS* spazio della stufa - F_1 fenditura della stufa - F_2 2ª fenditura - *I* campo orientatore - *II* campo analizzatore (asportabile) - *CM* corazzatura magnetica - *Fs* fenditura selettrice - *CR* cilindro del rivelatore (catodo) - *FR* filo del rivelatore - *SR* spazio del rivelatore - *M* espansioni polari del magnete - *F* filo percorso da corrente.

spazio del rivelatore. Tra lo spazio della stufa e lo spazio centrale si trova il 1° campo magnetico inomogeneo che serve ad eseguire il primo esperimento di STERN e GERLACH che si può chiamare orientatore; tra lo spazio centrale e lo spazio del rivelatore si trova il 2° campo inomogeneo che chiameremo analizzatore. La fenditura selettrice serve a lasciar passare solo atomi *orientati e di velocità determinata*.

La stufa simile a quella usata da LEWIS [1] consta di un blocchetto di ferro cavo riscaldato con spirali di tungsteno, sostenuto da un piedino di quarzo per isolarlo termicamente e protetto da uno schermo di nichel contro l'irradiamento. La temperatura della stufa è controllata da una coppia termoelettrica ferro costantana. Il potassio si

(1) L. C. LEWIS, « ZS. f. Phys. », **69**, 786, 1931.

R. FRISCH ed E. SEGRÈ, *Ricerche sulla quantizzazione spaziale.*

Fig. 4

trova racchiuso in una fialetta sferica di duran di 15 mm. di diametro con un foro rivolto verso l'alto. Il potassio viene introdotto in dette fialette nel vuoto e scaldato nel vuoto per degassificarlo.

I due campi inomogenei hanno le dimensioni date in fig. 3. Il 1° è fisso al magnete principale, il secondo è mobile e tenuto a posto con un sistema di sferette da bicicletta e molle a pressione.

Tutte le fenditure sono larghe 0,1 mm. I movimenti della fenditura selettrice sono comandati dall'esterno e così pure quelli del filo rivelatore.

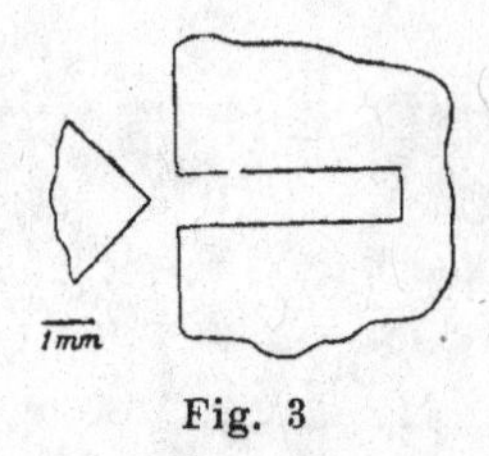

Fig. 3

La rivelazione degli atomi di potassio avviene, con un metodo elaborato da J. B. TAYLOR (1), giovandosi del fatto che ogni atomo di K che cade sul tungsteno rovente viene trasformato in uno jone positivo. La corrente ionica è misurata con un eletrometro LINDEMANN e un dispositivo a compensazione. L'elettrometro è più pronto e sensibile di un galvanometro e perciò notevolmente superiore a questo.

Il vuoto viene fatto con tre grosse pompe a diffusione metalliche coi soliti raffreddamenti ad aria liquida. La pressione durante l'esperienza era di circa 10^{-5} mm di Hg. Gli allineamenti sono stati fatti otticamente coll'aiuto di un prismetto che deviava la luce nello stesso modo in cui il campo magnetico devia il raggio di vapore e che veniva introdotto nel solco del campo orientatore. L'apparecchio di cui la fig. 4 è una fotografia è stato costruito da T. E. PHIPPS ed è stato da noi usato, con una serie di modificazioni che si sono dimostrate opportune nel corso della ricerca e delle quali elenchiamo le principali: abbiamo spostato la fenditura selettrice, in modo che essa si trova *dopo* e non prima dello spazio centrale a campo variabile, il che da un raggio meglio definito. La posizione del filo rivelatore (filo di tungsteno privo di torio, rovente, del diametro di 0,1 mm.) è controllata con un microscopio a micrometro oculare il che permette una misura della posizione del filo perfettamente riproducibile, cosa che col primitivo dispositivo meccanico non riusciva. Gli spigoli del campo magnetico analizzatore sono stati diaframmati in modo da utilizzare

(1) J. B. TAYLOR, « ZS. f. Phys. », **57**, 242, 1929.

solo la parte del raggio che corre nel mezzo dello spazio compreso tra il solco e lo spigolo. Ciò è importante per evitare noiosissime perturbazioni cagionate dagli orli del campo inomogeneo. Infine abbiamo usato sempre raggi di potassio, anzichè di sodio il che rende superflua la complicata sensibilizzazione del filo di W con uno strato di ossigeno che è necessaria per rivelare il Na, usato da PHIPPS. La nostra attenzione però fu diretta essenzialmente al tratto a campo variabile. In esso si avrebbe, senza schermi, un campo magnetico costante di circa 4000 gauss. Con una triplice corazzatura di sfere cave di ferro dolce è possibile ridurre detto campo all'ordine di grandezza di un gauss. Il campo è stato sempre misurato con un metodo balistico per mezzo di una bobinetta girevole intorno a un asse parallelo alla direzione del raggio. Sicchè i risultati sono valori medi sul volume della sfera interna. Inoltre un'eventuale componente del campo parallela alla direzione del raggio non poteva essere rivelata. Ora con queste sfere di protezione noi abbiamo alcune volte osservato atomi ribaltati anche quando non vi era corrente nel filo F. Ciò è da attribuirsi alla struttura del campo nel sistema delle corazze e precisamente ad una componente verticale del magnetismo residuo (il campo principale è orizzontale). Questa componente verticale provoca una rotazione del campo totale e per conseguenza un ribaltamento degli atomi. Siccome ciò rende impossibili misure un po' esatte del fenomeno, abbiamo sostituito la sfera più interna della corazzatura con una sfera di « Permenorm » della Ditta W. C. Haereus, a pareti alquanto più spesse della primitiva sfera di ferro. Ciò ha notevolmente migliorato la situazione, tuttavia le condizioni magnetiche non erano rigorosamente riproducibili, pur rimanendo rigorosamente costanti nel corso di una esperienza, perchè la magnetizzazione dipende dal campo disperso del magnete principale. Inoltre abbiamo anche avuti fenomeni di magnetismo residuo che dipendono dal fatto che la sfera di permenorm non è stata trattata termicamente secondo le regole. Nelle esperienze che riferiremo daremo comunque anche i valori, certo alquanto imprecisi, di H_{0x} e H_{0y} nella terza sfera.

La deviazione del raggio in ognuno dei due campi inomogenei era di circa 10^{-2} radianti. Come primo controllo abbiamo verificato separatamente la deviazione prodotta dal campo orientatore e da quello analizzatore.

Misurando prima la intensità del raggio in funzione della posizione del filo di W per diverse posizioni del selettore quando è in azione solo il primo campo (il secondo campo era stato tolto dall'apparecchio), e poi, per le stesse posizioni del selettore, quando è in funzione anche il secondo campo, si può misurare la deviazione prodotta dal secondo campo solo. Tale deviazione è risultata, come doveva, eguale angolarmente a quella prodotta dal primo campo.

§ 6. RISULTATI - Col dispositivo sopra descritto si sono potuti osservare in modo indubbio gli atomi ribaltati; ciò avveniva in generale così: si misurava la distribuzione d'intensità nel raggio molecolare *senza* corrente nel filo F. Essa è riprodotta nella fig. 5, curva 1, in

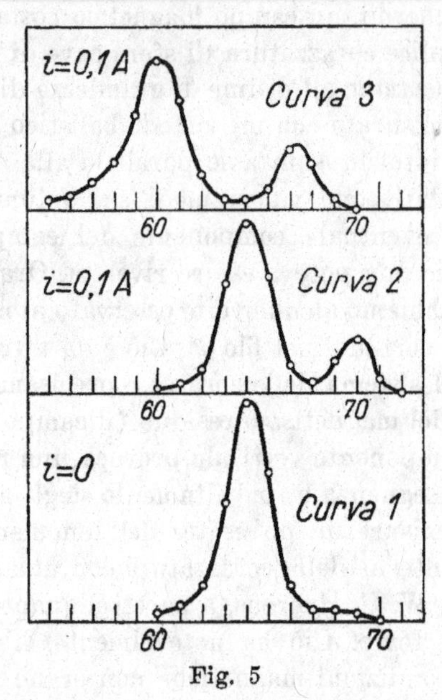

Fig. 5

cui le ordinate sono proporzionali alla corrente di saturazione degli joni di K e un'unità delle ascisse corrisponde a mm. 0,12 nel piano del filo rivelatore.

Subito dopo si inviava corrente nel filo F con intensità p. es. 0,1 amp. e si rimisurava la distribuzione d'intensità nel raggio. La figura 5, curva 2, mostra il risultato. Il raggio si sdoppia: la componente con maggiore intensità ha la stessa posizione del raggio della fig. 5, curva 1, ma è più debole di questo; la nuova componente consta di atomi ribaltati e il raggio principale è indebolito appunto perchè una parte dei suoi atomi sono passati nella nuova componente. Se si interrompe la corrente tutto torna istantaneamente nello stato della fig. 5, curva 1. Come ulteriore controllo si può osservare che la distanza tra le due componenti è precisamente eguale al doppio della deviazione prodotta dal secondo campo. In relazione a ciò si vede nella curva 3 della fig. 5 il risultato di un esperimento eseguito con atomi più lenti scelti spostando il selettore. Essi sono maggiormente deviati e in corrispondenza la distanza tra i due massimi nella curva di intensità è aumentata.

Abbiamo poi misurato la probabilità di ribaltamento in funzione della corrente nel filo F. Come esempio riportiamo in fig. 6 il grafico di due serie di misure. Come ascissa si ha l'intensità di corrente nel

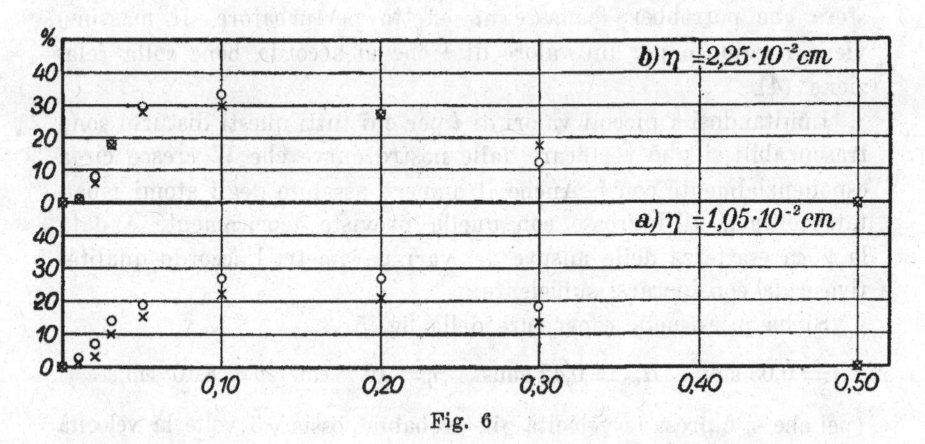

Fig. 6

filo F, come ordinata la percentuale di atomi ribaltati. Tale percentuale è misurata sempre sia sulla componente dovuta agli atomi ribaltati sia su quella dovuta agli atomi non ribaltati. In corrispondenza nella figura sono riportati circoletti e crocette.

Osserviamo subito che mentre i calcoli di E. MAJORANA prevedono un aumento della probabilità di ribaltamento W al crescere indefinito di i fino a che W diventa 1, nelle nostre esperienze W raggiunge un massimo e poi diminuisce di nuovo. La ragione di ciò è da ricercarsi nella presenza di una componente verticale di H_0 nell'interno della terza sfera. La formula di E. MAJORANA prescinde da questa, ma è facile valutarne qualitativamente l'azione: il parametro da cui dipende W nelle (4) è essenzialmente

$$\frac{A^2}{C} = \left(\frac{H^2}{\frac{\partial H}{\partial x}}\right)_D = \frac{H_{00}^2 + H_{0y}^2}{\frac{2i}{r^2}} = \frac{\left(\frac{2i\eta}{r^2}\right)^2 + H_{0y}^2}{\frac{2i}{r^2}}$$

in cui H_{00} è la componente orizzontale e H_{0y} la componente verticale del campo in assenza di corrente, H_0. Finchè

$$H_{0y} \ll \frac{2i}{r^2}\,\eta \cong \frac{H_{00}^2\,\eta}{2i} \tag{4}$$

è valida l'approssimazione $H_{0y}=0$; l'intensità critica è data da (4) $i=\frac{\eta H_0^2}{2H_{0y}}$. Per valori ancor maggiori di i, ν_L rimane praticamente costante mentre ν_c diminuisce indefinitamente e perciò secondo quanto detto a pag. 80 si deve avere una diminuzione di W. Inoltre per grandi valori di i il punto P si avvicina alle pareti della terza sfera che potrebbero causare un effetto perturbatore. Il massimo viene raggiunto per un valore di i che si accorda bene colla relazione (4).

Limitandosi a piccoli valori di i per cui tutti questi disturbi sono trascurabili si può verificare dalle nostre curve che W cresce circa esponenzialmente con i. Anche il numero assoluto degli atomi ribaltati collima, all'ingrosso con quello previsto teoricamente e data la poca esattezza delle misure dei vari parametri l'accordo qualitativo è da considerarsi sufficiente.

Si ha p. es. nelle esperienze della fig. 5

$$i=0{,}03 \text{ amp}, \quad H_{00}=0{,}42 \text{ gauss}, \quad \eta=10^{-2} \text{ cm}, \quad v=8.10^4 \text{ cm/sec}$$

(pel che si è presa la velocità più probabile, ossia $\sqrt{3}$ volte la velocità media, valore controllato anche dalla grandezza della deviazione) e si dovrebbe avere dalla formula $W=0{,}37$. Sperimentalmente, si trova $W=0{,}18$. Del resto più che un accordo nell'ordine di grandezza non è da attendersi poichè W è assai sensibile alla variazione dei vari parametri, i quali d'altra parte sono difficilmente misurabili con esattezza. η p. es. è incerto, tra l'altro, per la larghezza del raggio stesso che è già di circa 10^{-2} cm. Invece i è misurabile esattamente e in corrispondenza la dipendenza da i è verificata con esattezza molto superiore. Nella stessa serie di esperienze è $H_{0y}=0{,}05$ gauss e l'intensità critica secondo la (4) 0,2 amp. il che è in accordo qualitativo coll'esperienza e conferma la spiegazione da noi data del massimo della curva di W.

Anche la dipendenza da v e η è stata qualitativamente osservata in accordo colla teoria, come si può riscontrare, per η, nelle figure 6 in cui si vede l'influenza della distanza η del filo dal raggio; si constata subito che al crescere di η la curva è inizialmente meno ripida. Abbiamo anche controllato varie volte che il verso della corrente in F non ha azione sulla percentuale degli atomi ribaltati.

Infine abbiamo fatto anche il seguente esperimento: nella terza sfera abbiamo allogato due fili paralleli F_1 e F_2 fig. 7 anzichè uno solo, facendoli percorrere da corrente in verso opposto. In tal modo cambiando la polarità della corrente si fa passare il punto in cui si annulla il campo da P'' a P' e quindi, corrispondentemente alla maggior distanza del punto in cui si annulla il campo dal raggio molecolare, si deve avere una forte diminuzione nella percentuale degli atomi ribaltati, cosa da noi appunto verificata.

In conclusione possiamo dire che le surriferite ricerche hanno provato sperimentalmente il ribaltamento degli atomi dovuto a una

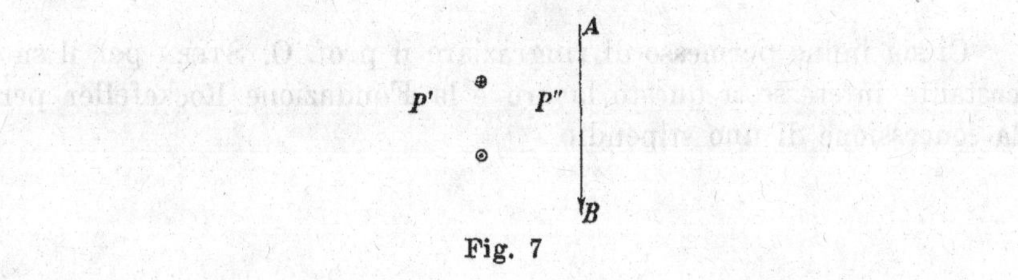

Fig. 7

rotazione non adiabatica di un campo magnetico e che l'effetto è stato trovato, nei limiti degli errori sperimentali, in accordo coi risultati della meccanica quantistica dei sistemi non stazionari.

§ 7. Abbiamo ricercato anche se avvenisse il seguente processo d'urto che dovrebbe pure portare a un ribaltamento degli atomi: si supponga che un atomo orientato con $M = +\frac{1}{2}$ passi in prossimità di un atomo con $M = -\frac{1}{2}$. Vi è allora la possibilità che questi due atomi si scambino un elettrone in modo che il primo abbia, dopo l'urto $M = -\frac{1}{2}$ e il secondo $M = +\frac{1}{2}$. Per tale fenomeno si può definire in modo ovvio un raggio d'azione R_s. Se tale raggio d'azione è molto maggiore del raggio d'urto R_u i due atomi dopo essersi scambiato l'elettrone proseguiranno la loro traiettoria praticamente indisturbati, in caso contrario devieranno fortemente. Tale effetto deve inoltre essere indipendente da un eventuale campo magnetico poichè l'energia magnetica totale del sistema prima e dopo lo scambio degli elettroni è la stessa.

Una valutazione degli ordini di grandezza rendeva non inverosimile che fosse realizzato il caso di $R_s >> R_u$ e pertanto abbiamo tentato di inviare un raggio molecolare di K attraverso a un'atmosfera di vapori di altre sostanze per verificare se si trovavano atomi ribaltati. Come gas perturbatori abbiamo usato sodio, aria, mercurio. Con nessuno dei tre è stato possibile controllare l'esistenza del fenomeno, il che ci induce a ritenere che per queste tre coppie di sostanze R_s sia per lo meno dello stesso ordine di grandezza di R_u per guisa che un atomo che per avventura subisce un urto ribaltante, riceve nel contempo anche un impulso così considerevole da uscire dal raggio molecolare. Tali esperimenti sono stati eseguiti col solito apparecchio, in cui erano state tolte le sfere di corazzatura e sostituite con una stufetta pel sodio e con altri artifici per le varie sostanze studiate.

Ci sia infine permesso di ringraziare il prof. O. STERN per il suo costante interesse a questo lavoro e la Fondazione Rockefeller per la concessione di uno stipendio.

M19

M19. Friedrich Knauer, Der Nachweis der Wellennatur von Molekularstrahlen bei der Streuung in Quecksilberdampf, Naturwissenschaften 21, 366–367 (1933)

Der Nachweis der Wellennatur von Molekularstrahlen bei der Streuung in Quecksilberdampf.

H. Schmidt-Böcking, K. Reich, A. Templeton, W. Trageser, V. Vill (Hrsg.), *Otto Sterns Veröffentlichungen – Band 5*, DOI 10.1007/978-3-662-46958-3_15

Häufigkeit Elementarprozesse auftreten, bei denen ein Höhenstrahlteilchen, wenn es mit Materie in Wechselwirkung tritt, einen ganzen Schwarm positiver und negativer Teilchen kleiner Masse erzeugt, die überdies noch bevorzugt in der Richtung der ursprünglichen Teilchen fortfliegen. Nach BLACKETT muß man also sowohl die Existenz freier positiver Teilchen kleiner Masse wenigstens für kurze Zeiten annehmen, als auch die Stoßgesetze modifizieren. Insbesondere muß man nach einem Mechanismus suchen, der es verständlich macht, daß ein primäres Teilchen in einem Akt einen ganzen Schwarm sekundärer Teilchen relativ großer Energie erzeugt. Eine solche Möglichkeit ist in den bisherigen theoretischen Ansätzen nicht zu erkennen; denn man kann die gefundenen Elementarprozesse wegen der Vorzugsrichtung der sekundären Teilchen wohl nicht als eine Anregung und nachherige Explosion eines Atomkernes ansehen.

Kurze Originalmitteilungen.

Unter Mitwirkung von MAX HARTMANN, MAX V. LAUE, CARL NEUBERG, ARTHUR ROSENHEIM und MAX VOLMER.
Für die kurzen Originalmitteilungen ist ausschließlich der Verfasser verantwortlich.
Der Herausgeber bittet, 1. im Manuskript der *kurzen Originalmitteilungen* oder in einem Begleitschreiben die Notwendigkeit einer baldigen Veröffentlichung an dieser Stelle zu *begründen*, 2. die Mitteilungen auf einen Umfang von **höchstens einer Druckspalte** zu beschränken.

Röntgenographische und thermische Charakterisierung der Gitterdurchbildung bei Zinkoxyden.

Durch FRICKE und WULLHORST[1] wurde gezeigt, daß Präparate von BeO und ZnO je nach der Temperatur der Herstellung aus kristallisiertem Hydroxyd verschiedenen Wärmeinhalt haben können, trotzdem das Röntgenogramm, von der Herstellungstemperatur unabhängig, für jedes der beiden Oxyde stets dasselbe Gitter von derselben Röntgendichte anzeigte. Die molekulare Lösungswärme der bei tieferer Temperatur gewonnenen Oxyde war mehr als eine halbe kg-Cal. größer, als die der hoch erhitzten Oxyde. (In den bei niedrigerer Temperatur hergestellten Präparaten verbliebene kleine Wasserreste hätten an sich nur einen gegenteiligen Gang der Lösungswärmen bewirken können.)

Nach J. HENGSTENBERG und H. MARK[2] müssen plastische Gitterstörungen, soweit ihre Wirkung auf eine „Aufrauhung" der Gitterebenen hinauskommt, sich bei Röntgenaufnahmen (ganz wie der DEBYE-WALLERsche Temperatureffekt) dokumentieren durch: Verringerung der Linienintensitäten, verstärkten Abfall der Intensitäten der höheren Ordnungen, Verstärkung der diffusen Streustrahlung. Auf solche Kriterien prüften wir die energiereicheren Oxyde[3].

Es wurden Zinkoxyde aus reinstem rhombisch kristallisiertem $Zn(OH)_2$ bei Temperaturen von 82—600° hinauf hergestellt und sorgfältig analysiert. Die molekulare Lösungswärme des bei der tiefsten Temperatur hergestellten Präparates erwies sich um 0,65 Cal. höher, als die des bei 600° gewonnenen, während die Lösungswärmen der anderen Oxyde entsprechend ihren Herstellungstemperaturen dazwischen lagen. (Versuchs- und Auswertungsmethodik großenteils nach W. A. ROTH.)

Von allen Präparaten wurden unter gleichen Bedingungen (Belichtungsstärke und -dauer, Dicke und Kollodiumgehalt der Pulverstäbchen usw.) mit Ni-gefilterter Cu-Strahlung Röntgenaufnahmen hergestellt, diese unter gleichen Bedingungen entwickelt und dann photometriert. Es zeigte sich der Erwartung gemäß mit Zunahme des Energieinhaltes eine Verringerung der absoluten Linienintensitäten und ein verstärkter Abfall der Intensitäten höherer Ordnung. Für das energieärmste (ZnO 1) und das energiereichste (ZnO 5) Präparat wurden z. B. folgende Intensitäten gefunden:

	ZnO 1	Quotient	ZnO 5	Quotient
100	16,5	4,1	13,5	6,7
300	4,0		2,0	
101	25,0	6,6	20,8	11,6
202	3,8		-,8	
110	16,5	4,1	11,8	7,3
220	4,0		1,6	

Linienverbreiterung war auch bei Photometrierung 1 : 5 für die energiereicheren Oxyde nicht nachweisbar, ebenso auch keine Gitterweitung. Die Länge der prismatischen Primärteilchen ergab sich mikroskopisch zu 0,0004—0,0016 mm. (Teilchengröße mit der Glühtemperatur etwas steigend.)

Nach diesen Befunden kann der größere Energiereichtum der bei tiefer Temperatur gewonnenen Oxyde nur durch unvollkommene Gitterdurchbildung gedeutet werden. Gleichzeitig erweisen sich die von HENGSTENBERG und MARK erstmalig abgeleiteten Röntgencharakteristika plastisch deformierter Gitter als wertvolle Kriterien unvollkommener Gitterdurchbildung.

Die ausführliche Arbeit erscheint in einer Fachzeitschrift.

Ionometrische Versuche mit reiner Cu-Kα-Strahlung, bei denen die Änderungen der Streustrahlung mit der Gitterdurchbildung exakt mit erfaßt werden sollen, sind in Vorbereitung.

Der Notgemeinschaft der Deutschen Wissenschaft danken wir für apparative Hilfsmittel.

Greifswald, Anorganische Abteilung des Chemischen Instituts der Universität, den 3. April 1933.
R. FRICKE. P. ACKERMANN.

[1] Z. anorg. u. allg. Chem. 205, 127 (1932).
[2] Z. Physik 61, 442 (1930).
[3] Vgl. hierzu auch schon FRICKE u. WULLHORST, l. c.

Der Nachweis der Wellennatur von Molekularstrahlen bei der Streuung in Quecksilberdampf.

Die Untersuchung der Streuung eines Molekularstrahls durch ein Gas [als Fortsetzung einer Arbeit in der Z. Physik 80, 80 (1933)], hat gezeigt, daß das Verhalten der Streuung bei kleinen Winkeln der klassischen Theorie widerspricht, mit der Wellenmechanik jedoch, wie es scheint, im Einklang steht.

Strahlen aus Helium und Wasserstoff wurden an Quecksilberatomen gestreut und die Winkelverteilung der Streuung bis zu einem Winkel von 0,9° herab für verschiedene Temperaturen (de Broglie-Wellenlängen) des Primärstrahles untersucht. Der wesentlichste Teil der Streukurve von H_2 an Hg ist in der Abbildung wiedergegeben. Die Streuintensität $f(\vartheta)$

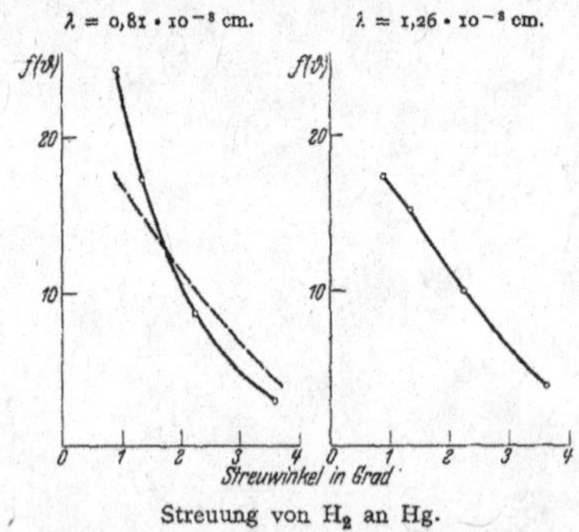

Streuung von H_2 an Hg.

ist für Strahlen von 295° abs. (wahrscheinlichste de Broglie-Wellenlänge $\lambda = 0{,}81 \cdot 10^{-8}$ cm) und von 120° abs. ($\lambda = 1{,}26 \cdot 10^{-8}$ cm) in Abhängigkeit vom Streuwinkel ϑ aufgetragen worden. Die Streukurve für tiefe Temperatur ist zum besseren Vergleich neben der für hohe Temperatur als gestrichelte Linie eingezeichnet.

An den gemessenen Kurven ist bemerkenswert: 1. Die langsamen Strahlen geben bei kleinen Streuwinkeln weniger Streuintensität als die schnellen, bei großen Streuwinkeln ist das umgekehrte der Fall. Nach der klassischen Theorie soll die Streuintensität der langsamen Strahlen bei *allen* Winkeln größer sein als die der schnellen. 2. Die Streuintensität steigt bei kleinen Winkeln nicht sehr steil an, und um so weniger steil, je niedriger die Temperatur der Primärstrahlung ist. Die klassische Theorie verlangt hier einen Anstieg nach einer hyperbelartigen Kurve mit der Ordinatenachse als Asymptote und das Umgekehrte der gefundenen Abhängigkeit von der Temperatur des Primärstrahles. In beiden Fällen ist also ein Widerspruch zwischen der klassischen Theorie und dem Experiment festzustellen.

Nach der Wellenmechanik soll die Streuintensität bei kleinen Winkeln nicht weiter ansteigen, sondern konstant werden, und zwar für lange Wellen schon bei größeren Winkeln als für kurze Wellen. Der noch gefundene Anstieg bei kleinen Winkeln kann zum Teil auf die Maxwell-Verteilung des Primärstrahles, zum Teil darauf zurückgeführt werden, daß genügend kleine Winkel oder genügend große Wellenlängen noch nicht erreicht waren.

Bei der Streuung eines He-Strahles an Hg waren die Erscheinungen dieselben, aber entsprechend der kürzeren Wellenlänge weniger ausgeprägt.

Ein ausführlicher Bericht erscheint in der Z. f. Physik.

Hamburg, Institut für physikalische Chemie der Hamburgischen Universität, den 10. April 1933. FR. KNAUER.

Das Raman-Spektrum des Steinsalzes.

Das Raman-Spektrum von Steinsalz, das von RASETTI[1] aufgenommen wurde, zeigt mehrere Maxima der Intensität, die sowohl im STOKESschen als auch im Anti-STOKESschen Teil des Spektrums klar zu erkennen sind. Eine qualitative theoretische Untersuchung von FERMI[1] zeigt, daß diese durch Kombination bzw. Oberschwingungen der verschiedenen Gittereigenfrequenzen hervorgebracht werden können; ferner, daß das Spektrum bei der ersten Oberschwingung abbrechen soll; dies wird auch gefunden.

Ich möchte darauf hinweisen, daß die Kombinationsschwingungen aller Wahrscheinlichkeit nach verboten und die gefundenen Maxima der Intensität nur den Oberschwingungen zuzuordnen sind. In einer Untersuchung über die Nebenmaxima der Reststrahlen[2] hat sich nämlich gezeigt, daß diese Nebenmaxima durch Kombinationsschwingungen verursacht werden, während die Oberschwingungen durch Symmetrie verboten sind. Diese werden dagegen im Raman-Effekt erscheinen. Die Maxima selber rühren her von den Stellen maximaler Dichte der Eigenfrequenzen. Diese sind für eine eindimensionale Kette[3]

$$\nu_1 = \nu_0 \sqrt{\frac{M}{M+m}}, \qquad \nu_2 = \nu_0 \sqrt{\frac{m}{M+m}},$$

wo ν_0 die Grenzfrequenz ist (für NaCl $= 160\ \mathrm{cm}^{-1}$).

Die gefundene Intensitätskurve läßt sich ziemlich gut wiedergeben durch das folgende Schema:

	Frequenz	relat. Intensität
$2\nu_0$	$325\ \mathrm{cm}^{-1}$	1
$2\nu_1$	$244\ \mathrm{cm}^{-1}$	1
$2\nu_2$	$203\ \mathrm{cm}^{-1}$	$^1/_2$

Es ist dabei zu bemerken, daß bei RASETTI zwei dicht beieinanderliegende Linien eingestrahlt werden, so daß das gemessene Spektrum aus zwei einfachen Spektren besteht, die gegeneinander um $32\ \mathrm{cm}^{-1}$ verschoben sind.

Was das Intensitätsverhältnis betrifft, so ist es klar, daß die Polarisierbarkeitsänderung für die ν_1-Schwingung, wo die kleinere Masse in Bewegung ist, während die größere ruht, größer ist als die Polarisierbarkeitsänderung für die ν_2-Schwingung, wo das Umgekehrte der Fall ist.

Wir haben hier ein sehr schönes Beispiel für die Komplementarität zwischen Raman- und Ultrarotspektren. Die Untersuchungen von RASETTI über das Streuspektrum der Ionengitter bilden eine Ergänzung und Erweiterung der Untersuchungen von CZERNY und BARNES[1] und KORTH[2] über die Feinstruktur der Reststrahlen.

Göttingen, Institut für Theoretische Physik, den 19. April 1933. M. BLACKMAN.

[1] F. FERMI u. F. RASETTI, Z. Physik 71, 689 (1931).
[2] M. BORN u. M. BLACKMAN, Z. Physik im Erscheinen.
[3] M. BORN u. TH. v. KARMAN, Physik. Z. 13, 297 (1912).

Thermo- und Voltaspannung des Kupferoxyduls.

Ein Thermoelement Metall-Cu_2O(Halbleiter)-Metall zeigt erfahrungsgemäß die große Thermospannung von 1 mV/Grad [W. VOGT, Ann. d. Physik 7, 183 (1930)]. Eine Berechnung [G. MÖNCH, Z. Physik, erscheint demnächst, läßt schließen, daß diese Spannung hauptsächlich infolge der verschiedenen Elektronenkonzentrationen innerhalb des Halbleiters entsteht. Hiernach müßte schon zwischen den ungleich temperierten Enden eines isolierten Cu_2O-Stückes etwa dieselbe Spannung auftreten, wie sie an der Thermokette Metall-Cu_2O-Metall beobachtet wird.

Diese Spannung kann tatsächlich an polykristallinem Kupferoxydul in Vorzeichen und Größe übereinstimmend mit den gemessenen Thermospannungen festgestellt werden. Die Messung ergibt etwa 0,4—0,5 Volt für 100° Temperaturdifferenz.

In diesem Wert ist aber noch die temperaturbedingte Änderung der Voltaspannung der freien Cu_2O-Oberfläche mit einbegriffen. Diese wird an verschiedenen Cu_2O-Stücken im Vakuum zu etwa 0,15 Volt für 100° Temperaturdifferenz beobachtet (dazu wird die Temperatur des ganzen Kupferoxydulstückes einschließlich seiner metallischen Unterlage gleichmäßig verändert). Mit steigender Temperatur wird die freie Halbleiteroberfläche elektronegativer (Elektronen abstoßend).

Wird eine Temperaturdifferenz im Kupferoxydul zwischen dem freien Ende und der metallischen Befestigung aufrechterhalten, so addiert sich zur Änderung der Voltaspannung noch die Thermospannung. Wenn die Temperatur des freien Endes steigt, die der metallischen Unterlage jedoch unverändert bleibt, so beträgt die Änderung der als Oberflächenpotential gemessenen Spannungsdifferenz (Voltaspannung + Thermospannung) 0,3—0,4 Volt für 100° Temperaturdifferenz. Diese Größe stimmt also mit der am Cu_2O-Stück ohne metallische Berührungsstellen gemessenen überein.

Bei Parallelversuchen mit Metalloberflächen war für 150° Temperaturunterschied noch keine Änderung der Voltaspannung innerhalb der Meßgenauigkeit ($\pm\ ^1/_{1000}$ Volt) beobachtbar.

Rechnerisch lassen sich die Absolutwerte der hier angeführten Beobachtungen gleichfalls erfassen. Es kann u. a. die klassische Beziehung für die Temperaturabhängigkeit der Voltaspannung $\frac{k}{\varepsilon}\, T \ \ln \frac{n_1}{n_2}$ im wesentlichen bestätigt werden.

Bezüglich weiterer Einzelheiten muß auf die demnächst in der Z. Physik erscheinenden Veröffentlichungen verwiesen werden.

Erlangen, Physikalisches Institut der Universität, den 25. April 1933. G. MÖNCH.

Der chemische Nachweis künstlicher Elementverwandlungen.

Wenn es gelingt, die bei der künstlichen Elementverwandlung entstehenden Stoffe nach chemischen Verfahren nachzuweisen, so bedeutet dies nicht nur eine erwünschte Nachprüfung der aus physikalischen Beobachtungen gezogenen Schlüsse, sondern man darf erwarten, auf diese Weise auch neue Ergebnisse zu gewinnen. Denn die physikalischen Methoden, Elementverwandlungen zu erkennen, haben zur Voraussetzung, daß die entstehenden Atome mit einer gewissen minimalen Energie ausgeschleudert werden; Prozesse, die mit geringerer Energie verlaufen, bleiben uns vorläufig unbekannt, selbst wenn sie quantitativ vielleicht bedeutender sind, als die bisher festgestellten Fälle der Atomzertrümmerung.

Zunächst sei die Frage diskutiert, ob die bereits bekannten Arten der künstlichen Elementverwandlung Aussicht bieten, genügend große Stoffmengen für eine chemische Er-

[1] M. CZERNY u. R. B. BARNES, Z. Physik 72, 447 (1931). — R. B. BARNES, Z. Physik 75, 723 (1932).
[2] K. KORTH, Nachr. Ges. Wiss. Göttingen, Math.-phys. Kl. 1932, 576.

M20

M20. Friedrich Knauer, Über die Streuung von Molekularstrahlen in Gasen. II (The scattering of molecular rays in gases. II), Z. Phys. 90, 559–566 (1934)

Über die Streuung von Molekularstrahlen in Gasen. II.

Von **Friedrich Knauer** in Hamburg.

H. Schmidt-Böcking, K. Reich, A. Templeton, W. Trageser, V. Vill (Hrsg.), *Otto Sterns Veröffentlichungen – Band 5*, DOI 10.1007/978-3-662-46958-3_16

Über die Streuung von Molekularstrahlen in Gasen. II.

Von **Friedrich Knauer** in Hamburg.

Mit 6 Abbildungen. (Eingegangen am 16. Mai 1934.)

Im ersten Teil dieser Arbeit werden Streumessungen von Heliummolekularstrahlen verschiedener Temperatur an Quecksilberdampf beschrieben. Dabei wird gefunden, daß Strahlen aus langsamen Molekülen stärker gestreut werden als Strahlen aus schnellen Molekülen. Im zweiten Teil werden die Messungen mit Wasserstoff- und Heliumstrahlen nach einer anderen Methode bis zu Streuwinkeln von 0,9° herunter ausgedehnt. Bei diesen kleinen Winkeln werden im Gegensatz zum Verhalten bei größeren Winkeln die langsamen Strahlen weniger gestreut als die schnellen. Dieses Verhalten steht im Widerspruch zur klassischen Theorie, ist aber mit der Wellenmechanik im Einklang.

I. Teil.

Zur Untersuchung der Temperaturabhängigkeit der Streuung diente derselbe Apparat wie in der vorigen Arbeit[1]). Er wurde durch kleine Änderungen den besonderen Anforderungen angepaßt. Um dem Ofenspalt eine beliebige Temperatur unabhängig von dem übrigen Apparat geben zu können, war er am Ende eines Röhrchens von 3 mm Durchmesser und 0,1 mm Wandstärke aus Neusilber (schlechte Wärmeleitfähigkeit) angebracht. Zur Kühlung wurde er durch eine weiche Kupferlitze mit einem durch flüssige Luft gekühlten Gefäß verbunden. Er erreichte eine Temperatur von 120° abs. Sollte er erwärmt werden, so konnte die Litze mit einer Schraube vom Ofen gelöst und an ihrer Stelle ein kleiner elektrischer Heizkörper angebracht werden, der den Ofen auf 600° abs. brachte. Die Temperatur wurde mit Thermoelement und Millivoltmeter gemessen.

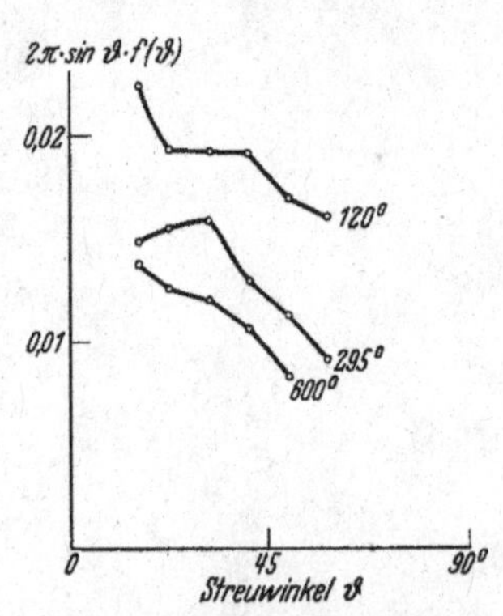

Fig. 1. Streuung von He an Hg-Dampf. Strahltemperaturen 120°, 295° und 600° abs.

Um bei kleineren Winkeln als bisher messen zu können, wurden alle Spalte enger gemacht. Der Ofenspalt war 0,3 mm breit. Statt des stark kanalförmigen Abbildespaltes der ersten Arbeit wurden zwei Spalte in 9 mm Abstand eingesetzt. Der erste, vom Ofenspalt aus gerechnet, trennte Ofenraum und Strahlraum und hatte die Abmessungen 0,46 × 3,2 mm². Der

---

1) ZS. f. Phys. **80**, 80, 1933; R. M. Zabel, Phys. Rev. **44**, 53, 1933 beschreibt zum Teil dieselben Versuche und kommt zu denselben Ergebnissen. Vorläufige Mitteilung über den II. Teil dieser Arbeit: Naturwiss. **21**, 366, 1933.

zweite begrenzte den Strahl im Strahlraum und hatte die Abmessungen $0{,}64 \times 4{,}0\ mm^2$. Er erfüllte außerdem den Zweck, die bei einem Druckunterschied zwischen Ofen- und Strahlraum vom ersten Spalt ausgehende Strahlung abzuschirmen, die in der vorigen Arbeit besondere Maßnahmen erfordert hatte. Der Spalt erfüllte seinen Zweck so gut, daß von der schädlichen Strahlung nichts mehr zu bemerken war. Auffängerspalt und Vorspalt am Auffänger hatten jeder die Abmessungen $0{,}5 \times 4\ mm^2$.

Die Messungen und ihre Auswertung wurden genau in derselben Weise vorgenommen wie in der ersten Arbeit. Darum braucht hier nicht wieder darauf eingegangen zu werden.

Folgendes ist das Ergebnis dieser Messungen. Die Heliumstrahlen größerer Geschwindigkeit werden mit geringerer Intensität an Hg gestreut als die Strahlen kleinerer Geschwindigkeit, was der klassischen Theorie entspricht. Die Lage des in der ersten Arbeit gefundenen Buckels ist von der Temperatur abhängig. Für 120^0 abs. liegt er bei ungefähr 45 Winkelgraden, für 295^0 abs. bei etwa 30 Winkelgraden und bei 600^0 abs. ist er verschwunden oder nach Winkeln unterhalb des Meßbereichs gewandert. In Fig. 1 ist $2\pi \cdot \sin \vartheta \cdot f(\vartheta)$ in Abhängigkeit vom Streuwinkel aufgetragen. Beobachtungen über die mittlere freie Weglänge sind in einer Tabelle am Schluß der Arbeit mitgeteilt.

II. Teil.

Die bisher benutzte Anordnung ist für Streumessungen bei kleineren Winkeln nicht mehr anwendbar, weil bei Spalten der kleinste brauchbare Streuwinkel von der Größenordnung halbe Spaltlänge durch Strahllänge ist [sonst bekommt man eine Mittelung über Winkelbereiche, die größer sein können als der eingestellte Streuwinkel; dabei verschwinden natürlich Einzelheiten der Kurve mehr oder weniger[1])] und weil bei der Streuung im ganzen Gasraum der streuende Bereich eine sehr langgestreckte Gestalt

[1]) Die Streuwinkel in der Arbeit von L. F. Broadway, Proc. Roy. Soc. London (A) **141**, 634, 1933, kommen in diesen Bereich. Außerdem führt der Verfasser unter seinem Integral S. 637 irrtümlich den Sinus des Streuwinkels ein. Das ist nur zulässig, wenn wie in der Arbeit von R. G. J. Fraser u. L. F. Broadway, Proc. Roy. Soc. London (A) **141**, 626, 1933, der Auffänger den *ganzen* Strahl kreisförmig umfaßt und wenn der Auffänger radialsymmetrisch verändert wird. Deshalb gibt die bei Broadway in Fig. 4 mitgeteilte Kurve unmittelbar bis auf einen konstanten Faktor die Streufunktion $f(\vartheta)$ und liefert nicht eine Bestätigung der Theorie von H. S. W. Massey u. C. B. O. Mohr, Proc. Roy. Soc. London (A) **141**, 434, 1933, in der in erster Näherung die Stöße als Vorgänge zwischen harten Kugeln ohne Kraftfeld aufgefaßt werden. Im Gegenteil würde das (durch eine stets etwas unsichere Differentiation einer gemessenen Kurve) gefundene Maximum der Streufunktion auf das wesentliche Mitwirken eines Kraftfeldes hindeuten.

annimmt, in der die Schwächung und der verschieden lange Weg der gestreuten Strahlen zu unübersehbaren Fehlern führen. Für Streuwinkel bis zu 0,9⁰ herab wurde deshalb der Apparat so umgebaut, daß Strahlen von rundem Querschnitt nur auf einer Strecke von 0,9 cm in einem mit Quecksilberdampf gefüllten Streukasten gestreut wurden. Der alte Apparat konnte für diese Messungen umgebaut werden. Der Strahl lief (Fig. 2) durch die Blenden B_1 (0,1 mm Durchmesser), B_2 (0,35 mm Durchmesser), B_3 (0,133 mm bzw. 1,0 mm Durchmesser) und B_4 ($1 \times 4\ \mathrm{mm}^2$, längeres Maß senkrecht zur Zeichenebene) zum Auffänger B_5 (0,15 mm Durchmesser, 1 mm lang), der wieder an dem großen Drehschliff des Gehäuses befestigt war und bei den Streumessungen außerhalb der Zeichenebene zu denken ist.

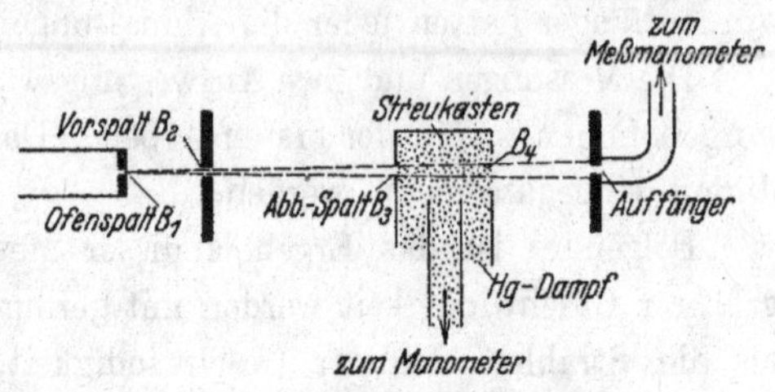

Fig. 2. Molekularstrahlapparat.

Der Abstand $B_1 B_2$ betrug 0,8 cm, B_2 bis zur Mitte des Streukastens (Drehachse des Auffängers) 2,5 cm, Mitte des Streukastens bis Auffänger 1,39 cm. B_1 konnte auf Zimmertemperatur gehalten werden oder mit der im ersten Teil erwähnten Anordnung auf 120⁰ abs. abgekühlt werden. Zwischen B_3 und B_4, die am Streukasten angebracht waren, wurde der Strahl gestreut. Bei den kleinsten Winkeln (0,9 bis 2,7⁰) begrenzte B_3 den Strahl; bei den größeren Winkeln (11,3 bis 16,8⁰) war B_3 größer, um größere Intensität zu haben, und B_2 begrenzte den Strahl. B_4 ließ den Strahl ungehindert durchtreten. Der Streukasten war über einen Hahn und ein dickes, kurzes Glasrohr (der Strömungswiderstand soll klein gegen den Strömungswiderstand von B_3 und B_4 sein) mit einem Quecksilberverdampfungsgefäß verbunden. Die Temperatur des Quecksilbers wurde in einem Wasserbade so eingehalten, daß der Primärstrahl um 25 bis 40 % geschwächt wurde. Bei der Streuung von H_2 war die Temperatur etwa 20⁰ C, der Hg-Streudruck etwa $0,8 \cdot 10^{-3}$ mm Hg, bei Helium etwa 27⁰ C und $1,1 \cdot 10^{-3}$ mm Hg. Höhere Hg-Drucke konnten nicht erreicht werden, weil das Hg an den Metallwänden kondensierte. Zum Messen des Hg-Dampfdruckes führte ein Glasrohr aus dem Streukasten zu einem Widerstandsmanometer. Wurde der Hahn in der Hg-Leitung geschlossen oder geöffnet, so änderte sich der Widerstand um einen meßbaren Betrag. Aus der Widerstandsänderung wurde mittels der Eichung des Manometers der Druck ermittelt.

In jeder Winkelstellung des Auffängers wurde der Galvanometerausschlag mit und ohne Streugas gemessen. Der Hg-Druck wurde jedesmal ermittelt. Der Ausschlag ohne Streugas entsteht von der Strahlung, die B_2 aussendet. Die *mit* Streugas gemessene Strahlung setzt sich aus dieser und der eigentlichen Streustrahlung zusammen. Die Strahlung von B_2 darf

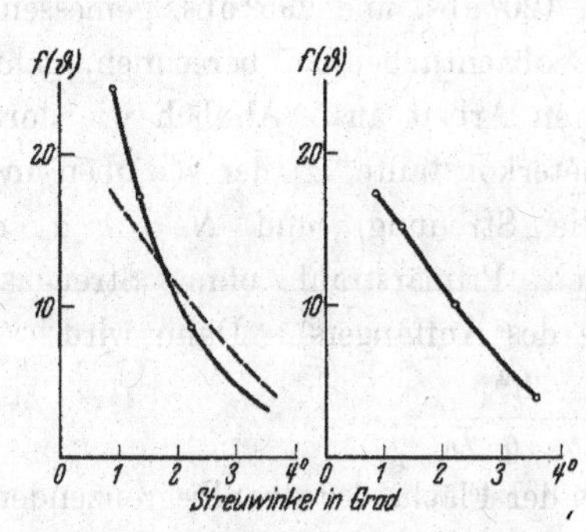

Fig. 3. Streuung von H_2 an Hg-Dampf.
Strahltemperatur:
links 295° abs. $\lambda = 0{,}81 \cdot 10^{-8}$ cm,
rechts 120° abs. $\lambda = 1{,}27 \cdot 10^{-8}$ cm.

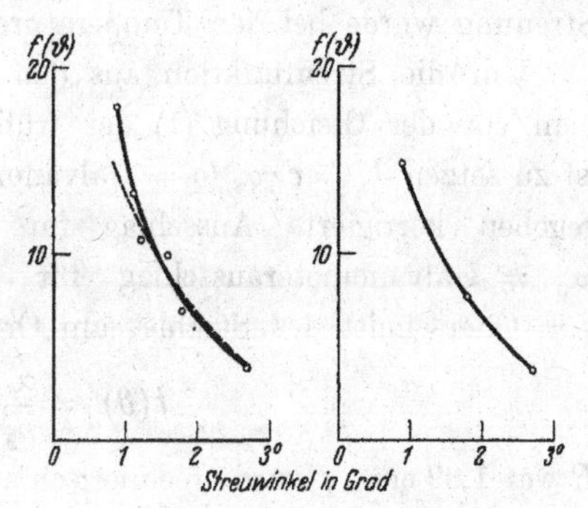

Fig. 4. Streuung von He an Hg-Dampf.
Strahltemperatur:
links: 295° abs. $\lambda = 0{,}57 \cdot 10^{-8}$ cm,
rechts: 120° abs. $\lambda = 0{,}89 \cdot 10^{-8}$ cm.

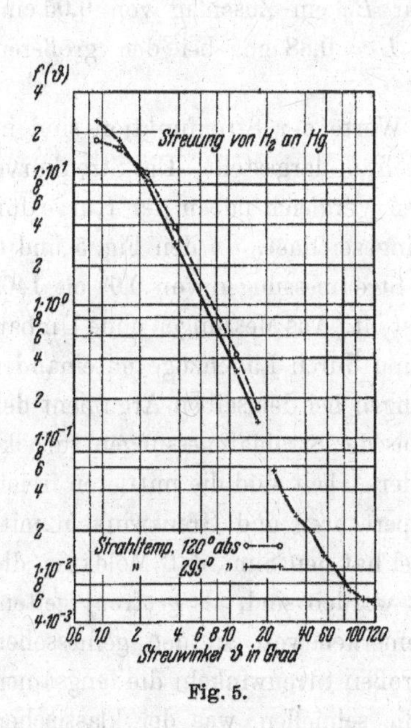

Fig. 5.

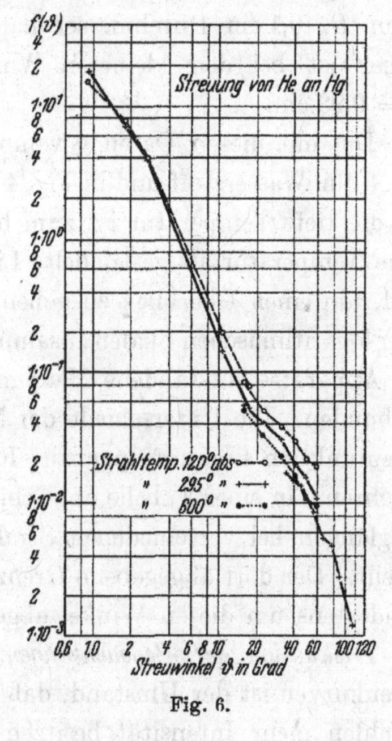

Fig. 6.

nicht in vollem Betrage von der gemessenen Strahlung abgezogen werden, weil sie beim Durchlaufen des Streukastens ebenfalls geschwächt wird. Darum wurde nur das 0,6- bis 0,75fache des gemessenen Ausschlages abgezogen, entsprechend der Schwächung des Primärstrahles. Eine Schwächung durch Restgase im Strahlraum brauchte nicht berücksichtigt zu werden, weil der Druck stets niedriger als $0{,}5 \cdot 10^{-5}$ mm Hg war. Die Winkelverteilung der Streuung wurde bei den Temperaturen 120° abs. und 295° abs. gemessen.

Um die Streufunktion aus den Beobachtungen zu berechnen, geht man von der Gleichung (1) der früheren Arbeit aus. Ähnlich wie dort ist zu setzen $J_s = c \cdot \alpha_s$ (c = Galvanometerkonstante, α_s der wie oben angegeben korrigierte Ausschlag für die Streuung) und $N = c \cdot \alpha_0 \cdot q$ (α_0 = Galvanometerausschlag für den Primärstrahl ohne Streugas, q = Querschnitt des Strahles am Orte des Auffängers). Dann wird

$$f(\vartheta) = \frac{\alpha_s}{p_2} \cdot \frac{R^2}{\alpha_0 \cdot q \cdot L}, \tag{1}$$

R war 1,39 cm. q wurde rechnerisch aus der Fläche der strahlbegrenzenden Blende ermittelt, und war bei den kleinen Winkeln $4{,}13 \cdot 10^{-4}$ cm², bei den größeren Winkeln $2{,}13 \cdot 10^{-2}$ cm². Die Länge des Streukastens betrug 0,83 cm. Dazu kommt wegen des nicht scharfen Druckabfalles an B_4 ein Zuschlag von schätzungsweise 0,05 cm und bei den größeren Winkeln, wenn B_3 0,1 cm Durchmesser hatte, für B_3 ein Zuschlag von 0,05 cm. Daher ist bei den kleineren Winkeln $L = 0{,}88$ cm, bei den größeren $L = 0{,}93$ cm.

Die mit diesen Daten gewonnenen Werte der Streufunktion sind in Fig. 3 für Wasserstoff und in Fig. 4 für Helium dargestellt. Die Streukurve für die tiefe Temperatur ist zum besseren Vergleich neben der Kurve für hohe Temperatur als gestrichelte Linie eingezeichnet. In den Fig. 5 und 6 sind, um einen Überblick zu geben, alle Streumessungen von 0,9° bis 140° über logarithmischen Skalen zusammengestellt. Aus Messungen ohne Umbau des Apparates entstandene Meßpunkte sind durch Linienzüge miteinander verbunden. Die Unterschiede der Messungen bei demselben Argument der Streufunktion sind auf ungenaue Kenntnis der Strahlabmessungen zurückzuführen. In einer Tabelle am Schlusse der Arbeit sind die mittleren freien Weglängen bei verschiedenen Strahltemperaturen und Grenzwinkeln mitgeteilt. Der dort angegebene Grenzwinkel hat den Sinn, daß Moleküle, die mindestens um diesen Winkel abgelenkt worden sind, als gestreut gelten.

Diskussion der Beobachtungen. Bemerkenswert an den gemessenen Streukurven ist der Umstand, daß bei großen Streuwinkeln die langsamen Strahlen mehr Intensität besitzen als die schnellen, was der klassischen Erwartung entspricht. Bei kleinen Streuwinkeln dagegen ist das Umgekehrte der Fall. *Dieses Verhalten widerspricht der klassischen Erwartung und steht mit der Wellenmechanik im Einklang.*

Die Intensitätsverteilung bei kleinen Winkeln soll etwas näher in klassischer Weise betrachtet werden, um zu zeigen, daß die Versuche mit der klassischen Theorie nicht vereinbar sind. Der Ablenkungswinkel bei kleinen Ablenkungen ist, wie man leicht berechnen kann, näherungsweise proportional dem Quotienten: potentielle Energie der Wechselwirkung der Moleküle im Perihel $V(r)$ durch kinetische Energie des vorbeifliegenden Teilchens E, d. h. wenn K ein konstanter Faktor ist:

$$\vartheta = K \frac{V(r)}{E}. \tag{2}$$

Unter der Voraussetzung der üblichen Potentialkurve mit Anziehung in großer Entfernung und Abstoßung in kleiner Entfernung können kleine Ablenkungen auf zweierlei Art zustande kommen: 1. wenn die gestreuten Moleküle in großem Abstande an dem Streuzentrum vorbeifliegen (erste Art), und 2. wenn sie im Perihel die Stelle durchlaufen, wo $V(r) = 0$ (zweite Art).

Die Intensität der wenig abgelenkten Moleküle kann man berechnen. Alle ankommenden Moleküle mit einem Stoßparameter b (Abstand der Bahnasymptote vom Stoßzentrum) zwischen b und $b + \mathrm{d}b$ werden in einen Winkelbereich zwischen ϑ und $\vartheta - \mathrm{d}\vartheta$ gestreut. Es gilt:

$$2\pi \cdot b \cdot \mathrm{d}b = 2\pi \cdot \sin\vartheta \cdot f(\vartheta) \cdot \mathrm{d}\vartheta. \tag{3}$$

Da b und r sich um so weniger unterscheiden, je kleiner die Ablenkung ist, kann man näherungsweise $b = r$ setzen. Aus Gleichung (2) erhält man $\mathrm{d}b/\mathrm{d}\vartheta$ und findet mit $\sin\vartheta = \sim \vartheta$

$$f(\vartheta) = \frac{1}{\vartheta} \cdot r \cdot \frac{E}{K} \cdot 1 \Big/ \frac{\mathrm{d}V(r)}{\mathrm{d}r}. \tag{4}$$

Wir diskutieren zunächst *die Moleküle der ersten Art.* Setzt man für den Potentialverlauf in großem Abstande $V(r) = a \cdot r^{-n}$, so ist die Intensität der Moleküle der ersten Art

$$f(\vartheta) = \frac{1}{n} \cdot \left(\frac{aK}{E}\right)^{2/n} \cdot \vartheta^{-2-\frac{2}{n}}.$$

Hieraus erkennt man: 1. Die Intensität muß etwas stärker als ϑ^{-2} ansteigen. 2. Die Intensität muß um so größer sein, je kleiner die kinetische Energie des Strahles ist. Diese beiden Folgerungen aus der klassischen Theorie stehen mit dem Experiment im Widerspruch.

Moleküle der zweiten Art. Ein Einwand könnte aus dem Verhalten der wenig abgelenkten Moleküle der zweiten Art hergeleitet werden, das mit dem Experiment übereinstimmt. Für sie ergibt sich nämlich nach Gleichung (4): 1. Die Intensität muß mit ϑ^{-1} abnehmen, da man in Gleichung (4) r und $\mathrm{d}V(r)/\mathrm{d}r$ für das Gebiet mit $V(r) = 0$ konstant setzen kann. 2. Unter denselben Voraussetzungen muß die Intensität der kinetischen Energie proportional sein. Das Experiment gibt wirklich bei den kleinsten gemessenen Winkeln eine Zunahme der Intensität mit der Temperatur des Strahles.

Es zeigt sich aber, daß nicht genügend Moleküle der zweiten Art vorhanden sind, um diese Zunahme der Intensität zu erklären. Für das Verhältnis der Intensitäten der beiden Arten liefert Gleichung (4)

$$\frac{f_1(\vartheta)}{f_2(\vartheta)} = \frac{r_1}{r_2} \cdot \left(\frac{\mathrm{d}\, V(r_2)}{\mathrm{d}\, r} : \frac{\mathrm{d}\, V(r_1)}{\mathrm{d}\, r} \right),$$

wenn durch die Indizes die Beziehung auf die Moleküle der ersten und zweiten Art angedeutet wird. Man kann r_1/r_2 aus der gemessenen Streukurve etwa zu 2,6 abschätzen. Aus der Gesamtzahl der gestreuten Moleküle ergibt sich nämlich die Summe der Wirkungsradien etwa 2,6mal so groß, wie der gaskinetische Wert, der dem steilen Potentialanstieg entspricht. Da die Potentialkurven für die Wechselwirkung zwischen Hg und H_2 oder Hg und He nicht vorliegen, ist man zur Berechnung der Potentialgradienten auf Schätzungen an Hand von Potentialkurven für andere Fälle angewiesen. Aus einer Potentialkurve von Rydberg[1]) für das Wasserstoffmolekül findet man für das Verhältnis der Potentialgradienten etwa den Wert 12. Setzt man, um vorsichtig zu schätzen, etwa 3 bis 4 ein, so sind die Moleküle der ersten Art mindestens 10mal so stark vertreten wie die der zweiten Art. Die gefundene Abnahme der Intensität um 30% bei der Verkleinerung der kinetischen Energie auf etwa 1/1,6 bei Wasserstoff kann also durch die Moleküle der zweiten Art, deren Anteil an der Streuintensität höchstens 10% beträgt, nicht erklärt werden. Der Widerspruch gegen die klassische Theorie bleibt bestehen. Die Berücksichtigung der Maxwell-Verteilung ändert daran nichts.

Die *Wellenmechanik* verlangt, wie schon in der ersten Arbeit betont wurde, daß die Streufunktion bei den kleinsten Winkeln konstant[2]) wird. Dieses Verhalten ist in den Messungen angedeutet. Der in den Messungen noch gefundene Anstieg der Streufunktion ist zum Teil darauf zurückzuführen, daß die Winkel noch nicht klein genug waren. Die Messungen zeigen aber, besonders in der logarithmischen Auftragung, daß der Anstieg um so schwächer ist, je größer die Wellenlänge der einfallenden Strahlung wird. (He: 295^0, $\lambda = 0{,}57 \cdot 10^{-8}$ cm, 120^0, $\lambda = 0{,}89 \cdot 10^{-8}$ cm; H_2: 295^0, $\lambda = 0{,}81 \cdot 10^{-8}$ cm, 120^0, $\lambda = 1{,}27 \cdot 10^{-8}$ cm). Zum Teil ist der noch gefundene Intensitätsanstieg auf die Maxwell-Verteilung des Strahles zurück-

[1]) R. Rydberg, ZS. f. Phys. **73**, 376, 1932. — [2]) S. Mizushima, Phys. ZS. **32**, 798, 1931; H. S. W. Massey u. C. B. O. Mohr, l. c.

zuführen, da man aus den Rechnungen von Mizushima[1]) entnehmen kann, daß die Streuintensität beim Vorhandensein einer Maxwell-Verteilung noch bei kleineren Winkeln ansteigt, im Vergleich zu monochromatischen Strahlen der wahrscheinlichsten Geschwindigkeit.

Die Temperaturabhängigkeit bei kleinen Winkeln ist die von der Theorie[1]) verlangte (Anwachsen der Streuung mit der Temperatur).

Man könnte glauben, daß bei Wasserstoff die Rotation des Moleküls den Wirkungsquerschnitt beeinflußt und dadurch die beobachtete Erscheinung bei Strahlen verschiedener Temperatur hervorruft. Dagegen spricht der Umstand, daß sie auch bei Helium vorhanden ist, wenn auch entsprechend der kürzeren Wellenlänge weniger ausgeprägt.

Tabelle der mittleren freien Weglängen bei einem Druck von 1 dyn/cm² in cm.

		H_2 in Hg		He in Hg			
Grenzwinkel in Grad:		0,9	7	0,9	~5	7	10—15
Absolute Temperatur:	120	1,4	2,7	2,5	3,0	5,5	4,7
	295	1,7	3,5	3,0	3,4	7,2	5,8
	600	—	—	—	—	—	6,9

Die mittleren freien Weglängen, bezogen auf einen Streudruck von 1 Dyn/cm², sind aus der Schwächung des Primärstrahles berechnet. Die Grenzwinkel, die aus den Spaltbreiten und -abständen ermittelt sind, bedeuten, daß Moleküle, die mindestens um diese Winkel abgelenkt sind, als gestreut gelten.

Da offenbar die Maxwellsche Geschwindigkeitsverteilung die Einzelheiten der Streufunktion verdeckt, werden die Versuche mit monochromatischen Strahlen fortgesetzt, um dann auch Rückschlüsse auf die wechselseitige Energie zweier Atome ziehen zu können.

Hamburg, Institut für physikal. Chemie d. Hamburgischen Universität.

[1]) S. Mizushima, Phys. ZS. **32**, 798, 1931; H. S. W. Massey u. C. B. O. Mohr, l. c.

M21

M21. Carl Zickermann, Adsorption von Gasen an festen Oberflächen bei niedrigen Drucken, Z. Phys. 88, 43–54 (1934)

Adsorption von Gasen an festen Oberflächen bei niedrigen Drucken.

Von Carl Zickermann in Hamburg.

H. Schmidt-Böcking, K. Reich, A. Templeton, W. Trageser, V. Vill (Hrsg.), *Otto Sterns Veröffentlichungen – Band 5*, DOI 10.1007/978-3-662-46958-3_17

Adsorption von Gasen an festen Oberflächen bei niedrigen Drucken.

Von **Carl Zickermann** in Hamburg.

Mit 12 Abbildungen. (Eingegangen am 31. Dezember 1933.)

Es wurden Absorptionsisothermen aufgenommen für N_2 und Ar an Glimmer und Glas bei 10^{-5} — $5 \cdot 10^{-4}$ mm Hg zwischen 77,7 und 40,2° abs. Bei kleineren Drucken als 1,5 bis $3 \cdot 10^{-4}$ mm Hg ist die von Langmuir geforderte Proportionalität zwischen Druck und adsorbierter Menge nicht mehr vorhanden. Das wird auf das Vorhandensein besonders rege adsorbierender „aktiver Zentren" zurückgeführt, die bei diesen Drucken schon gesättigt sind. Für diese werden Adsorptionsisothermen aufgestellt.

Einleitung. Nach der Langmuirschen Theorie der Adsorption von Gasen an festen Oberflächen[1]) muß bei niedrigen Drucken Proportionalität bestehen zwischen der adsorbierten Menge und dem Druck. Unter niedrigen Drucken sind solche zu verstehen, bei denen das adsorbierte Gas die Oberfläche noch nicht mit einer einmolekularen Schicht bedeckt hat, sondern bei denen nur so viel Moleküle adsorbiert sind, daß ihr gegenseitiger Abstand so groß ist, daß sie nicht aufeinander wirken. Zur Prüfung der Theorie hat Langmuir selbst Adsorptionsmessungen an Glimmer und Glas gemacht mit verschiedenen Gasen bei Drucken zwischen 0,0015 und 0,1 mm Hg und den Temperaturen des flüssigen Sauerstoffs und des festen Äthers; das sind aber schon Drucke, bei denen die oben gemachte Einschränkung nicht mehr erfüllt ist. Bei niedrigeren Drucken als den angegebenen hat Langmuir nicht gemessen, weil er zur Druckmessung ein Mac Leod-Manometer benutzte. Mit den nach Knauer und Stern[2]) verbesserten Hitzdrahtmanometern ist es möglich, Drucke bis herab zu 10^{-5} mm Hg und weniger zu messen (Druckänderungen bis 10^{-9} mm Hg). Mit Hilfe dieser Manometer wurde die Adsorption bei niedrigen Drucken gemessen.

Um Anschluß an die Langmuirschen Messungen zu erhalten, wurden untersucht: Argon und Stickstoff an Glimmer und Glas bei der Temperatur des flüssigen Sauerstoffs, der flüssigen Luft und des flüssigen Stickstoffs und bei Drucken von 10^{-5} bis $5 \cdot 10^{-4}$ mm Hg. Die Messungen bei den drei verschiedenen Temperaturen ermöglichen es, die Adsorptionswärmen auszurechnen.

Meßmethode. Aus einem Vorratsgefäß läßt man durch eine Kapillare in einen ausgepumpten Raum Gas einströmen und mißt in bestimmten

[1]) I. Langmuir, Journ. Amer. Chem. Soc. **40**, 1361, 1918. — [2]) F. Knauer u. O. Stern, ZS. f. Phys. **53**, 766, 1929.

Zeitabständen den dadurch entstehenden Druck. Dieser Druck steigt proportional mit der Zeit, wenn der Druck im Vorratsgefäß so groß ist, daß man den im Meßgefäß gegen ihn vernachlässigen kann, und infolgedessen die einströmende Menge zeitlich konstant ist. Ist der Raum bei einem Versuch leer und bei einem zweiten, der unter sonst gleichen Bedingungen wie der erste verläuft, mit dem Adsorber beschickt, so wird die Zeit, in der man in beiden Fällen den gleichen Druck erreicht, bei dem zweiten Versuch größer sein als bei dem ersten, und zwar um so viel, als nötig ist, um die Gasmenge einströmen zu lassen, die adsorbiert wird. Das gilt auch, wenn bei den Leerversuchen der Druck nicht proportional der Zeit steigt, weil einige Teile des Meßraumes gekühlt sind und adsorbieren. Kennt man die Differenz zwischen diesen Zeiten, die Oberfläche des Adsorbers und die pro Zeiteinheit in den Raum einströmende Gasmenge, kann man die pro Quadratzentimeter fester Oberfläche adsorbierte Gasmenge errechnen.

Vorausgesetzt ist hierbei, daß die Adsorption sehr schnell verläuft; d. h. die Einstelldauer des Adsorptionsgleichgewichts muß klein sein gegen die Zeitdifferenz zwischen zwei Messungen des Druckes. Die angestellten Versuche zeigen, daß diese Voraussetzung erfüllt ist (siehe S. 47).

Adsorber und adsorbierte Gase. Das als Adsorber dienende Glas bestand aus Mikroskopdeckgläschen mit einer Dicke von 0,15 mm und einer Fläche von 12 × 12 mm². Benutzt wurden 100 Stück mit einer Gesamtoberfläche von 288 cm². Sie lagen übereinander und wurden voneinander getrennt durch zu Winkeln gebogenen Glasstäbchen von 25 mm Länge und 0,35 mm Durchmesser. Die benutzten zehn Glimmerstücke hatten je eine Länge von 200 mm, eine Breite von 15 mm und eine Dicke von durchschnittlich 0,05 mm, also eine Gesamtoberfläche von 600 cm². Sie waren hergestellt aus möglichst fehlerfreiem Ruby-Glimmer. Mehrfach gebogene Glasstäbchen von 180 mm Länge und von 0,9 mm Durchmesser trennten die Glimmerblättchen voneinander. Die in beiden Fällen benutzten Trennstäbchen waren bei den Leerversuchen im Adsorptionsraum enthalten. Der Stickstoff wurde durch Erhitzen aus Natriumacid hergestellt und durch eine mit flüssiger Luft gekühlte Falle geleitet. Analysen ergaben keine Beimengungen anderer Gase. Das Argon wurde als „Argon ‚D' nachgereinigt"[1]) benutzt.

[1]) Der Gesellschaft für Lindes Eismaschinen A.-G., Abt. Gasverflüssigung, Höllriegelskreuth bei München bin ich für die Überlassung des Argon zu Dank verpflichtet.

Wesentliches der Apparatur (siehe Fig. 1). Aus dem über die Meßmethode Gesagten ergeben sich die wesentlichen Teile der Apparatur.

Der Meßraum enthielt als wichtigste Teile: zur Aufnahme des Adsorbers das Adsorptionsgefäß und zur Messung des Druckes ein Hitzdrahtmanometer. Das Adsorptionsgefäß war ein 45 cm langes Felsenglasrohr (Hartglas mit blauem Streifen von Schott und Gen.) mit 19 mm innerer Weite. Es war mit einem Schliff durch weißen Siegellack an den Meßraum gekittet. Das Hitzdrahtmanometer war nach Angaben von Stern und Knauer hergestellt. Seine Widerstandsänderungen wurden in einer Wheatstoneschen Brücke gemessen, deren Zweige aus einem festen und einem veränderlichen Stöpselwiderstand, dem Meßmanometer und einem Kompensationsmanometer bestanden. Dies war möglichst gleich dem Meßmanometer gemacht und wurde während des Versuchs ständig mit einer Volmerschen Kondensationspumpe ausgepumpt. Es diente dazu, die Temperaturschwankungen des Wasserbades, in dem sich beide Manometer dicht nebeneinander befanden, zu kompensieren und die Empfindlichkeit zu erhöhen. Die Widerstandsänderung des Meßmanometers wurde direkt durch den Ausschlag des Lichtzeigers des in der Wheatstoneschen Brücke befindlichen Galvanometers gemessen. Zur Eichung des Manometers wurden die Galvanometerausschläge mit den von einem Mac Leod-Manometer gemessenen Drucken (ungefähr $5 \cdot 10^{-4}$ mm Hg) verglichen. Proportionalität zwischen Ausschlag und Druck ist theoretisch zu erwarten und bei den zahlreichen Anwendungen der Manometer im hiesigen Institut gefunden worden. Bei den benutzten Empfindlichkeiten entsprachen einem Druck von $1 \cdot 10^{-5}$ mm Hg für Stickstoff ein Skalenausschlag von 15 bzw. 48 mm und für Argon 10 bzw. 32 mm, je nach der Empfindlichkeit des Galvanometers.

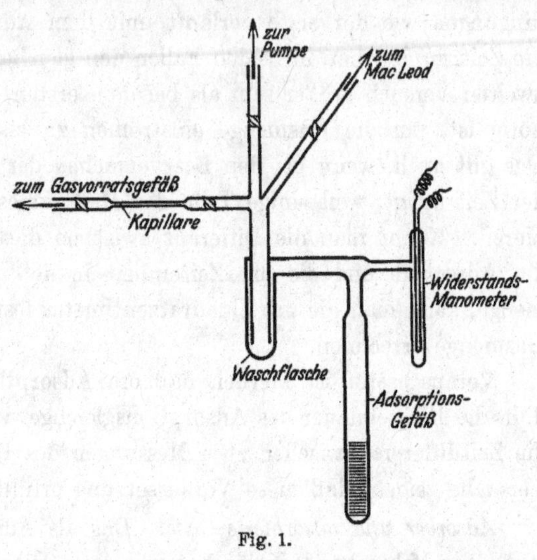

Fig. 1.

Der Meßraum wurde durch Hähne von den Pumpen, der zur Gasvorratskugel führenden Kapillare und von einem Mac Leod-Manometer getrennt. Über den letzten Hahn war auch eine direkte Verbindung mit den Vorratsgefäßen möglich. Zur Dichtung der Hähne wurde „Apiezon Grease L“[1]) benutzt, welches sich bei den Messungen sehr gut bewährte. Offenbar hat es nicht nur einen sehr niedrigen Dampfdruck, sondern zeichnet sich beim Drehen der Hähne durch eine sehr geringe Gasabgabe besonders aus.

Zwischen den Hähnen und dem Adsorptionsrohr und Manometer war eine Waschflasche angebracht, die mit flüssiger Luft gekühlt wurde, um die Fettdämpfe und die Reste von Quecksilberdämpfen von dem Adsorptionsrohr und dem Manometer fernzuhalten. Die Gasvorratskugel hatte ein Volumen von ungefähr 10 Litern. Dieses wurde so groß gewählt, damit die in ihr durch das Ausströmen des Gases in den Meßraum entstehende Druckänderung prozentual klein blieb. Die Kapillare, die von der Vorratskugel und dem Meßraum durch Hähne getrennt wurde, hatte einen Durchmesser von 0,4 mm und eine Länge von 25 cm.

Einige experimentelle Einzelheiten. Das Adsorptionsgefäß wurde evakuiert, ausgeheizt und gekühlt. Wie eine Überschlagsrechnung ergibt, würde die Zeit, in der der Adsorber von der Zimmertemperatur auf die Meßtemperatur (80 bis 90^0 abs.) gelangt, falls im Meßraum Hochvakuum herrscht, also zur Wärmeübertragung nur Strahlung ausgenutzt wird, mehrere Stunden betragen. Um diese Zeit abzukürzen, wurde in dem Meßraum eine Wasserstoffatmosphäre von $^3/_{10}$ mm Hg hergestellt. Durch die jetzt vorhandene Wärmeleitung wurde die Einstellzeit des Temperaturgleichgewichts unter 5 Minuten herabgedrückt. Nachdem die erforderliche Temperatur erreicht war, wurde der Wasserstoff wieder abgepumpt bis zu Drucken, die weniger als 10^{-6} mm Hg betrugen. Um sicher zu sein, daß der adsorbierte Wasserstoff vollständig entfernt war, wurde das Pumpen eine Stunde fortgesetzt. Unter diesen Umständen hatte die Benutzung des Wasserstoffs keine meßbare Änderung der adsorbierten Menge zur Folge.

Um vor jedem Versuch den Adsorber und die Wand des Adsorptionsrohres so weit wie möglich von störenden Verunreinigungen zu befreien, wurden diese im Hochvakuum bei ungefähr 400^0 C ausgeheizt; diese Temperatur war durch Vorversuche als ausreichend befunden worden. Auch in diesem Falle wurde in den Meßraum zeitweise Wasserstoff eingelassen, um einen schnellen Wärmeausgleich zu gewährleisten. Der benutzte Wasser-

---

[1]) Das Fett wurde mir von der Rhenania-Ossag Mineralölwerke Akt.-Ges., Hamburg, zur Verfügung gestellt, welcher ich dafür sehr danke.

stoff wurde im Kippschen Apparat aus arsenfreiem Zink und verdünnter Schwefelsäure entwickelt, durch Kaliumpermanganatlösung, Chlorcalcium und eine Falle mit flüssiger Luft geleitet.

Da eine starke Temperaturabhängigkeit der adsorbierten Menge beobachtet wurde, war eine genaue Messung der Versuchstemperatur erforderlich. Hierzu wurde ein mit Sauerstoff gefülltes Stocksches Dampfdruckthermometer benutzt, mit dem die Temperaturen auf $^1/_{10}{}^0$ C genau gemessen wurden. (Bei den Temperaturen des flüssigen Stickstoffs entspricht $^1/_{10}{}^0$ Temperaturänderung noch ungefähr 3 mm Hg Dampfdruckänderung.)

Bei den Vorversuchen wurde beobachtet, daß im Falle des mit dem Adsorber beschickten Adsorptionsrohres nach der Absperrung der Gaszufuhr der Druck nicht konstant blieb, sondern in den ersten Minuten um mehrere Prozent kleiner wurde. Das wurde darauf zurückgeführt, daß der Raum zwischen den einzelnen Adsorberoberflächen noch nicht den in den anderen Gefäßteilen vorhandenen Druck angenommen hatte. Eine Überschlagsrechnung über die Größe und Einstellungsdauer dieser Druckänderung unter Berücksichtigung des großen Strömungswiderstandes zwischen den Blättchen bestätigte diese Annahme. Durch dickere Glaswinkel wurde der Abstand der Adsorberoberflächen voneinander vergrößert. Die dann auftretende Druckänderung betrug weniger als 1 %, was innerhalb der Meßgenauigkeit liegt. Das heißt, daß die Einstellung des Adsorptionsgleichgewichtes bei den untersuchten Drucken unmeßbar schnell verläuft.

Die Größe des Meßraumes wurde so bestimmt, daß man den Meßraum mit einem der Größe nach bekannten anderen Raum verband und die zeitliche Druckänderung dp/dt beim Einströmen von Gas beobachtete: einmal in den Meßraum allein und ein zweites Mal in den Meßraum (Volumen V_x) plus bekannten Zusatzraum (Volumen $v = 486\ \mathrm{cm}^3$). Da für die Druckänderung, wenn der Druck im Meßgefäß gegen den des Vorratsgefäßes zu vernachlässigen ist, die Beziehungen bestehen:

$$\frac{d p_1}{d t} = p_1' = \frac{\text{const.}}{V_x} \quad \text{und} \quad p_2' = \frac{\text{const.}}{V_x + v}, \quad \text{ergibt sich} \quad V_x = \frac{v \cdot p_2'}{p_1' - p_2'}.$$

Es wurde gefunden $V_x = 715\ \mathrm{cm}^3$.

Die Einstellung des Druckes im Vorratsraum, der für jeden Versuch gleich groß sein mußte, um stets gleiche Bedingungen zu haben, und ungefähr $15 \cdot 10^{-3}$ mm Hg betrug, konnte nicht direkt mit einem Mac Leod vorgenommen werden, da bei diesen Drucken leicht Fehler von 5 % auftreten. Eine Kugel von 1 Liter, von der 10 Liter-Gasvorratskugel durch einen Hahn getrennt, wurde mit dem zu adsorbierenden Gas so gefüllt, daß ein Druck von $^2/_{10}$ mm Hg vorhanden war. Dieser kann am Mac Leod-Manometer genauer als auf 1% abgelesen werden. Durch Öffnen des Trennungshahnes wurde die 10 Liter-Kugel mit dem gewünschten Gasdruck versehen, dessen Konstanz mit einem Hitzdrahtmanometer nachgeprüft wurde.

Verlauf eines Versuchs. Vor Beginn der Versuchsvorbereitungen wurde in der Vorratskugel auf die oben angegebene Art der gewünschte Gasdruck hergestellt.

Während der Meßraum mit einem Aggregat von Volmerscher Dampfstrahl- und Kondensationspumpe so weit wie möglich (10^{-7} bis 10^{-8} mm Hg) ausgepumpt wurde, wurde das Adsorptionsrohr durch einen 24 cm langen elektrischen Heizkörper auf 400° C gebracht. Der Hahn zur Pumpe wurde geschlossen und so viel Wasserstoff eingelassen, daß im Meßraum ein Druck von $^3/_{10}$ mm Hg bestand. Nach einer halben Stunde wurde der Wasserstoff wieder ausgepumpt. Noch 2 Stunden nach Beginn dieses Pumpens wurde das Adsorptionsrohr geheizt. Während der letzten Viertelstunde wurde die Waschflasche mit flüssiger Luft gekühlt. Dann wurde der Pumpenhahn geschlossen, der Heizkörper abgenommen, ein Wasserstoffdruck von $^3/_{10}$ mm Hg hergestellt und innerhalb 15 Minuten nach Ende des Pumpens 24 cm des Adsorptionsrohres auf die gewünschte Meßtemperatur gebracht. Nach weiteren 30 Minuten wurde die Wasserstoffatmosphäre wieder abgepumpt. Dieser Pumpvorgang dauerte 60 Minuten. Der Hahn zur Kapillare wurde geöffnet, der Pumpenhahn geschlossen und der Gang des im Meßraum befindlichen Hitzdrahtmanometers beobachtet. Dann wurde der Hahn zwischen Kapillare und Gasvorratsgefäß geöffnet, durch die Kapillare strömte in den Meßraum Gas ein. Der sich hier einstellende Druck wurde mit dem Hitzdrahtmanometer alle 15 Sekunden gemessen. Wenn ein willkürlich gewählter Druck erreicht war, wurde der Hahn zwischen Kapillare und Meßgefäß geschlossen und kontrolliert, daß der Druck sich nicht mehr als 1% änderte.

Die Meßtemperatur wurde bei Beginn der Kühlung, bei Beginn des Wasserstoffauspumpens, vor und nach dem Einströmen des Gases mit dem Stockschen Thermometer gemessen.

Auswertung der Versuche. Als Beispiel für die Auswertung der Versuche betrachten wir die Adsorption von Stickstoff an Glimmer bei der Temperatur 80,1° abs. (siehe die folgende Tabelle).

Die in der Tabelle angegebenen Zahlen haben folgende Bedeutung: In Spalte 1 sind die Zeiten in Minuten angegeben, zu denen die Stellung des Lichtzeigers beobachtet wurde. Spalte 2 gibt diese Stellung (Ablesung auf einer Zentimeterskale). Von — 4 bis 0 wurde der Gang des Manometers beobachtet, bei 0 begann das Einströmen. In Spalte 3 sind die Zeigerstellungen unter Berücksichtigung des Manometerganges korrigiert. Spalte 4 enthält die Zeigerstellung vermindert um die bei 0 gemessene (in dem Beispiel 1,35), also die wirklichen Ausschläge des Zeigers gegen den Anfangspunkt der Messungen. Da die auf der Skale gemessenen Ausschläge bei Widerstandsänderungen diesen nicht streng proportional waren, wurde mit bekannten Widerständen der Skalenwert für verschiedene Stellen der Skale bestimmt und danach die Ausschläge korrigiert. Die so korrigierten Werte sind in Spalte 5 aufgeschrieben. Bei dem angegebenen Versuch entspricht dem Druck von $1 \cdot 10^{-5}$ mm Hg Stickstoff ein Ausschlag von 4,86 cm. Spalte 6 gibt den Druck in 10^{-5} mm Hg an, der den Ausschlägen in 5 entspricht.

1	2	3	4	5	6
— 4	1,35				
— 3	1,35				
0	1,55	1,35			
1	1,95	1,68	0,33	0,34	0,07
2	2,35	2,02	0,67	0,68	0,14
3	2,95	2,55	1,20	1,23	0,25
4	3,70	3,23	1,88	1,92	0,40
5	4,75	4,22	2,87	2,93	0,60
6	—	—	—	—	—
7	7,45	6,78	5,43	5,55	1,14
8	9,25	8,52	7,17	7,32	1,51
9	11,25	10,45	9,10	9,30	1,91
10	13,55	12,68	11,33	11,50	2,37
11	16,05	15,12	13,77	13,82	2,85
12	18,85	17,85	16,50	16,55	3,40
13	21,85	20,78	19,43	19,39	3,99
14	25,15	24,02	22,67	22,60	4,65
15	28,65	27,45	26,10	25,80	5,30
16	32,35	31,08	29,73	29,25	6,03
17	36,30	34,97	33,62	32,80	6,85
18	40,45	39,05	37,70	36,60	7,52
19	44,70	43,23	41,88	40,40	8,31
20	49,25	47,72	46,37	44,40	9,14
21	—	—	—	—	—
22	58,35	56,68	55,33	53,40	10,98
23	63,00	61,27	59,92	56,40	11,59
24	67,90	66,10	64,75	59,80	12,30
25	72,85	70,98	69,63	65,00	13,38
26	77,85	75,92	74,57	69,20	14,22
27	82,85	80,85	79,50	73,60	15,16
28	87,95	85,88	84,53	77,95	16,00
29	93,15	91,02	89,67	82,45	16,93
30	98,15	95,95	94,60	87,00	17,90

Die Druckzeitkurve dieses Versuchs ist in Fig. 2 unter III aufgetragen (Abszisse: Meßzeit in Minuten, Ordinate: gemessene Drucke in 10^{-5} mm Hg). Die Kurve I in Fig. 2 ist ein Leerversuch, bei dem das Adsorptionsgefäß sich auf Zimmertemperatur befand. Entsprechend der Forderung, daß die einströmende Menge zeitlich konstant ist, ist die Druckzeitkurve eine Gerade. Da wir das Volumen des Meßraumes kennen, können wir aus I die pro Zeiteinheit in den Raum einströmende Gasmenge errechnen. 715 cm^3 enthalten bei 10^{-5} mm Hg und Zimmertemperatur $2{,}35 \cdot 10^{14}$ Moleküle. Da der Druck sich pro Minute um $2{,}7 \cdot 10^{-5}$ mm Hg ändert, strömen pro Minute $6{,}35 \cdot 10^{14}$ Moleküle ein. Um die bei den einzelnen Drucken adsorbierten Mengen errechnen zu können, müssen wir nach dem oben Gesagten einen Leerversuch anstellen, der unter den gleichen Umständen verläuft wie der angegebene Hauptversuch, bei dem also das Adsorptionsgefäß die Temperatur des Hauptversuchs hat. Sein Schaubild ist in Fig. 2, Kurve II.

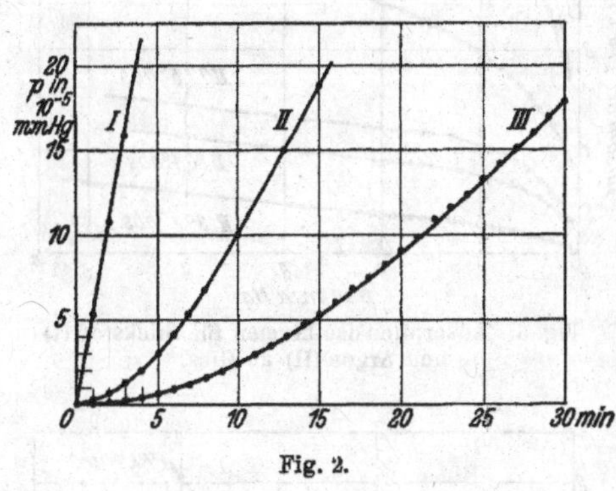

Fig. 2.

Wenn die adsorbierte Menge proportional mit dem Druck wäre, müßte die Kurve III wie I eine Gerade sein, die sich von dieser nur durch eine kleinere Neigung unterscheidet. Die ersichtliche Abweichung von der Geraden läßt schon darauf schließen, daß diese Proportionalität nicht vorhanden ist. Auch Kurve II zeigt keine Geradlinigkeit. Das ist darauf zurückzuführen, daß auch an der gekühlten Wand des Adsorptionsrohres Moleküle adsorbiert werden. Um nun die adsorbierten Mengen auszurechnen, gehen wir so vor, daß wir graphisch feststellen, wie groß die Differenz der Zeiten ist, in denen in den Kurven II und III die gleichen Drucke erreicht sind. Im Leerversuch (II) ist z. B. der Druck $10 \cdot 10^{-5}$ mm Hg in 12 Minuten erreicht, im Hauptversuch (III) in 26,7 Minuten. Die adsorbierte Menge ist gleich der Anzahl der Moleküle, die in der Differenz dieser Zeiten (14,7 Minuten) eingeströmt sind. Um die pro Quadratzentimeter adsorbierte Menge zu erhalten, haben wir die Zahl dieser Moleküle noch durch die Oberfläche des Adsorbers zu dividieren. In unserem Beispiel sind also bei dem Druck $10 \cdot 10^{-5}$ mm Hg pro Quadratzentimeter Oberfläche $6{,}35 \cdot 10^{14} \cdot 14{,}7/600$ Moleküle adsorbiert. Bei der Angabe des Druckes muß eine Korrektion angebracht werden. Die gemessenen Drucke sind die, welche in dem Hitzdrahtmanometer bestanden, welches sich auf Zimmertemperatur befand. Dieser Druck stimmt aber nach Knudsen nicht überein mit dem, der in dem Adsorptionsrohr vorhanden ist, welches die Temperatur der flüssigen Luft hat. (Bei den benutzten Drucken ist die mittlere freie Weglänge groß gegen die Gefäßdimension.) Wir haben ihn noch mit dem Faktor $\sqrt{T_1/T_2}$ zu multiplizieren, das gibt für unseren Fall $\sqrt{80/295} = 1/1{,}92$.

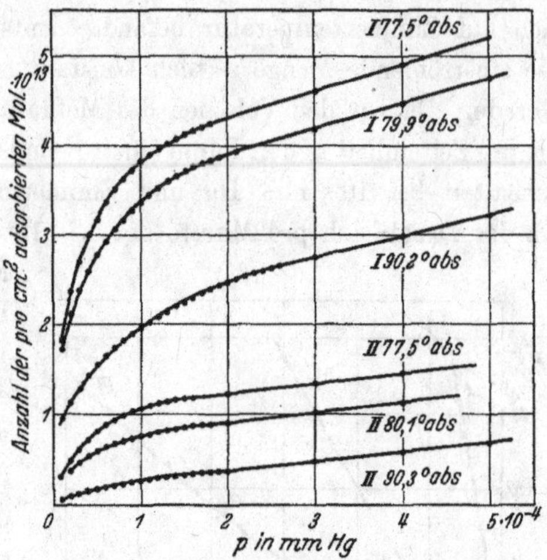

Fig. 3. Adsorptionsisothermen für Stickstoff (I) und Argon (II) an Glas.

Wie in diesem Beispiel werden die adsorbierten Mengen auch für die anderen Drucke ausgerechnet. Die entstehende Kurve, die Adsorptionsisotherme, ist bei 80,1° abs. in Fig. 7 enthalten. (Abszisse: Drucke in 10^{-5} mm Hg, Ordinate: Anzahl der pro Quadratzentimeter adsorbierten Moleküle in 10^{13}.)

Ergebnisse. Die Ergebnisse der mit den genannten Substanzen angestellten Versuche sind in den Fig. 3 und 4 zusammengestellt. (Abszisse: Drucke in 10^{-4} mm Hg, Ordinate: Anzahl der pro Quadratzentimeter adsorbierten Moleküle in 10^{13}.) Man sieht an den Kurven, daß von höheren Drucken als $1{,}5 \cdot 10^{-4}$ bis $3 \cdot 10^{-4}$ mm Hg an, das hängt von den untersuchten Substanzen ab, die Adsorptionsisothermen geradlinig sind. Bei

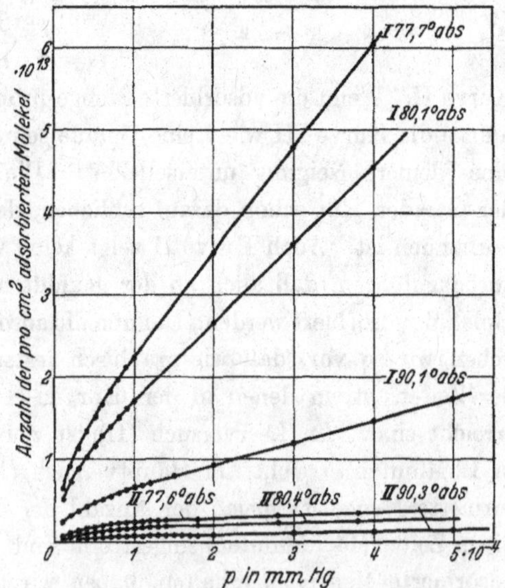

Fig. 4. Adsorptionsisothermen für Stickstoff (I) und Argon (II) an Glimmer.

niedrigeren Drucken weisen die Kurven keine Proportionalität zwischen Druck und adsorbierter Menge auf. (Diese Druckgebiete sind in den Fig. 5 bis 8 nochmals in größerem Maßstab als in den Fig. 3 und 4 wiedergegeben.) (Abszisse: Drucke in 10^{-5} mm Hg, Ordinaten: Anzahl der pro Quadratzentimeter adsorbierten Moleküle in 10^{12} bzw. 10^{13}.) Die Adsorption von

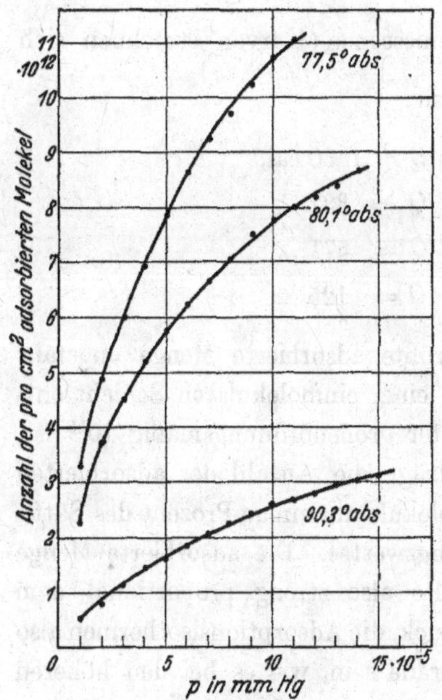

Fig. 5. **Adsorptionsisothermen für Argon an Glas.**

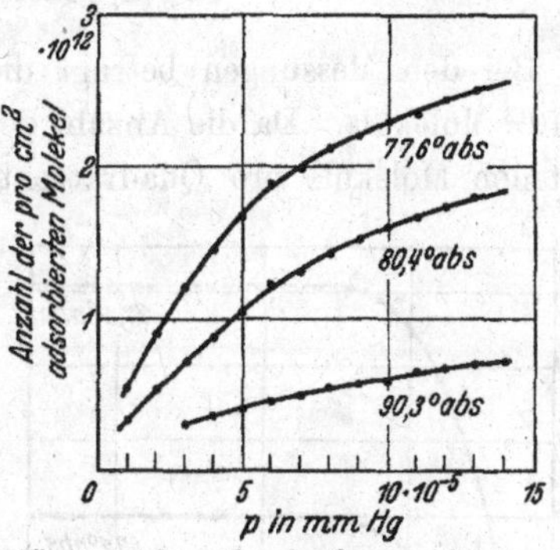

Fig. 6. **Adsorptionsisothermen für Argon an Glimmer.**

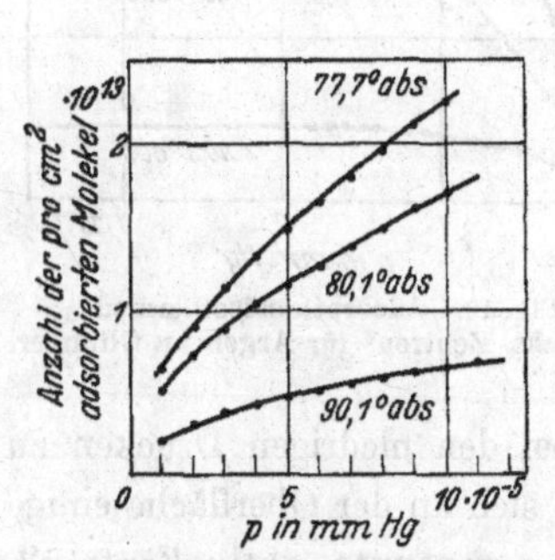

Fig. 7. **Adsorptionsisothermen für Stickstoff an Glimmer.**

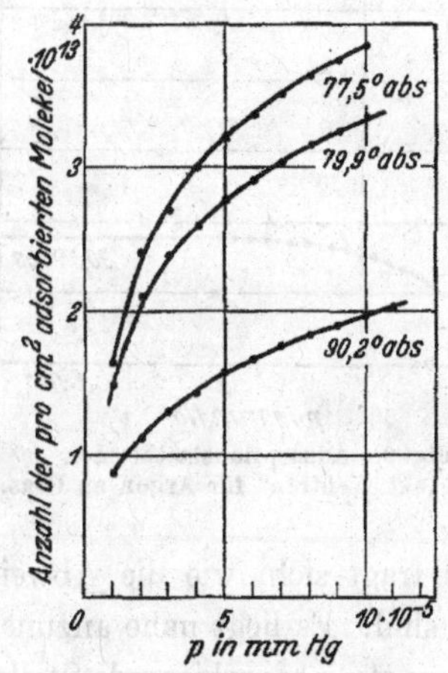

Fig. 8. **Adsorptionsisothermen für Stickstoff an Glas.**

Stickstoff ist stets stärker als die von Argon. Wie zu erwarten, nehmen die adsorbierten Mengen mit fallenden Temperaturen zu. Die Messung der Adsorption bei verschiedenen Temperaturen erlaubt die Berechnung der molaren Adsorptionswärme (Q). Für die geradlinigen Teile der Isothermen kann man die adsorbierte Menge a ansetzen zu $a = \text{const} \cdot e^{-\frac{Q}{RT}}$, also $Q = -R \cdot \frac{d\, ln\, a}{d\, 1/T}$. Nach den gemessenen Kurven errechnen sich dann die Adsorptionswärmen pro Mol zu

Stickstoff/Glimmer:	$Q = 1830$ cal,
Stickstoff/Glas:	$Q = 337$ „
Argon/Glimmer:	$Q = 571$ „
Argon/Glas:	$Q = 125$ „

Bei den Messungen beträgt die größte adsorbierte Menge ungefähr $6 \cdot 10^{13}$ Moleküle. Da die Anzahl der in einer einmolekularen Schicht enthaltenen Moleküle pro Quadratzentimeter größenordnungsmäßig 10^{15} ist, beträgt die Anzahl der adsorbierten Moleküle nur einige Prozent des Sättigungswertes. Die adsorbierte Menge sollte also streng proportional dem Druck, die Adsorptionsisothermen also Gerade sein, wie es bei den höheren Drucken gefunden wird.

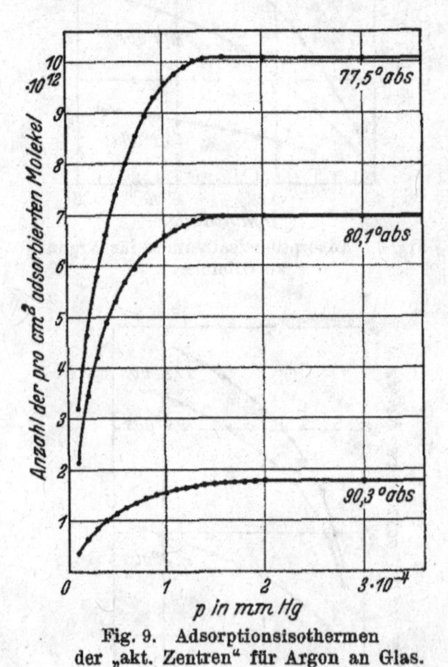

Fig. 9. Adsorptionsisothermen der „akt. Zentren" für Argon an Glas.

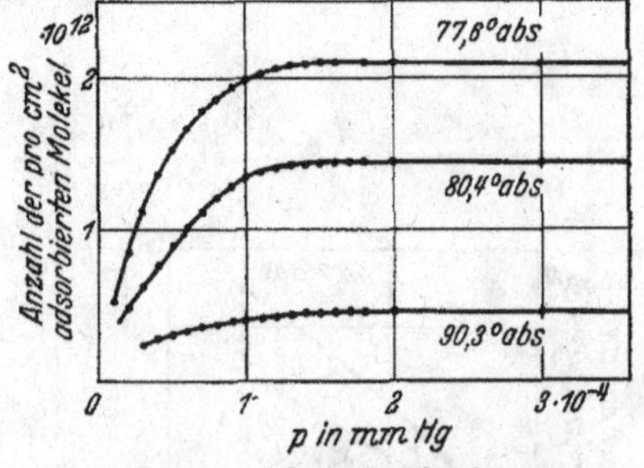

Fig. 10. Adsorptionsisothermen der „akt. Zentren" für Argon an Glimmer.

Es fragt sich, wie die Abweichungen bei den niedrigen Drucken zu deuten sind. Es liegt nahe anzunehmen, daß sich an der Oberfläche einige besonders stark adsorbierende Stellen befinden, sogenannte „aktive Zentren", wie sie bereits vielfach angenommen sind, besonders zur Deutung der katalytischen Erscheinungen. Die Zahl der an den „aktiven Zentren" adsorbierten Moleküle ergibt sich, wenn man die geradlinigen Teile der Kurven bis zum Schnitt mit der Ordinate verlängert. Der Schnittpunkt ergibt direkt die Zahl der an den „aktiven Zentren“ adsorbierten Moleküle. Sie ergibt sich zu Werten von $4{,}7 \cdot 10^{12}$ bis $3{,}7 \cdot 10^{13}$ Molekülen. Die Größenordnung dieser Zahlen stimmt mit der von anderen Autoren gemessenen überein, z. B. fand Langmuir bei der Adsorption von Cäsium an Wolfram 1% der Oberfläche mit „aktiven Zentren“ bedeckt, was ungefähr 10^{13} adsorbierte Moleküle ergibt. Sehr merkwürdig ist die starke Variation der Zahl mit der Temperatur. Sie steigt von der Temperatur des flüssigen Sauerstoffs bis zu der des flüssigen Stickstoffs auf etwa das Doppelte. Während man zunächst annehmen möchte, daß die „aktiven Zentren“ durch Kanten oder Risse der Oberfläche gebildet werden, widerspricht die starke Temperaturabhängigkeit dieser Annahme.

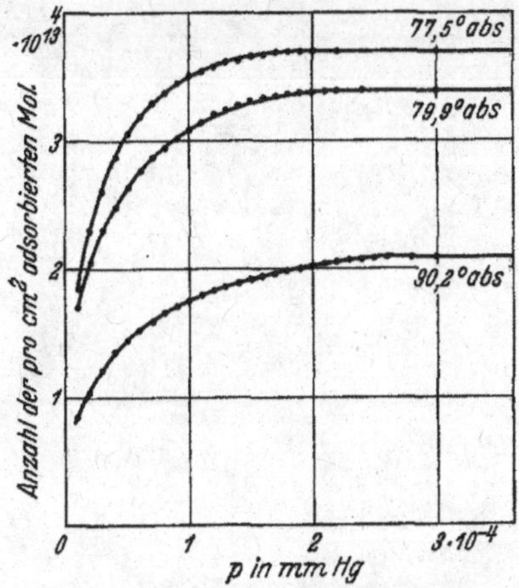

Fig. 11. Adsorptionsisothermen der „akt. Zentren“ für Stickstoff an Glas.

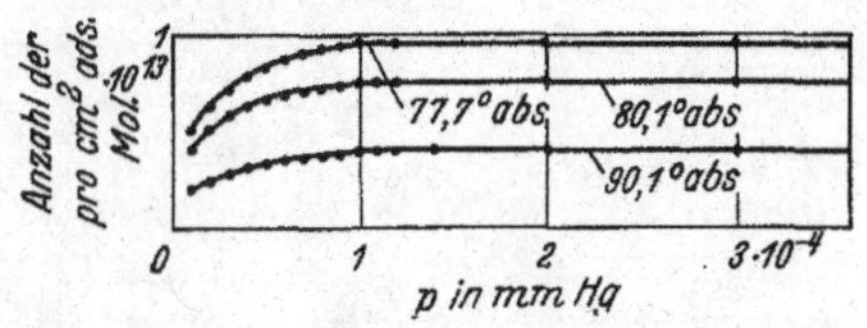

Fig. 12. Adsorptionsisothermen der „akt. Zentren“ für Stickstoff an Glimmer.

Die Messungen gestatten, die Adsorptionsisothermen für die „aktiven Zentren“ abzuleiten. Da für den übrigen Teil der Oberfläche die adsorbierte Menge dem Druck proportional ist, kann man aus dem geradlinigen Teil der Isothermen die an dem nicht aktiven Teil der Oberfläche adsorbierten Moleküle auch für die kleinen Drucke berechnen und von der gesamten adsorbierten Menge abziehen. Man erhält so die von den „aktiven Zentren“ adsorbierten Mengen. Fig. 9 bis 12 stellen die Adsorptionsisothermen für die „aktiven Zentren“ dar. (Abszisse: Drucke in 10^{-4} mm Hg, Ordinate: adsorbierte Menge in 10^{12} bzw. 10^{13} Moleküle.) Eine Aufklärung über die Natur dieser „aktiven Zentren“ ist wohl nur aus Adsorptionsmessungen an besser definierten Oberflächen, z. B. Kristallspaltflächen, zu erwarten.

Meinem hochverehrten Lehrer, Herrn Prof. Dr. O. Stern, möchte ich auch an dieser Stelle sehr danken für die Anregung zu der vorliegenden Arbeit und dem Interesse, welches er stets für meine Untersuchungen gezeigt hat.

M22

M22. Marius Kratzenstein, Untersuchungen über die „Wolke" bei Molekularstrahlversuchen, Z. Phys. 93, 279–291 (1935)

Untersuchungen über die „Wolke" bei Molekularstrahlversuchen.

Von **Marius Kratzenstein** in Hamburg.

H. Schmidt-Böcking, K. Reich, A. Templeton, W. Trageser, V. Vill (Hrsg.), *Otto Sterns Veröffentlichungen – Band 5*, DOI 10.1007/978-3-662-46958-3_18

Untersuchungen über die „Wolke" bei Molekularstrahlversuchen.

Von **Marius Kratzenstein** in Hamburg.

Mit 8 Abbildungen. (Eingegangen am 21. November 1934.)

Mit einem Molekularstrahlapparat wird die Bildung des Strahles an einer kreisförmigen Öffnung von 1 mm Durchmesser untersucht. Die mittlere freie Weglänge λ der Strahlmoleküle innerhalb des Ofens wird zwischen 25 und 0,2 mm verändert. Bei λ kleiner als $^3/_2$ Öffnungsdurchmesser tritt eine deutliche Abweichung von den bei kleinen Drucken (großen λ) geltenden Strömungsgesetzen auf. Damit ist das Vorhandensein der Wolke nachgewiesen. Es wird weiter ermittelt, welchen Einfluß die Wolke auf die spezifische Helligkeit des Ofenspaltes hat.

I. Problem.

Bei früheren Molekularstrahlversuchen im hiesigen Institut wurde festgestellt, daß die Strahlintensität bei kleinen Drucken proportional zum Ofendruck, bei höheren Drucken jedoch schwächer ansteigt[1]). Der Druck, bei dem eine Abweichung von den bei kleinen Drucken geltenden Gesetzen sich bemerkbar machte, war dadurch gegeben, daß hier die mittlere freie Weglänge der Gasmoleküle im Ofen mit den Dimensionen des Ofenspaltes vergleichbar wurde. Dies wurde darauf zurückgeführt, daß die Strahlmoleküle bei diesen Drucken, bei denen die freie Weglänge kleiner als etwa die Breite des Ofenspaltes ist, noch innerhalb und auch kurz nach Verlassen des Ofenspaltes Zusammenstöße *untereinander* erleiden. Die durch solche Zusammenstöße hervorgerufene Stauung vor dem Ofenspalt wurde als „Wolke" bezeichnet. Sie muß eine Veränderung der Helligkeitsverteilung am Ofenspalt hervorrufen.

Th. Johnson[2]) zweifelt das Vorhandensein der Wolke, jedenfalls bei den angegebenen Drucken, an. Er möchte die von Knauer und Stern beobachteten Erscheinungen auf die streuende Wirkung von Molekülen, die von nicht gekühlten Wänden reflektiert werden und wie streuendes Gas bei schlechtem Vakuum wirken, zurückführen. Knauer und Stern haben in einer späteren Arbeit[3]) ausgeführt, weshalb sie die Johnsonschen Resultate nicht anerkennen können. H. Mayer[4]) hat sich ebenfalls mit diesem Problem beschäftigt. Wie Knauer und Stern aber dargelegt

---

[1]) F. Knauer u. O. Stern, ZS. f. Phys. **39**, 775, 1927. — [2]) Th. Johnson, Nature **119**, 745, 1927. — [3]) F. Knauer u. O. Stern, ZS. f. Phys. **53**, 767, 1929. — [4]) H. Mayer, ebenda **58**, 373, 1929.

haben[1]) ist die von ihm benutzte Versuchsanordnung ungeeignet, eine Wolke festzustellen.

Aus dem Vorangehenden und besonders aus allgemeinen Gründen ist eine Klärung dieser Frage wünschenswert. Die vorliegende Arbeit soll diesem Zweck dienen.

II. Prinzip der Messungen.

Da, wie gesagt, die Wolke sich in einer Veränderung der Helligkeitsverteilung am Ofenspalt auswirken muß, wurde der Apparat so gebaut, daß man die Helligkeit einzelner Stellen des Ofenspaltes ausmessen konnte. Das wird im Prinzip durch einen breiten Ofenspalt und einen schmalen Abbildespalt erreicht. Der Abbildespalt wirkt dann wie das Loch an einer Lochkamera und entwirft in der Ebene des Auffängers ein Bild der Strahlungsquelle. Die Intensitätsverteilung des Bildes kann ausgemessen werden. Aus der gemessenen Intensitätsverteilung in der Auffangeebene läßt sich auf die Helligkeitsverteilung der strahlenden Fläche schließen. Bei *kleinen* Drucken, also wenn noch keine Wolke vorhanden ist, ist die strahlende Fläche nur der Ofenspalt, die *Flächenhelle ist an allen Stellen desselben gleich groß*. Bei Wolkenbildung ist eine Abweichung zu erwarten.

III. Beschreibung des Apparates.

Der Apparat war so ausgeführt, wie er ähnlich schon verschiedentlich beschrieben ist[2])[3]). Fig. 1 gibt eine Skizze des Apparates. Als *Strahlsubstanz* wurde Kalium verwandt. Zwei Gründe waren dafür maßgebend. 1. steht in der von Taylor im hiesigen Institut entwickelten Methode der Intensitätsmessung von Alkalistrahlen mittels eines glühenden Wolframdrahtes[3]) eine sehr empfindliche Methode für Kaliumstrahlen zur Verfügung, 2. läßt Kalium sich sehr gut ausfrieren, so daß man die Streuwirkung von Molekülen, die von den Wänden reflektiert werden, mit Sicherheit ausschließen kann.

Als *Ofenspalt* wurde ein kreisrundes Loch gewählt, das in ein 0,07 mm starkes Stahlblech gebohrt war. Durchmesser und Form des Loches wurden mit Mikroskop nachgemessen. Der Durchmesser war 0,95 mm ± 1 %.

Anmerkung. Ein langer Ofenspalt ist an sich für die Ausbildung der Wolke günstiger[1]). Während der Versuche stellte sich jedoch heraus, daß die Wolke aus technischen Gründen (zu hoher Kaliumverbrauch des langen Spaltes) sich besser mit einem kreisförmigen Ofenspalt erzeugen läßt.

---

[1]) F. Knauer u. O. Stern, ZS. f. Phys. **60**, 414, 1930. — [2]) Z. B. John B. Taylor, ebenda **52**, 846, 1929. — [3]) John B. Taylor, ebenda **57**, 242, 1929.

Der *Ofen* war wegen der für die Durchführung einer Versuchsreihe erforderlichen großen Kaliummenge sehr groß: 10 cm lang und 3 cm Durchmesser. Die Heizung erfolgte mit einer Strahlungsheizung, die aus einigen glühenden Wolframspiralen bestand[1]), die bis 100 Watt belastet werden konnten. Die Frontplatte des Ofens hatte eine besonders groß dimensionierte Heizung, die auch gesondert einreguliert werden konnte. Indem man die

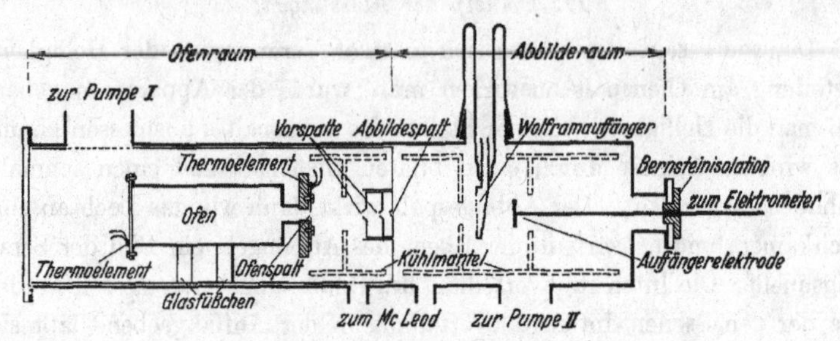

Fig. 1. Skizze des Apparates.

Frontplatte einige Grad heißer hielt als den übrigen Ofen, konnte man das Kriechen des Kaliums an den Spalträndern verhindern. Temperaturmessung des Ofens erfolgte durch zwei Thermoelemente Eisen—Konstantan. Ein Thermoelement war an der kältesten Stelle des Ofens zur Bestimmung der für den Sättigungsdruck des Kaliums maßgebenden Temperatur angebracht; ein zweites saß an der Frontplatte zur Kontrolle, ob die Frontplatte und damit der Ofenspalt heißer war als der Ofen. Am Ofen war weiterhin eine Vorrichtung angebracht, die es ermöglichte, das verschlossene Glasrohr, in dem das Kalium in den Ofen eingebracht wurde, unter Vakuum zu zertrümmern.

Der *Abbildespalt* war 10 mm hoch und 0,080 mm $\pm$ 11 % breit. Um das Zuwachsen des Abbildespaltes zu verhindern, wurde mit zwei Vorspalten gearbeitet. 1. Vorspalt: Abstand vom Abbildespalt 5 mm, Breite 0,55 mm, 2. Vorspalt: Abstand vom Abbildespalt 19 mm, Breite 1,5 mm. Außerdem wurde allen drei Spalten ein besonderes Profil (Fig. 2) gegeben, das sich gut bewährt hat. Abstand Ofenspalt—Abbildespalt betrug 46 mm, Abstand Abbildespalt—Auffänger 49 mm. Beide Abstände waren verhältnismäßig nur ungenau bestimmbar.

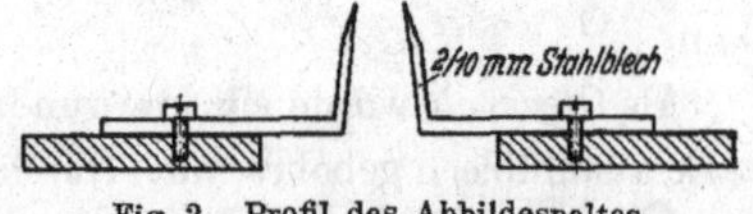

Fig. 2. Profil des Abbildespaltes und der Vorspalte.

[1]) Siehe auch Lester C. Lewis, ZS. f. Phys. **69**, 786, 1931.

Als *Auffänger* diente ein glühender Wolframdraht von 0,050 mm Durchmesser, der exzentrisch an einem Schliff befestigt war, so daß man ihn durch Drehung des Schliffes quer zur Strahlrichtung verschieben konnte. Die Ablesung der Stellung des Drahtes erfolgte mittels eines langen Zeigers (etwa 30 cm) auf einer Skale. Einer Verdrehung des Schliffes um 10 Skt. auf der Auffängerskale entsprach eine Parallelverschiebung des Drahtes um 0,347 mm. Die Parallelität des Auffängerdrahtes blieb innerhalb des ganzen für die Messung in Frage kommenden Bereiches so gut, daß eine Abweichung mittels Mikroskop nicht festgestellt werden konnte. Wenn eine Abweichung vorhanden war, muß sie kleiner als 0,01 mm bei einer Verschiebung des Drahtes um 5 mm, gemessen an zwei 10 mm auseinanderliegenden Punkten des Auffängerdrahtes, gewesen sein. Der Ionenstrom wurde mit einem Lindemannschen Elektrometer gemessen. Gegenüber einer Galvanometerstrommessung hat dies den Vorteil, daß die Einstellgeschwindigkeit so groß ist, daß Ablesung auf Ablesung folgen kann. Bei den endgültigen Versuchen war es so möglich, eine Intensitätsverteilung, das sind etwa 45 Meßpunkte, in weniger als 2 Minuten aufzunehmen. Der Auffänger hatte eine Temperatur von 1600^0 abs. Die Elektrode hatte eine Spannung von 100 Volt gegen den Wolframdraht. Der Einfluß dieser Spannung auf den Ionenstrom geht aus der Tabelle 1 hervor. Daß die Sättigung erst bei so hohen Spannungen eintrat, lag daran, daß die Elektrode klein war (Draht mit kleiner Endplatte).

Tabelle 1. Abhängigkeit des Ionenstromes des Wolframauffängers von der Elektrodenspannung.

Elektrodenspannung	Ionenstrom	Elektrodenspannung	Ionenstrom
40 Volt	19,5 Skt.	90 Volt	52,0 Skt.
50 „	31,5 „	100 „	52,5 „

Vakuum und Kühlung. Es wurde mit zwei Hochvakuumpumpen gearbeitet. Die Pumpgeschwindigkeit für Luft betrug für den Ofenraum etwa 1 Liter/sec, für den Abbilderaum $^1/_4$ Liter/sec. Abbilderaum und Ofenraum waren, wie aus Fig. 1 ersichtlich, von mit flüssiger Luft gekühlten, weiten Kupferröhren (Durchmesser 60 mm) durchzogen, die mit Fenstern für den Durchtritt des Strahls versehene Querwände trugen. Außerdem befand sich am Apparat je eine Kühlfalle direkt vor den Pumpen und vor dem Mc Leod. Um während des Versuches ein gutes Vakuum zu erhalten, dienten noch folgende zwei Maßnahmen: 1. Das Kalium (es waren 2 bis 3 g für eine Versuchsreihe erforderlich) wurde besonders gut gereinigt (mehrmaliges Schmelzen, sechsstündiges Sieden bei 400 bis 500° C, zweimaliges Destillieren unter Vakuum, zum Schluß bei einem Druck von weniger als 10^{-5} mm Hg); damit wird neben der Verhinderung der Gasabgabe auch das Spritzen vermieden; 2. Der gesamte Apparat wurde vor dem Versuch lange Zeit ausgeheizt.

Versuchsverlauf. Nach dem mit Unterbrechungen 2 bis 3 Tage dauernden Ausheizen (Ofentemperatur etwa 500° C) wird das Kalium enthaltende Rohr aus Jenaer Glas in den Ofen eingesetzt. Nach weiteren 2 Tagen wird mit dem Versuch begonnen. Inzwischen wird der Ofen weiter ausgeheizt, aber nur bis höchstens 400° C, weil sonst das Glasrohr mit Kalium zu sehr geschwächt wird und unter Umständen zerbricht. Sodann wird bei kaltem Ofen das K-Rohr unter Vakuum zertrümmert. Nunmehr wird schwach geheizt. Wenn die Strahlintensität groß genug ist, wird mit der Messung begonnen. Da die Temperatur sehr langsam stieg und eine Meßreihe in 2 Minuten aufgenommen werden konnte, durfte während des Anheizens gemessen werden. Es wurde die Intensität der Abbildung als Funktion der Auffängerstellung aufgenommen. Vor jeder Meßreihe wurde die Temperatur des Ofens, die des Ofenspaltes, das Vakuum und die Größe der Maximalintensität, in folgendem kurz als I_{max} bezeichnet, gemessen. Während der für eine Meßreihe erforderlichen Zeit änderte sich I_{max} um weniger als 10% seines Wertes (bei einigen Meßreihen war die Veränderung unmeßbar klein). Da die Veränderung stetig erfolgte, konnte sie bei der Auswertung der Ergebnisse als Korrektion berücksichtigt werden.

IV. Ergebnisse der Messungen.

Von 33 bei verschiedenen Drucken aufgenommenen Intensitätsverteilungen seien drei näher besprochen. In der Tabelle 2 sind die Ergebnisse zusammengestellt. Meßreihe I ist bei einem sehr niedrigen Kaliumdruck, II bei einem solchen Druck, daß die Wolke sich gerade bemerkbar machte, und III bei dem höchsten erreichten Druck aufgenommen.

Tabelle 2. Meßergebnisse.

Messung:	I	II	III
Ofentemperatur	183	253	275 °C
Ofenspalttemperatur . . .	200	287	332 °C
Vakuum	0,1	0,3	$2{,}5 \cdot 10^{-5}$ mm Hg
I_{max}	1,18	20,0	$137 \cdot 10^{-9}$ Amp.
I_{max} bei Beginn	32,5	13,1	27,2 Skt.
I_{max} bei Ende	29,0	11,8	27,9 Skt.
Mittelpunkt der Figur . .	7,86	7,76	7,87 Skt.

Messung I.

a [1]	R [2]	$R:R_0$ [3]	I [4]	$I:I_{max}$ [5]
— 11	18,9	1,358		
— 10	17,9	1,286	0,0	0,000
— 9	16,9	1,214	0,0	0,000
— 8	15,9	1,142	0,0	0,000
— 7	14,9	1,070	1,0	0,031
— 6	13,9	0,998	5,0	0,155
— 5	12,9	0,926	10,5	0,325
— 4	11,9	0,854	16,0	0,497
— 3	10,9	0,782	19,5	0,607
— 2	9,9	0,710	22,5	0,704
— 1	8,9	0,638	24,5	0,768
0	7,9	0,566	25,5	0,802
+ 1	6,9	0,494	27,0	0,852
+ 2	5,9	0,422	28,0	0,886
+ 3	4,9	0,350	29,0	0,921
+ 4	3,9	0,278	29,7	0,945
+ 5	2,9	0,206	30,5	0,975
+ 6	1,9	0,134	30,7	0,985
+ 7	0,9	0,062	31,0	0,998
+ 8	— 0,1	— 0,090	31,0	1,000

Messung II.

a [1]	R [2]	$R:R_0$ [3]	I [4]	$I:I_{max}$ [5]
+ 8	0,2	0,017	12,3	1,000
+ 9	1,2	0,089	12,2	1,000
+ 10	2,2	0,161	12,1	0,990
+ 11	3,2	0,233	11,8	0,970
+ 12	4,2	0,305	11,3	0,934
+ 13	5,2	0,377	10,8	0,892
+ 14	6,2	0,440	10,3	0,850
+ 15	7,2	0,521	9,6	0,800
+ 16	8,2	0,593	8,9	0,740
+ 17	9,2	0,665	8,4	0,700
+ 18	10,2	0,737	7,9	0,660
+ 19	11,2	0,809	6,4	0,538
+ 20	12,2	0,881	5,1	0,428
+ 21	13,2	0,953	3,3	0,277
+ 22	14,2	1,025	1,6	0,134
+ 23	15,2	1,097	0,8	0,068
+ 24	16,2	1,169	0,5	0,042
+ 25	17,2	1,241	0,4	0,034

Anmerkungen zu den Messungen I. bis III.

[1]) Stellung des Auffängers in Skt. der Auffängerskale. — [2]) Abstand des Auffängerdrahtes vom Mittelpunkt der Abbildung. — [3]) R_0 ist die Länge, mit der der Radius des Ofenspaltes r_0 in der Auffangeebene abgebildet wird. — [4]) Intensität des Ionenstromes in Skt. des Elektrometers. — [5]) Berechnet unter Berücksichtigung der Veränderung von I_{max} während der Meßreihe.

Messung III.

a [1]	R [2]	$R:R_0$ [3]	I [4]	$I:I_{max}$ [5]
+ 8	0,1	0,009	27,4	1,000
+ 9	1,1	0,081	27,0	0,986
+ 10	2,1	0,153	27,0	0,986
+ 11	3,1	0,225	26,2	0,956
+ 12	4,1	0,297	25,0	0,913
+ 13	5,1	0,369	24,0	0,875
+ 14	6,1	0,441	22,5	0,820
+ 15	7,1	0,513	21.5	0,785
+ 16	8,1	0,585	20,0	0,730
+ 17	9,1	0,657	19,2	0,665
+ 18	10,1	0,729	16,0	0,583
+ 19	11,1	0,801	14,0	0,510
+ 20	12,1	0,873	12,0	0.438
+ 21	13,1	0,945	9,5	0,346
+ 22	14,1	1,017	6,2	0,226
+ 23	15,1	1,080	4,8	0,175
+ 24	16,1	1,161	4,0	0,146
+ 25	17,1	1,233	3,0	0,109
+ 26	18,1	1,305	2,5	0,091
+ 27	19,1	1,377	2,2	0,080
+ 28	20,1	1,449	2,0	0,073
+ 29	21,1	1,521	1,8	0,066
+ 30	22,1	1,593	1,5	0,055

Diskussion der Ergebnisse. Man muß unterscheiden zwischen der Intensitätsverteilung, die man am Orte des Auffängers mißt, und der ihr zugrunde liegenden Helligkeitsverteilung am Ofenspalt. Bei kleinen Drucken (keine Wolkenbildung vorhanden) strahlt jedes Flächenelement des Ofenspaltes mit der gleichen Helligkeit (Moleküle/cm²). Bei Vorhandensein einer Wolke wird die Helligkeit von Punkt zu Punkt verschieden sein, auch von Punkten außerhalb des Ofenspaltes kommen scheinbar noch Moleküle. Die Verteilung bleibt jedoch radialsymmetrisch um den Mittelpunkt des Ofenspaltes. Man kann sie also als eine Funktion des Abstandes r vom Mittelpunkt des Ofenspaltes beschreiben. Zweckmäßig wählt man als Einheit für r den Radius r_0 des Ofenspaltes. Die Aufgabe besteht darin, von der am Auffänger gemessenen Intensitätsverteilung auf die Helligkeitsverteilung am Ofenloch zu schließen. Die gemessene Intensität ist an jeder Stelle proportional dem Integral der Flächenhelligkeit H, erstreckt über die vom Auffänger aus durch den Abbildespalt sichtbare strahlende Fläche am Ofenloch. $I = \int H\,df$. Bei *kleinen* Drucken (*konstanter* Helligkeit des Ofenloches) ist an jeder Stelle die gemessene Intensität proportional der von dieser Stelle aus sichtbaren Fläche des Ofenloches. Daher muß man als Intensitätsverteilung, wenn man die Intensität als Funktion der Auffängerstellung graphisch aufträgt, eine Halbellipse finden. Die Breite der Halbellipse wird zufolge der geometrischen Abbildung durch den Abbildespalt bestimmt durch den Durchmesser des Ofenloches sowie die Abstände des Ofenloches und des Auffängers vom Abbildespalt. Bei passend gewähltem Maßstab für die Intensität erhält man anstatt der Halbellipse einen Halbkreis. *Treten bei höheren Drucken Abweichungen von dem Halbkreis auf, so deuten sie auf das Vorhandensein einer Wolke.*

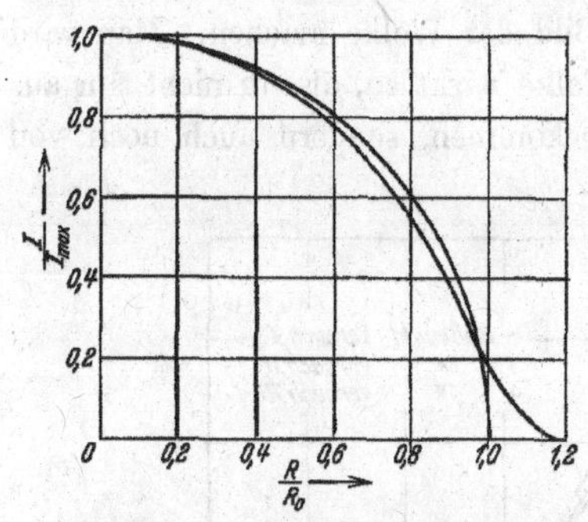

Fig. 3. Abweichungen der Intensitätsverteilung von der Kreisform infolge endlicher Breite des Abbildespaltes und des Auffängers.

Diese Überlegungen gelten streng nur bei völlig scharfer Abbildung, d. h. bei unendlich schmalem Abbildespalt. Hat der Abbildespalt eine endliche Breite, so treten Schwänze und geringe Abweichungen von der Kreisform auf (siehe Fig. 3). Dabei bleibt der Flächeninhalt F der veränderten Verteilung gleich der Fläche der ursprünglichen Verteilung, also des Halbkreises mit $R = I_{max}$. Diese Tatsache kann zur Bestimmung von R_0, der Länge, mit der der Radius des Ofenloches r_0 in der Auffängerebene abgebildet wird, benutzt werden.

Anmerkung. Man zeichnet die Intensitätsverteilung zunächst in einem beliebigen Maßstab auf. Z. B. Ordinate in Bruchteilen der Maximalintensität und Abszisse in Skt. des Auffängers. Die dann von der Kurve eingeschlossene Fläche sei F_0. Wähle ich einen Maßstab, der für die Ordinate γ-mal größer ist, so ist $F = \gamma F_0$. Ein Halbkreis mit $R = I_{max} = \gamma$ als Radius soll dieselbe Fläche einschließen. $F = \frac{1}{2} \pi \gamma^2$ oder $\gamma = \frac{2}{\pi} F_0$. Es ist $\gamma = R_0$, ausgedrückt in Skt. des Auffängers. Diese Bestimmung von R_0 ist genauer als die aus der geometrischen Abbildung folgende, wegen der ungenauen Kenntnis der in Betracht kommenden Maße. Innerhalb dieser Ungenauigkeit geben beide Verfahren denselben Wert.

Wir zeichnen die Intensitätsverteilung nunmehr, indem wir als Maßstab für die Ordinate das Verhältnis I/I_{max} und für die Abszisse das Verhältnis R/R_0 wählen. (R = Abstand des Auffängerdrahtes vom Mittelpunkt der Abbildung.) Fig. 4 zeigt die so erhaltenen Intensitätsverteilungen bei verschiedenen Drucken. Kurve I ist bei einem Kaliumdruck im Ofenraum von $0{,}68 \cdot 10^{-3}$ mm Hg, Kurve II bei $13{,}4 \cdot 10^{-3}$ mm Hg und Kurve III bei $97 \cdot 10^{-3}$ mm Hg aufgenommen. Die Kurven II und III zeigen eine deutliche Abweichung gegen Kurve I. *Damit ist das Vorhandensein einer Wolke bei den angegebenen Drucken nachgewiesen!*

Form der Wolke. Über die räumliche Verteilung der Strahlungsquellen kann diese Methode ebensowenig etwas aussagen wie z. B. eine Lochkamera über die Anordnung leuchtender Körper. Man kann sich auf Grund der Meßergebnisse nur ein flächenhaftes Bild der Wolke machen. Man wird also lediglich aussagen können, die Wolke wirkt so, als ob nicht nur aus dem Ofenspalt selbst Moleküle herauskommen, sondern auch noch von

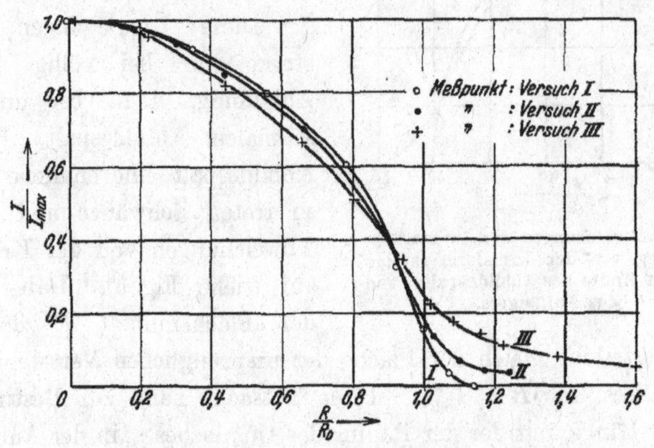

Fig. 4. Gemessene Intensitätsverteilungen der Meßreihen I, II, III.

anderen Stellen der Ofenspaltfläche. Man wird weiterhin angeben können, wie die Helligkeit vom Abstand r vom Mittelpunkt des Ofenloches abhängt.

Mit einem halb rechnerischen, halb zeichnerischen Annäherungsverfahren kann man aus der gemessenen Intensitätsverteilung am Auffänger die Helligkeitsverteilung am Ofenspalt berechnen. Die mit diesem Verfahren erfolgte Auswertung der Kurven ist in Fig. 5a zusammengestellt. Zur Probe, ob die benutzte Annäherung ausreichend war, wurde rückwärts aus der so berechneten Helligkeitsverteilung am Ofenspalt die zu erwartende Intensitätsverteilung am Auffänger berechnet.

Anmerkung. Das macht man mit dem Integral $I = \int H\,df$. Lege ich in die Ofenspaltebene ein rechtwinkliges Koordinatensystem (Nullpunkt im Mittelpunkt des Ofenloches, y-Richtung parallel dem Abbildespalt), so reduziert sich bei unendlich schmalem Abbildespalt das für die Intensität maßgebende Flächenintegral $I = \text{konst} \int H\,df$ zu $I = \text{konst} \int H\,dy$. Ist die Helligkeit H nur durch Zeichnung gegeben, ermittle ich $I = I(R)$ (R = Abstand des Auffängerdrahtes vom Mittelpunkt der Abbildung), indem ich für mehrere R die Helligkeit H als Funktion von y auftrage und graphisch integriere.

Die so gefundene Intensitätsverteilung wird mit der tatsächlich gemessenen verglichen. In der Fig. 5b sind die aus den Helligkeitsverteilungen (Fig. 5a) *berechneten* Intensitätsverteilungen ausgezogen, die Meßpunkte als

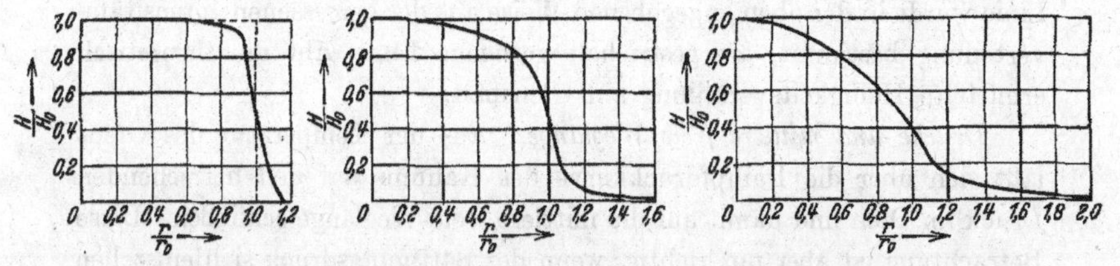

Fig. 5a. Mittels Annäherungsverfahren bestimmte Helligkeitsverteilung am Ofenspalt.

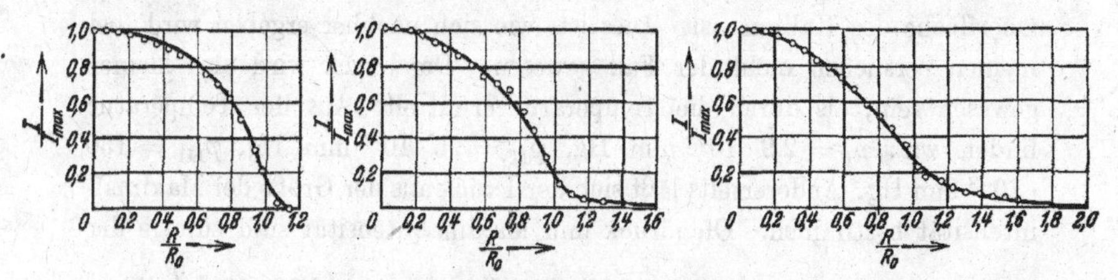

Fig. 5b. Intensitätsverteilung, 1. berechnet aus Helligkeitsverteilung (ausgezogene Kurve), 2. gemessen (kleine Kreise).

kleine Kreise eingezeichnet. Aus der Tatsache, daß die Meßpunkte sich mit geringer Streuung um die ermittelten Kurven gruppieren, darf man schließen, daß die Wolke die in der Fig. 5a gegebene Form hat. In der Fig. 6 sind die Helligkeitsverteilungen der 3 Kurven zusammengezeichnet. Man sieht, welcher Art der Einfluß der Wolke auf die Helligkeitsverteilung bei zunehmendem Kaliumdruck ist.

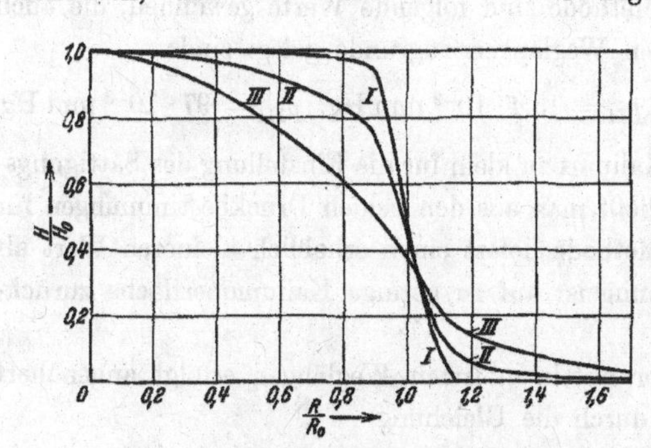

Fig. 6. Helligkeitsverteilung am Ofenspalt der Meßreihen I, II, III.

Es muß noch erwähnt werden, daß an den Messungen streng genommen noch eine Korrektion wegen der endlichen Breite des Abbildespaltes angebracht werden müßte, wodurch die Kurven etwas steiler abfallen würden. Da der allgemeine Verlauf der Kurven dadurch nicht wesentlich verändert wird und der Nachweis der Wolke schon ohne diese Korrektion gelungen ist, wurde darauf verzichtet. Wieviel die Korrektion etwa ausmachen würde, erkennt man aus Betrachtung der Fig. 5a, Kurve I. Die ausgezogene Linie wurde in der oben angegebenen Weise aus der gemessenen Intensitätsverteilung bestimmt, die gestrichelt gezogene Linie gibt die theoretisch ermittelte Helligkeitsverteilung am Ofenspalt.

Drucke und mittlere freie Weglänge. Aus der Temperatur des Ofens läßt sich über die Dampfdruckkurve des Kaliums auf den herrschenden Druck im Ofen und damit auf die mittlere freie Weglänge schließen. Diese Betrachtung ist aber nur richtig, wenn der Sättigungsdruck sich einstellen kann, d. h. wenn die Fläche des Ofenspaltes sehr klein gegenüber der Oberfläche des Kaliums ist. Dies ist, wie sich nachher ergeben wird, bei meinen Versuchen nicht der Fall gewesen. Der Druck wird also kleiner gewesen sein, als durch die Temperatur ermittelt. Aus der Temperatur finden wir: $p_{\mathrm{I}} = 2{,}9 \cdot 10^{-3}$ mm Hg, $p_{\mathrm{II}} = 56 \cdot 10^{-3}$ mm Hg, $p_{\mathrm{III}} = 130 \cdot 10^{-3}$ mm Hg. Andererseits läßt sich der Druck aus der Größe der Maximalintensität bestimmen. Ofendruck und Maximalintensität sind zufolge der Abmessungen des Apparates durch die Gleichung $I_{\max} = 2{,}36 \cdot 10^{-4} \frac{p}{\sqrt{T}}$ Amp. verknüpft[1]). (Diese Gleichung gilt exakt nur für ein Gebiet, in dem keine Wolke vorhanden ist.) Da in der Druckbestimmung aus der Temperatur des Ofens die Unsicherheit wegen der Oberfläche des Kaliums enthalten ist, ist den mit der zweiten Methode gewonnenen Werten größeres Gewicht beizulegen. Mit dieser Methode sind folgende Werte gewonnen, die auch der Berechnung der freien Weglängen zugrunde gelegt sind:

$$p_{\mathrm{I}} = 0{,}68 \cdot 10^{-3} \text{ mm Hg}, \quad p_{\mathrm{II}} = 13{,}4 \cdot 10^{-3} \text{ mm Hg}, \quad p_{\mathrm{III}} = 97 \cdot 10^{-3} \text{ mm Hg}.$$

Daß die Oberfläche des Kaliums zu klein für die Einstellung des Sättigungsdruckes gewesen ist, schließt man aus den beiden Druckbestimmungen für Versuch I. Die zweite Methode liefert einen erheblich kleineren Wert als Methode I, die Abweichung ist auf zu geringe Kaliumoberfläche zurückzuführen.

Die Bestimmung der mittleren freien Weglängen erfolgt angenähert aus den Dampfdrucken durch die Gleichung

$$\lambda = \frac{1}{4\pi} \frac{RT}{p} \sqrt[3]{\frac{9\,d^2}{16\,NM^2}}$$

(d = spezifisches Gewicht des festen Kaliums),

---

[1]) Otto Stern, ZS. f. Phys. **39**, 754, 1926.

die sich unter der Annahme, daß alle Moleküle ruhen bis auf eins, aus kinetischen Betrachtungen ergibt. Mißt man p in mm Hg, so erhält man $\lambda = 3{,}8\ T/p\ 10^{-6}$ cm. Daraus folgt: $\lambda_{\mathrm{I}} = 25$ mm, $\lambda_{\mathrm{II}} = 1{,}5$ mm und $\lambda_{\mathrm{III}} = 0{,}2$ mm.

Um dem Einwand zu begegnen, die Veränderung der Intensitätsverteilung sei auf die *streuende Wirkung eines Fremdgases* (schlechtes Vakuum) zurückzuführen, wurden weitere Messungen über die Wirkung eines solchen Fremdgases angestellt:

1. Trotz aller Reinigung des Kaliums läßt es sich nicht vermeiden, daß zu Beginn einer Versuchsreihe, auch bei den niedrigsten Ofentemperaturen, Gas, dem Anschein nach Wasserstoff, abgegeben wird. Dieser

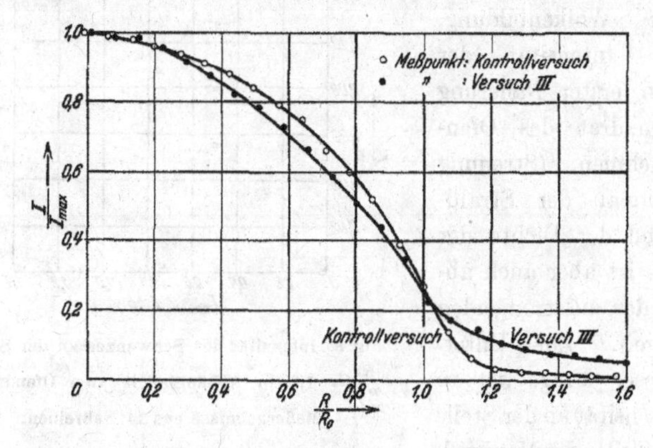

Fig. 7. Intensitätsverteilung bei einem aus dem Ofen stammenden Streugas. Druck im Ofenraum $2{,}5 \cdot 10^{-5}$ mm Hg. Zum Vergleich: Meßreihe III.

Umstand wurde für einen Kontrollversuch ausgenutzt. Es wurden bei einer niedrigen Temperatur, bei der noch keine Wolkenbildung vorhanden war ($\lambda = 6$ mm) und einem Streudruck im Ofenraum von $2{,}5 \cdot 10^{-5}$ mm Hg (also dem gleichen Druck wie er sich bei Versuch III eingestellt hatte), verschiedene Intensitätsverteilungen aufgenommen. In Fig. 7 ist eine dieser Intensitätsverteilungen im Vergleich mit der Intensitätsverteilung von Versuch III aufgezeichnet. Bei diesem Kontrollversuch herrschen also bezüglich des Streugases ganz dieselben Verhältnisse wie beim Versuch III, jedoch ist der Druck des Kaliumdampfes sehr viel kleiner als bei diesem. Aus dem Vergleich der beiden Intensitätsverteilungen sieht man, daß die Schwänze bei III jedenfalls zur Hauptsache durch Wolkenbildung und nicht durch Streugas verursacht sind.

2. Eine andere Betrachtung führt zum selben Resultat. Wenn die Schwänze auf der Wirkung eines streuenden Gases beruhen würden, müßte die Intensität an einer beliebigen Stelle des Schwanzes bei konstantem Streudruck proportional zum Ofendruck steigen. In den Intensitätsverteilungen ist das Verhältnis I/I_{max} aufgetragen. Da I_{max} proportional zum Ofendruck ansteigt [1]) [exakt gilt dies nur im Gebiet kleiner Ofendrucke solange molekulare Strömungsgesetze gelten, im Übergangsgebiet (Wolke) darf man das Gesetz nur als Annäherung betrachten], müßten die Schwänze immer dieselbe Form behalten. Ein Vergleich der Kurven lehrt, daß dies nicht der Fall ist, sondern daß die Intensität der Schwänze stärker ansteigt als der Ofendruck. Beruhen die Schwänze auf reiner Wolkenbildung, müßte die Intensität der Schwänze in erster Näherung wie das Quadrat des Ofendruckes zunehmen. (Streuung ist proportional der Strahlintensität und der Dichte der Wolke, diese ist aber auch abhängig von der ausströmenden Kaliummenge.) Zur Untersuchung dieser Frage ist in Fig. 8 die Intensität an der Stelle $R/R_0=1,2$ in Teilen der Maximalintensität als Funktion der Maximalintensität aufgetragen. Da I_{max} in erster Näherung proportional zum Ofendruck p ist, müßten wir bei quadratischer Abhängigkeit der Schwanzintensität (Wolke) vom Ofendruck eine geneigte Gerade, bei linearer Abhängigkeit derselben (Streuung am Fremdgas) eine Gerade parallel zur x-Achse erhalten. Wenn die Werte, die aus 14 Meßreihen stammen, auch stark streuen, so ist doch zu ersehen, daß von einer Parallelen zur x-Achse nicht die Rede sein kann.

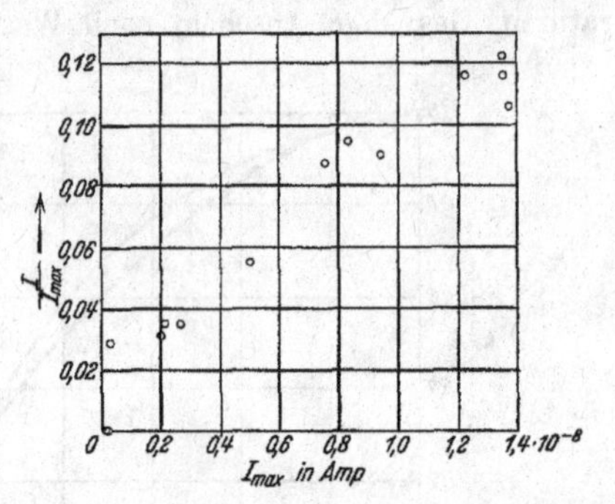

Fig. 8. Intensität des Schwanzes an der Stelle $\frac{R}{R_0} = 1,2$ in Abhängigkeit vom Ofendruck. Meßergebnisse aus 14 Meßreihen.

Meinem verehrten Lehrer, Herrn Prof. Otto Stern, von dem auch die Anregung zu dieser Arbeit ausgeht, und Herrn Dr. Knauer danke ich für die fördernden Ratschläge und das rege Interesse, das sie dem Fortgang der Arbeit jederzeit entgegengebracht haben.

[1]) Otto Stern, ZS. f. Phys. **39**, 754, 1926.

Personenregister

H. Schmidt-Böcking, K. Reich, A. Templeton, W. Trageser, V. Vill (Hrsg.), *Otto Sterns Veröffentlichungen – Band 5*, DOI 10.1007/978-3-662-46958-3

C

D

E

F

G

H

R

S

Printed in the United States
By Bookmasters